ChatGPT網路行銷 第3版

利用爆紅AI工具，創造精準又吸睛的網路商機

吳燦銘 著 ZCT 策劃

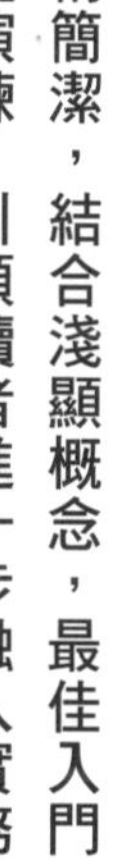

- 架構簡潔，結合淺顯概念，最佳入門首選
- 專題演練，引領讀者進一步融入實務情境
- 亮點主題，熟記關鍵心法，速懂網路行銷
- ChatGPT，最強的AI工具，網路行銷利器
- AI多媒體，利用科技開發多媒體行銷商機

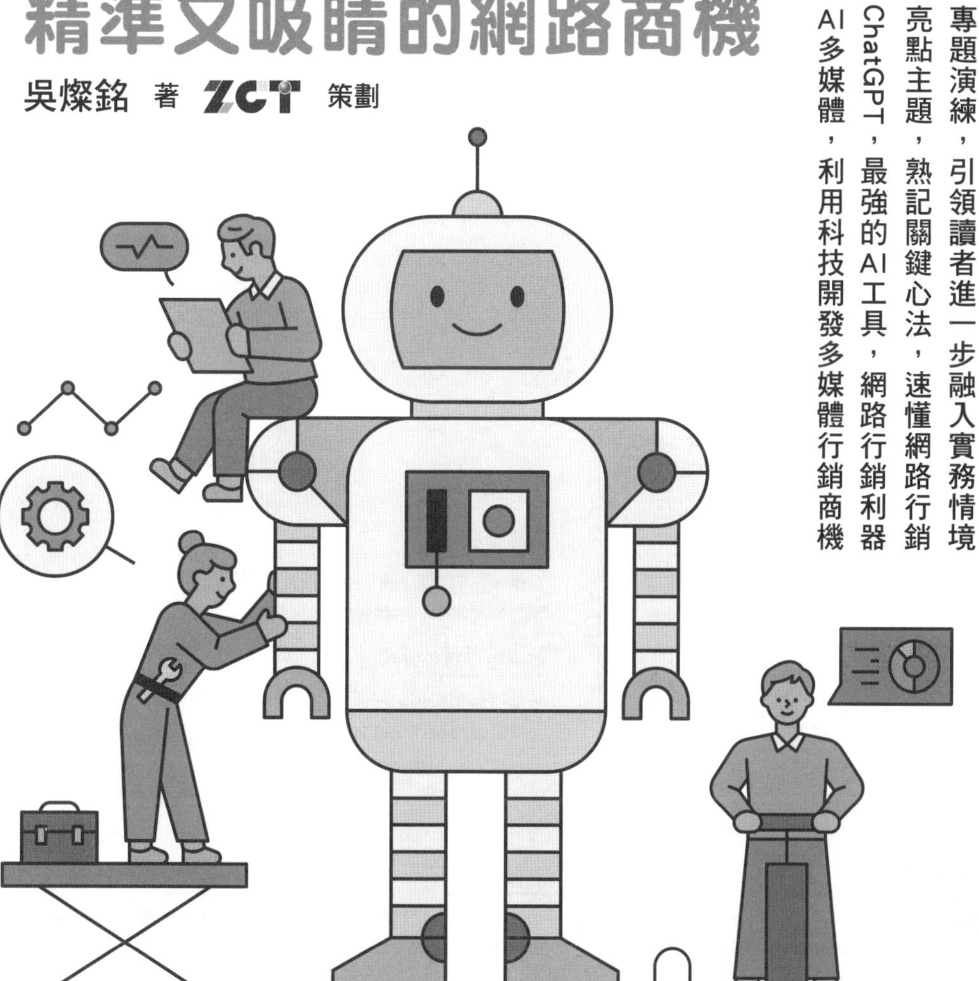

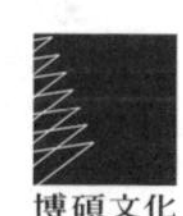

本書如有破損或裝訂錯誤，請寄回本公司更換

作　　者：吳燦銘 著、ZCT 策劃
責任編輯：Cathy

董 事 長：曾梓翔
總 編 輯：陳錦輝

出　　版：博碩文化股份有限公司
地　　址：221 新北市汐止區新台五路一段 112 號 10 樓 A 棟
電話 (02) 2696-2869　傳真 (02) 2696-2867

發　　行：博碩文化股份有限公司
郵撥帳號：17484299　戶名：博碩文化股份有限公司
博碩網站：http://www.drmaster.com.tw
讀者服務信箱：dr26962869@gmail.com
訂購服務專線：(02) 2696-2869 分機 238、519
（週一至週五 09:30 ～ 12:00；13:30 ～ 17:00）

版　　次：2024 年 11 月三版

建議零售價：新台幣 600 元
I S B N：978-626-414-020-1
律師顧問：嗚權法律事務所 陳曉嗚律師

國家圖書館出版品預行編目資料

ChatGPT 網路行銷：利用爆紅 AI 工具 , 創造精準又吸睛的網路商機 / 吳燦銘著 . -- 三版 . -- 新北市：博碩文化股份有限公司 , 2024.11
面；　公分

ISBN 978-626-414-020-1(平裝)

1.CST: 網路行銷

496　　　113016176

Printed in Taiwan

序

網路行銷本質其實和傳統行銷一樣，主要差別在於溝通工具不同，現在可以透過網路通訊整合文字、聲音、影像與圖片，讓行銷標的變得更為生動與即時。簡單的說，網路行銷就是指在網際網路上從事商品促銷、議價、推廣及服務等活動，進而達成企業行銷的最後目標。本書包含了網路行銷重要知識與最新行銷工具，精彩篇幅包括：

- 網路行銷的黃金入門必修課
- 流量變現金的熱門行銷工具
- 引爆指尖下的行動行銷淘金術
- 電商網站與視覺設計的私房心法
- 買氣紅不讓的社群行銷攻略
- 撼動人心的影音行銷與直播工作術
- 掌握大數據與智慧行銷精準商機
- 網路行銷最強魔法師—ChatGPT
- 點石成金的搜尋引擎行銷密技
- 網路行銷的未來創新爆紅模式
- AI 多媒體科技輕鬆打造吸睛網路行銷

為了讓讀者可以接觸較實務的網路行銷工具，本書除了網路行銷入門知識外，在大部份章節也安排「專題演練」的單元，例如手遊行銷的 SWOT 分析、網路行銷的量化指標、成功店家的 LINE 官方帳號行銷術、Google Sites 網站輕鬆設計、Instagram 視覺化行銷、直播帶貨不求人、實戰大數據與 Power BI、Google 我的商家、數據分析神器 - Google Analytics。

全書談到的亮點資訊包括：網路行銷的 4P 組合、網路 STP 策略規劃、網路廣告、電子郵件行銷、電子報行銷、病毒式行銷、飢餓行銷、內容行銷、聯盟行銷、行動行銷、行動裝置線上服務平台、App 行銷、行動支付、電商網站製作流程、視覺與消費體驗設計、社群行銷、YouTube 影音行銷、微電影行銷祕訣、臉書直播行銷、大數據行銷、人工智慧與智能行銷、全通路攻略、擴增實境（AR）行銷、虛擬實境（VR）行銷、智慧家電行銷、ChatGPT 在行銷領域的應用、GPT-4 撰寫行銷文、AI 寫 FB（或 IG、Google、短影片）文案、利用 ChatGPT 發想企劃案、搜尋引擎行銷、關鍵字廣告、搜尋引擎最佳化、網紅行銷…等，因應 AI 時代的來臨，本書也加入「AI 多媒體科技輕鬆打造吸睛網路行銷」單元，如果店家或品牌能善用「AI 多媒體技術」來打造吸引消費者互動及觀看的圖像內容及影音素材，將有助提升社群的效果和消費體驗。期許讀者以最輕鬆的方式了解這些新知，相信本書會是一本值得推薦的網路行銷入門教材。

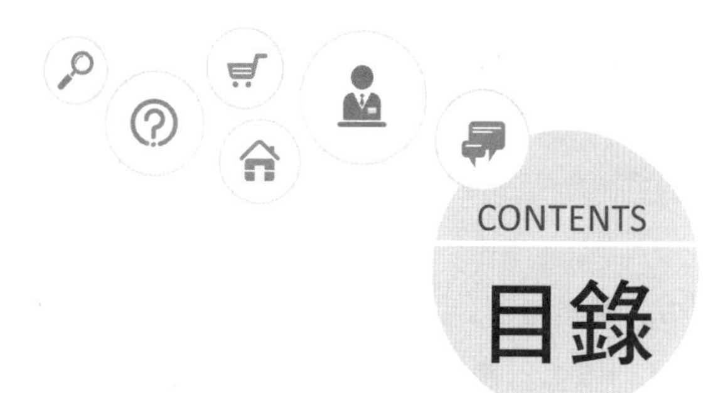

CONTENTS
目錄

Chapter 1 網路行銷的黃金入門必修課

Chapter 2 流量變現金的熱門行銷工具

Chapter 3 引爆指尖下的行動行銷淘金術

Chapter 4 電商網站與視覺設計私房心法

Chapter 5 買氣紅不讓的社群行銷攻略

Chapter 6 撼動人心的影音行銷與直播工作術

Chapter 7 掌握大數據與智慧行銷精準商機

Chapter 8 網路行銷最強魔法師—ChatGPT

Chapter 9 點石成金的搜尋引擎行銷密技

Chapter 10 網路行銷的未來創新爆紅模式

Chapter 11 AI 多媒體科技輕鬆打造吸睛網路行銷

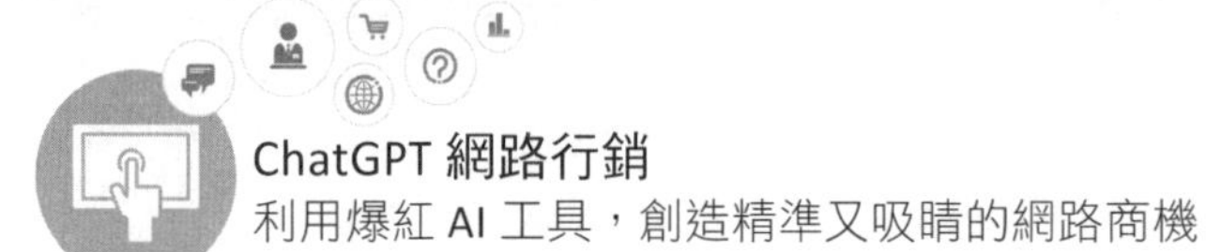

1

網路行銷的黃金入門必修課

- 認識行銷
- 網路行銷的特性
- 網路行銷的 4P 組合
- 網路 STP 策略規劃－我的客戶在哪？
- 專題演練 - 手遊行銷的 SWOT 分析

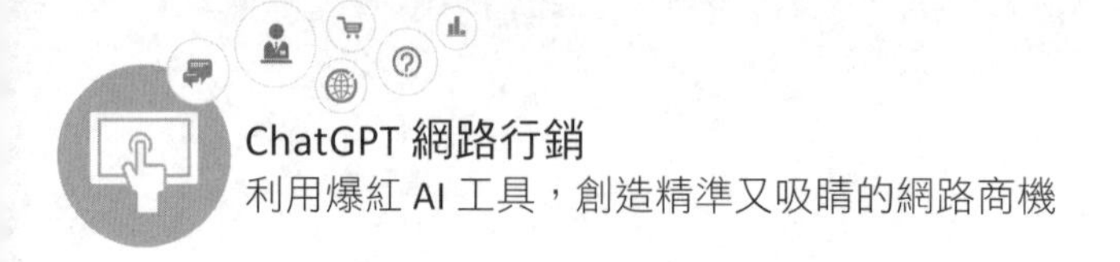

彼得 · 杜拉克（Peter Drucker）曾經提出：「行銷（marketing）的目的是要使銷售（sales）成為多餘，行銷活動是要造成顧客處於準備購買的狀態。」行銷不但是一種創造溝通，並傳達價值給顧客的手段，也是一種促使企業獲利的過程。我們可以這樣形容：「在企業中任何支出都是成本，唯有行銷是可以直接幫你帶來獲利」，市場行銷的真正價值在於為企業帶來短期或長期的收入和利潤。

行銷活動已經和現代人日常生活形影不離

1-1 認識行銷

我們的生活受到行銷活動的影響既深且遠，行銷的英文是 Marketing，簡單來說，就是「開拓市場的行動與策略」，行銷策略就是在有限的企業資源下，盡量分配資源於各種行銷活動，基本的定義就是將商品、服務等相關訊息傳達給消費者，而達到交易目的的一種方法或策略。

產品發表會是早期傳統行銷的主要模式

在各位開始深入行銷領域時，經常會發現行銷的定義、內容與方式，會隨著科技與環境的演進而與時俱進。以往傳統的商品的行銷策略中，大都是採取一般媒體廣告的方式來進行，例如報紙、傳單、看板、廣播、電視等媒體來進行商品宣傳，傳統行銷方法的範圍通常會有地域上的限制，而且所耗用的人力與物力的成本也相當高。不過當傳統媒體的廣告都呈現衰退時，網路新媒體卻不斷在蓬勃發展，現在則可透過網路的數位性整合，讓行銷的標的變得更為生動與即時，並且可以全年無休，全天候 24 小時的提供商品資訊與行銷服務。

生動吸睛的網路行銷廣告，讓消費者增加購物動機

1-1-1 網路行銷的定義

隨著電子商務得到高度認同與網路行銷技術的日趨成熟，企業可以利用較低的成本，開拓更廣闊的市場，網路行銷（Internet Marketing），或稱為數位行銷（Digital Marketing），本質上其實和傳統行銷一樣，最終目的都是為了影響目標消費者（Target Audience, TA），主要差別在

於溝通與傳播工具不同，現在則可透過電腦與網路通訊科技的數位性整合，使文字、聲音、影像與圖片可以整合在一起，讓行銷的標的變得更為生動與即時。

至於網路行銷（online marketing）的定義就是藉由行銷人員將創意、商品及服務等構想，利用通訊科技、廣告促銷、公關及活動方式在網路上執行。簡單的說，就是指透過電腦及網路設備來連接網際網路，並且在網際網路上從事商品促銷、議價、推廣及服務等活動，進而達成企業行銷的最後目標。對於行銷人來說，任何可能的行銷溝通管道都有必要去好好認識，特別是傳統媒體與網路媒體的大融合，絕對是品牌與行銷人員不可忽視的熱門趨勢。

1-2 網路行銷的特性

隨著網路數位化時代的來臨，地理疆界已被完全打破，行銷概念因為網路而做了空前的改變，網路行銷的模式不但具備全年無休，全天候 24 小時提供商品資訊與宣傳服務的功能，更可以透過與社群媒體的結合，還能隨時追蹤網友如何與其品牌互動。在網路世界獨特運作規則下，自然呈現全新的行銷哲學，也將帶來 e 世代的網路行銷革命。各位要做好網路行銷，必須先認識網路行銷的五種特性：

網路行銷的五種特性

1-2-1 互動性

網路最大的特色就是打破空間與時間的藩籬，與傳統媒體最大的同在於「互動性」，不僅不會取代店家與消費者間的互動，反而提供了多種溝通模式，包括線上瀏覽、搜尋、傳輸、付款、廣告行銷、電子信件交流及線上客服討論等，店家可隨時依照買方的消費與瀏覽行為，即時調整或提供量身訂制的資訊或產品，買方也可以主動在線上傳遞服務要求。

統一超商透過線上購物平台成功與消費者互動

1-2-2 個人化

真實世界的商業行為逐漸被導入網路虛擬世界，多元化的購物網站提供消費者很多選擇機會，全球熱愛網路消費的使用者，經常使用網路購買各類商品，同時也促成消費者購買行為的大幅度改變，愈趨「個人化」(Personalization) 特色的商品大為流行。個人化就是透過過去所蒐集的數據與資料，依照個人經驗所打造的專屬行銷內容，因為唯有量身訂做的商品才能擄獲消費者的心，未來的網路行銷勢必走向個人化的趨勢，包括顧客的忠誠度、競爭優勢及洞悉高價值顧客關係的能力，來優化消費者體驗，因而對品牌產生正面印象。

獨具特色的客製化商品在網路上大受歡迎

1-2-3　全球化

隨著上網人口的持續成長，網路的無限連結不但可以普及全球各地，也能使商業行為跨越文化與國家藩籬。全球化整合是現代前所未見的行銷市場趨勢，因為網路無遠弗屆，所以範圍不再只是特定的地區或社團，遍及全球的無數商機不斷興起。對業者而言，可讓商品縮短行銷通路，全世界每一角落的網民都是潛在的顧客，也可以將全球消費者納入店家商品的潛在客群不管我們走在台北、東京或紐約等大都會的街頭，許多知名品牌的商品顯然都在進行全球化行銷（Global marketing）。

ELLE 時尚網站透過網路成功在全球發行

TIPS 克里斯·安德森（Chris Anderson）於 2004 年首先提出長尾效應（The Long Tail）的現象，也顛覆了傳統以暢銷品為主流的觀念。長尾效應其實是全球化所帶動的新現象，只要通路夠大，非主流需求量小的商品總銷量也能夠和主流需求量大的商品銷量抗衡，就像實體店面也可以透過虛擬的網路平台，讓平常迴轉率（Turnover rate）低的商品免於被下架的命運。

1-2-4 低成本

由於網路商店的經營時間是全天候，消費者可以隨時隨地利用網際網路進行購物，企業透過低成本網路行銷推廣，進行品牌宣傳贏取訂單，開拓更廣闊的市場。網路行銷溝通管道多元化，讓原來企業和消費者間資訊不對稱狀態得到改善，這比起傳統媒體，例如出版物、廣播、以及電視，網路行銷擁有相對低成本的進場開銷金額，超過傳統媒體廣告的快速效益回應，以低成本創造高品牌能見度及知名度，開拓更廣闊的市場。

易遊網經常舉辦許多實惠的低價促銷活動刺激買氣

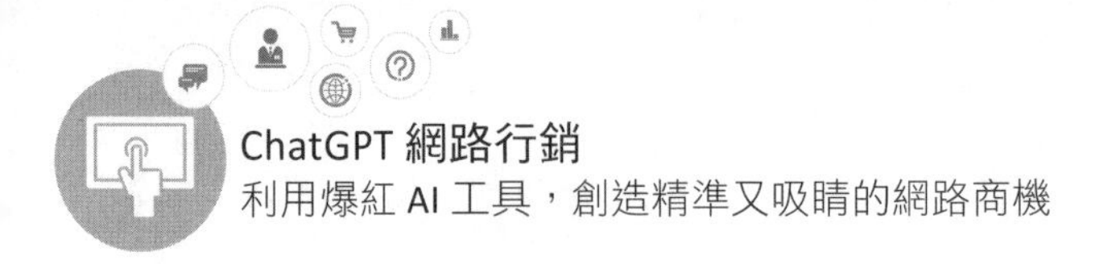

1-2-5 可測量性

隨著消費者對網路依賴程度愈來愈高，網路媒體可以稱得上是目前所有媒體中滲透率最高的新媒體，消費者可依個人的喜好選擇各項行銷活動，而廣告主也可針對不同的消費者，提供個人化的廣告服務。網路行銷不但能幫助無數電商網站創造訂單與收入，而且網路行銷常被認為是較精準行銷，主要由於它是所有媒體中極少數具有「可測量」特性的數位媒體，可具體測量廣告的成效，因為更精確的測量就是成功行銷的基礎，這個「可測量性」使網路行銷與眾不同，不管哪種行銷模式，當行銷活動結束後，店家一定會做成效檢視，如何將網路流量帶來的顧客產生實質交易，做為未來修正行銷策略的依據。

Google Analytics（GA）就是一套免費且功能強大的跨平台網路行銷流量分析工具

1-3 網路行銷的 4P 組合

行銷人員在推動行銷活動時，最常提起的就是行銷組合，所謂行銷組合，各位可以看成是一種協助企業建立各市場系統化架構的元件，美國行銷學學者麥卡錫教授（Jerome McCarthy）在 20 世紀的 60 年代提出了著名的 4P 行銷組合（marketing mix），所謂行銷組合的 4P 理論是指行銷活動的四大單元，包括產品（product）、價格（price）、通路（place）與促銷（promotion）等四項，也就是選擇產品、訂定價格、考慮通路與進行促銷等四種。

4P 行銷組合是屬於站在產品供應端（supply side）的思考方向，奠定了行銷基礎理論的框架。通常這四者要互相搭配，才能提高行銷活動的最佳效果：隨著網際網路與電子商務的興起，4P 理論是傳統行銷學的核心，對於情況複雜的網路行銷觀點而言，4P 理論的作用就相對要弱化許多。因此我們必須重新來定義與詮釋網路的新 4P 組合。

1-3-1 產品（Product）

產品（Product）是指市場上任何可供購買、使用或消費以滿足顧客欲望或需求的東西，隨著市場擴增及消費行為的改變，產品策略主要研究新產品開發與改良，包括了產品組合、功能、包裝、風格、品質、附加服務等。在過去的年代，一個產品只要本身賣相夠好，東西自然就會大賣，然而在現代競爭激烈的網路全球市場中，往往提供相似產品的公司絕對不只一家，顧客可選擇對象增多了。二十一世紀初期手機大廠諾基亞以快速的創新產品設計及提供完整的手機功能，一度曾經在手機界獨領風騷，不過隨著行動世代的快速來臨，因為錯失智慧型手機產品的生產而瀕臨崩壞。反觀國內手機大廠宏達電，由於新產品策略的成功而帶來公司業績的大幅成長。

宏達電對於新產品的研發不遺餘力

1-3-2 價格（Price）

企業可以根據不同的市場定位，配合制定彈性的價格策略，其中市場結構與效率都會影響定價策略，包括了定價方法、價格調整、折扣及運費等，再看看競爭者推出類似產品的價格水準，價格往往是決定企業的銷售量與營業額的最關鍵因素之一，也是唯一不花錢的行銷因素。由於網路購物能降低中間商成本，並進行動態定價，價格決策須與產品設計、配銷、促銷決策必互相協調。傳統的定價方式是將消費者因素排斥到定價體系之外，沒有充分考慮消費者利益和承受能力。消費者對於所要購買的產品，在心目中必有一個合理的價格，必須以消費者需求為基準點來提供產品價格，而不是一廂情願訂出價格。

Trivago 提供保證最低價格的全球訂房服務

1-3-3 通路（Place）

通路是由介於廠商與顧客間的行銷中介單位所構成，通路運作的任務就是在適當的時間，把適當的產品送到適當的地點。企業與消費者的聯繫是透過通路商來進行，由於通路運作是面對顧客的第一線，隨著愈來愈競爭的市場，迫使廠商越來越重視通路的改善，掌握通路就等於控制了產品流通的咽喉，1978 年統一企業集資成立統一超商，將整齊、明亮的 7-ELEVEn 便利商店引進台灣，掀起台灣零售通路的革命。通路的選擇與開拓相當重要，這幾年來，許多以網路起家的品牌，靠著對網購通路的了解和特殊的行銷手法，成功搶去相當比例的傳統通路的市場。

7-ELEVEn 便利商店擁有台灣最大的實體零售通路

1-3-4 促銷（Promotion）

促銷或者稱為推廣，就是將產品訊息傳播給目標市場的活動，透過促銷活動試圖讓消費者購買產品，以短期的行為來促成消費的增長。每當經濟成長趨緩，消費者購買力減退，這時促銷工作就顯得特別重要，網路行銷的最大功能其實就是企業和顧客間能直接溝通對話，促銷無疑是銷

好生活團購網經常推出俗擱大碗的促銷活動

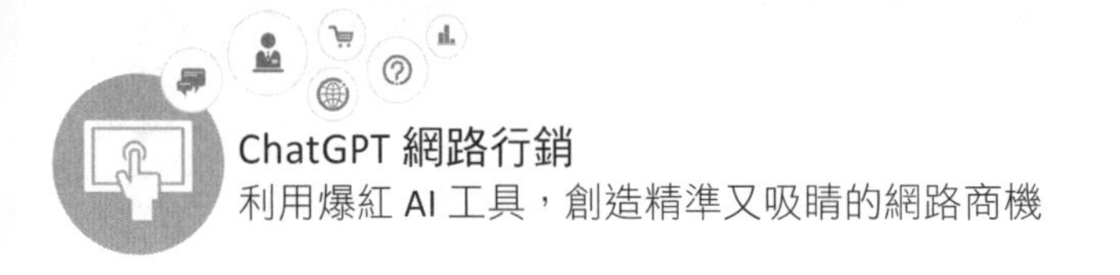

售行為中最直接吸引顧客上門的方式，在網路上企業可以以較低的成本，開拓更廣闊的市場，加上網路媒體互動能力強，最好搭配不同工具進行完整的促銷策略運用，並讓促銷的效益擴展成行動力，精確地引導網友採取實際消費行動。

1-4 網路 STP 策略規劃－我的客戶在哪？

企業所面臨的市場就是一個不斷變化的環境，而消費者也變得越來越精明，企業必須從目標市場需求和市場行銷環境的特點出發，特別應該要聚焦在目標族群，透過環境分析階段了解所處的市場位置，再透過網路行銷規劃確認自我競爭優勢與精準找到目標客戶。

美國行銷學家溫德爾・史密斯（Wended Smith）在 1956 年提出的 S-T-P 的概念，STP 理論中的 S、T、P 分別是市場區隔（Segmentation）、目標市場目標（Targeting）和市場定位（Positioning）。在企業準備開始擬定任何行銷策略時，必須先進行 STP 策略規劃，因為不是所有顧客都是你的買家，STP 的精神在於選擇確定目標消費者或客戶。

可口可樂的網路行銷規劃相當成功

1-4-1 市場區隔

隨著市場競爭的日益激烈，產品、價格、行銷手段愈發趨於同質化，企業應該要懂得區隔其他競爭者的市場，「市場區隔」（Market Segmentation）是指任何企業都無法滿足所有市場的需求，應該著手建立產品差異化，行銷人員根據現有市場的觀察進行判斷，在經過分析潛在的機會後，接著便在該市場中選擇最有利可圖的區隔市場，並且集中企業資源與火力，強攻下該市場區隔的目標市場。例如東京著衣創下了網路世界的傳奇，更以平均每二十秒就能賣出一件衣服，獲得網拍服飾業中排名第一，就是因為打出了成功的市場區隔策略。

東京著衣主攻大眾化時尚平價流行市場

1-4-2 市場目標

隨著網路時代的到來，比對手更準確地對準市場目標，是所有行銷人員所面臨最大的挑戰，市場目標（Market Targeting）是指完成了市場區隔後，我們就可以依照企業的區隔來進行目標選擇，把適合的目標市場當成你最主要的戰場，將目標族群進行更深入的描述。例如漢堡王僅僅以分店的數量相比，差距讓麥當勞

漢堡王成功與麥當勞的市場做出市場目標區隔

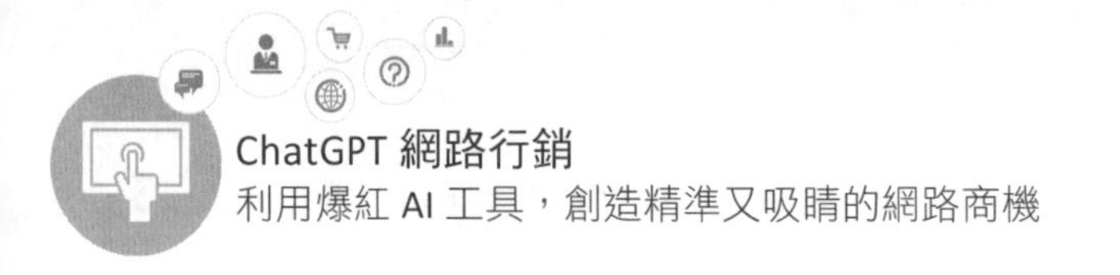

遙遙領先，因此漢堡王針對麥當勞的弱點是對於成人市場的行銷與產品策略不夠，而打出麥當勞是青少年的漢堡，主攻成人與年輕族群的市場，配合大量的網路行銷策略，喊出成人就應該吃漢堡王的策略，以此區分出與麥當勞全然不同的目標市場，而帶來業績的大幅成長。

1-4-3 市場定位

市場定位（Positioning）是檢視公司商品能提供之價值，向目標市場的潛在顧客訂定商品的價值與價格位階。市場定位是 STP 的最後一個步驟，也就是針對作好的市場區隔及目標選擇，根據潛在顧客的意識層面，為企業立下一個明確不可動搖的層次與品牌印象，創造產品、品牌或是企業在主要目標客群心中與眾不同、鮮明獨特的印象。例如 85 度 C 的市場定位是主打高品質與平價消費的優質享受服務，將咖啡與烘焙結合，甚至聘請五星級主廚來研發製作蛋糕西點，以更便宜的創新產品進攻低階平價市場。因為許多社會新鮮人沒辦法消費星巴克這種走高價位的咖啡店，85 度 C 就主打平價的奢華享受，咖啡只要 35 塊就可以享用，大規模拓展原本不喝咖啡的年輕消費族群喜歡來店消費，這也是 85 度 C 成立不到幾年，已經成為台灣飲品與烘焙業的最大連鎖店。

85 度 C 全球的市場定位相當成功

1-5 專題演練 - 手遊行銷的 SWOT 分析

SWOT 分析（SWOT Analysis）法是由世界知名的麥肯錫顧問公司所提出，又稱為態勢分析法，是一種很普遍的策略性規劃分析工具，我們可以採用 SWOT 分析來探討有關網路行銷所具備的優勢與劣勢。行銷企劃人員具備的最基本分析能力，就是針對企業或品牌做內外部環境分析，當使用 SWOT 分析架構時，面對的四個構面分別是企業的優勢（Strengths）、劣勢（Weaknesses）、與外在環境的機會（Opportunities）和威脅（Threats）。

手機遊戲已成為目前主流的遊戲平臺

由於國內的遊戲產業變化非常快速、產品類型也多，從最早的單機遊戲、線上遊戲到近年來崛起的手機遊戲又造成一股狂熱，對於遊戲產品而言，開發遊戲就等於其他產業的商品研發，從開發一個產品開始，就準備要必須開始思考如何行銷，接下來我們將實際利用 SWOT 來分析台灣手機遊戲產業策略的競爭力。

1-5-1 優勢（Strengths）：企業內部優勢

隨著線上與線上交易規模不斷擴大，傳統通路商的優勢不再，將傳統便利超商的通路行為，導引到線上支付，有效改善遊戲付費體驗，這對於遊戲公司內部的獲利能力，更有機會大幅提升。各種新的行銷工具及手法不斷推陳出新，傳統媒體與網路媒體的大融合是遊戲行銷人員不可忽視的熱門趨勢，無論你的團隊規模或預算大小，都可以利用網路行銷快速制定適合自己的廣告活動。例如透過世界知名的遊戲與地區社群合作，從而打入不同的地區市場，這些遊戲社群網站的討論區，一字一句都強烈左右著遊戲在當地玩家心中的地位。

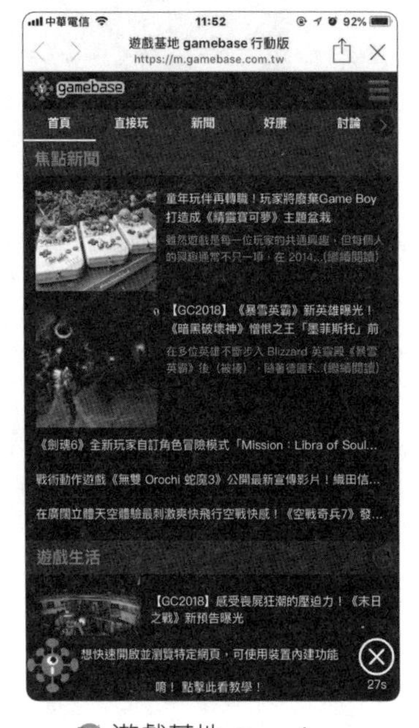

遊戲基地 Gamebase

巴哈姆特電玩資訊站

1-5-2　劣勢（Weaknesses）：企業內部劣勢

在過去的年代，遊戲產品的種類較少，一款遊戲只要本身夠好玩，東西自然就會大賣，然而在現代競爭激烈的全球市場中，能夠提供類似產品的公司百家爭鳴，顧客可選擇對象增多了，但是市場也慢慢趨向飽和。現在主流遊戲走的都是「Free to play」的免費路線，「免費行銷」

就是透過免費提供產品或者服務，達到極小化玩家轉移到自家遊戲的移轉成本，相對於過去以消費者購買點數卡為主，玩家得支付月費才能進入遊戲，因此近幾年遊戲廠商在整體收入方面有逐漸萎縮的趨勢。

1-5-3 機會（Opportunities）：企業外部機會

近年來「宅經濟」（Stay at Home Economic）這個名詞迅速火紅，在許多報章雜誌中都可以看見它的身影，「宅男、宅女」這名詞是從日本衍生而來，指許多整天呆坐在家中看 DVD、玩線上遊戲等消費群，在這一片不景氣當中，宅經濟帶來的「宅」商機卻創造出另一個經濟奇蹟，也為手機遊戲產業注入一股新的活水。雖然大量「免費行銷」方式讓整體穩定收入減少，隨著行動科技不斷進步，現在每個玩家都人手一機，可以隨時收到訊息，廠商可以透過各種五花八門的加值服務來獲利，靠著利用走馬燈視窗展示虛擬物品或是觀戰權限、VIP 身分、介面外觀等商城機制來獲利。

神魔之塔的行銷手法是讓該款遊戲迅速爆紅的關鍵

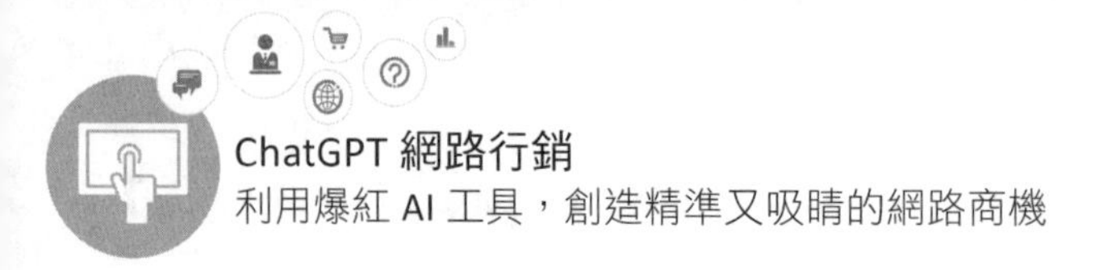

1-5-4　威脅（Threats）：企業外部威脅

隨著遊戲市場競爭越來越激烈，必須認真思考外部大環境所帶來的可能風險，許多遊戲新產品的生命週期與以往的作品相較變得越來越短，加上虛擬貨幣及寶物價值日漸龐大，因此有不少針對遊戲設計的寶物取得外掛程式，甚至有些遊戲玩家運用自己豐富的電腦知識，透過特殊軟體（如特洛伊木馬程式）進入電腦暫存檔獲取其他玩家的帳號及密碼，或用外掛程式洗劫對方的虛擬寶物，再把那些玩家的裝備轉到自己的帳號來，讓該款遊戲的公平性受到質疑，導致該款遊戲人數大量減少。

網路上有許多讓玩家交換寶物或購買的網站

問題討論

1. 網路行銷的定義為何？

2. 請簡述行銷的內容。

3. 何謂行銷組合（marketing mix）？

4. 什麼是五力分析模型（Porter five forces analysis）？

5. 試簡述 STP 理論。

6. 請說明長尾效應（The Long Tail）。

MEMO

2

流量變現金的熱門行銷工具

- 網路廣告
- 電子郵件行銷與電子報行銷
- 病毒式行銷
- 飢餓行銷
- 內容行銷
- 聯盟行銷
- 網紅行銷
- 專題演練 - 網路行銷的量化指標

自從網際網路興起後，網路技術的發展推動了寬頻流量的大幅增長，這些有利條件推動了網路行銷的產業規模，網路行銷一直都是中小企業的最佳行銷工具，網路上的互動性是網路行銷最吸引人的因素，企業可以透過網路將產品與服務的資訊提供給顧客，也可以讓顧客參與產品或服務的規劃。網站行銷的兩個主要目標分別是讓更多的顧客知道你的商品，以及重覆讓行銷資訊直到足以讓瀏覽者熟悉為止。特別是隨著越來越多的網路流量移動到行動裝置上，如何在行銷設計中體現行動端優先、主動抓住消費者的注意力，與更優化行動媒體上的創意。

企業網站本身就是一種基本的網路行銷工具

成功的網路行銷不只要了解顧客的需求與體貼顧客的感受，你還必須懂得善用新時代的新工具來幫助你更靠近你的顧客。在網路行銷的時代，各種新的行銷工具及手法不斷推陳出新，也讓行銷人員必須與時俱進的學習各種工具來符合行銷效益，就像一件樂高積木堆成的藝術作品。一個好的積木作品之所以創作成功，不會只單靠一種類型的積木就能完成，各種行銷工具就有點像是樂高積木有不同大小與功能，在新技術不斷推陳出新的衝擊下，網路行銷的操作手法也跟著不斷變化，單一的行銷工具較無法達成導引消費者到店家或品牌最終目的，必須依靠與配合更多數位行銷技巧，本章中就要為各位介紹目前當紅的網路行銷技巧。

> **TIPS** 通常駭客（Hack）被認為是使用各種軟體和惡意程式攻擊個人和網站的代名詞，不過所謂成長駭客（Growth Hacking）的主要任務就是跨領域地結合行銷與技術背景，直接透過「科技工具」和「數據」的力量來短時間內快速成長與達成各種增長目標，所以更接近「行銷＋程式設計」的綜合體。成長駭客和傳統行銷相比，更注重密集的實驗操作和資料分析，目的是創造真正流量，達成增加公司產品銷售與顧客的營利績效。

2-1 網路廣告

販售商品最重要的是能大量吸引顧客的目光，廣告便是其中的一個選擇，傳統廣告主要利用傳單、廣播、大型看板及電視的方式傳播，來達到刺激消費者的購買慾望，進而達成實際的消費行為。網路廣告就是在網路平臺上做的廣告，與一般傳統廣告的方式並不相同。

Yahoo 官方經常打造的創新型態網路廣告

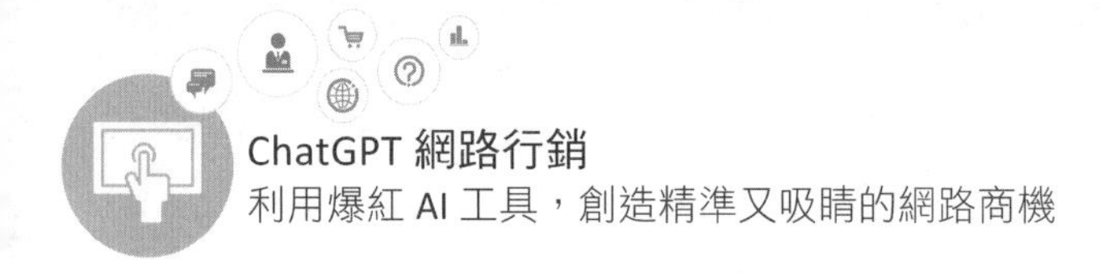

橫幅廣告

橫幅廣告是最常見的收費廣告，在所有與品牌推廣有關的網路行銷手段中，橫幅廣告的作用最為直接，主要利用在網頁上的固定位置，提供廣告主利用文字、圖形或動畫來進行宣傳，當消費者點選此橫幅廣告（Banner）時，瀏覽器呈現的內容就會連結到另一個網站中，如此就達到了廣告的效果：

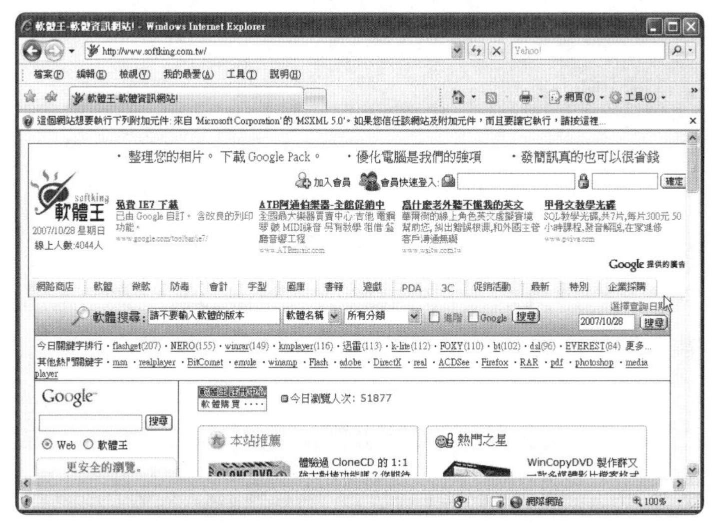

◎ 橫幅廣告將會給消費者帶來不同商品資訊

按鈕式廣告

按鈕式廣告（Button）是一種小面積的廣告形式，可放在網頁任何地方，因為面積小，收費較低，較符合無法花費大筆預算的廣告主，也可購買連續位置的幾個按鈕式廣告。

按鈕式廣告費用較低廉！

Widget 廣告

Widget 是一種桌面的小工具，可以在電腦或手機桌面上獨立執行，消費者只要下載自己所需要的 Widget，隨時用文字、影片送上最新訊息，可查詢氣象、電影、新聞、消費等生活資訊。

許多人的桌面上會看到 Widget 廣告

2-2 電子郵件行銷與電子報行銷

電子郵件行銷（Email Marketing）是許多企業喜歡的行銷手法，即使在行動通訊軟體及社群平台盛行的環境下，電子郵件仍然屹立不倒，雖然一直都不算是個新的行銷手法，但卻是跟顧客聯繫感情不可或缺的工具，例如將含有商品資訊的廣告內容，以電子郵件的方式寄給不特定的使用者，也算是一種「直效行銷」(Direct Marketing)。隨著行動科技越來越發達，擁有智慧型手機的使用者節節攀升，由於越來越多人會使用行動裝置來瀏覽信件匣。根據統計現今幾乎有高達 68%的人會使用行動裝置來收發電子郵件，除了增加了電子郵件使用的便利性、時效性及開信率，在網路行銷盛行的今天，全球電子郵件每年仍以 5 % 的幅度持續成長中，如何讓 Email 行銷的效果更上一層樓，這個方向也要開始走向行動化思考了。

7-11 超商的電子郵件行銷相當成功

電子報行銷（Email Direct Marketing）也是一個主動出擊的網路行銷戰術，目前電子報行銷依舊是企業經營老客戶的主要方式，多半是由使用者訂閱，再經由信件或網頁的方式來呈現行銷訴求。由於電子報費用相對低廉，加上可以追蹤，這種作法將會大大的節省行銷時間及提高成交率。電子報行銷的重點是搜尋與鎖定目標族群，缺點是並非所有收信者都會有興趣去閱讀電子報，因此所收到的廣告效益往往不如預期。

電子報的發展歷史已久，然而隨著時代改變，使用者的習慣也改變了，如何提升店家電子報在行動裝置上的開信率，成效就取決於電子報的設計和規劃，在打開你的電子報時能擁有良好的閱覽體驗，加上運用和讀者對話的技巧，進而吸引讀者的注意。設計行動電子報的方式也必須有所改變，必須讓電子報在不同裝置上，都能夠清楚傳達訊息，在例如透過 HTML 5 語言進行設計，方便以手機瀏覽電子報內容，使用夠大的連結按鈕，讓客戶無需放大畫面就能輕鬆的點擊，以避免客戶收到電子報時發生閱覽障礙，或者可以將電子報以動畫方式呈現，能為電子報添加幾分活潑的氣氛，刪除不相干的文字或圖片，特別是好的主旨容易勾住收信者的目光，幫助客戶迅速抓住重點，常被用來提升轉換率的 CTA（Call To Action）鈕，更是要好好利用，是整封電子報相當重要的設計，這樣的設計都能讓收信者有意願點開電子報閱讀。

遊戲公司經常利用電子報維繫與玩家的互動

> **TIPS** Call-to-Action, CTA（行動號召）鈕是希望訪客去達到某些目的的行動，亦即希望召喚消費者去採取某些有助消費的活動，例如故意將訪客引導至網站策劃的「到達頁面」（Landing Page），會有特別的 CTA，讓訪客參與店家企畫的活動。

2-3 病毒式行銷

「病毒式行銷」（Viral Marketing）主要方式倒不是設計電腦病毒讓造成主機癱瘓，它是利用一個真實事件，以「奇文共欣賞」的模式分享給周遭朋友。身處在數位世界，每個人都是一個媒體中心，可以快速自製並上傳影片、圖文，能使品牌故事擴大延伸，行銷如病毒般擴散，並且一傳十、十傳百地快速轉寄這些精心設計的商業訊息。病毒行銷要成功，關鍵是內容必須在「吵雜紛擾」的網路世界脫穎而出，才能成功引爆話題。

例如網友自製的有趣動畫、視訊、賀卡、電子郵件、電子報等形式，其實都是很好的廣告作品，如果商品或這些商業訊息具備感染力，會加快被討論的過程，隨手轉寄或推薦的動作，正如同病毒一樣深入網友腦部系統的訊息，傳播速度之迅速，實在難以想像。由於口碑推薦會比其他廣告行為更具說服力，例如當觀眾喜歡一支廣告，且認為討論、分享這些內能帶來社群效益，病毒內容才可能擴散，同時也會帶來人氣。簡單來說，兩個功能差不多的商品放在消費者面前，只要其中一個商品多了「人氣」的特色，消費者就容易有了選擇的依據。

臉書創辦人祖克柏也參加 ALS 冰桶挑戰賽

2014 年由美國漸凍人協會發起的冰桶挑戰賽就是一個善用社群媒體來進行病毒式行銷的活動。這次的公益活動的發起是為了喚醒大眾對於肌萎縮性脊髓側索硬化症（ALS），俗稱漸凍人的重視。挑戰方式很簡單，志願者可以選擇在自己頭上倒一桶冰水，或是捐出 100 美元給漸凍人協會。除了被冰水淋濕的畫面，正足以滿足人們的感官樂趣，加上活動本身簡單、有趣，更獲得不少名人加持，讓社群討論、分享、甚至參與這個活動變成一股潮流，不僅表現個人對公益活動的關心，也和朋友多了許多聊天話題。

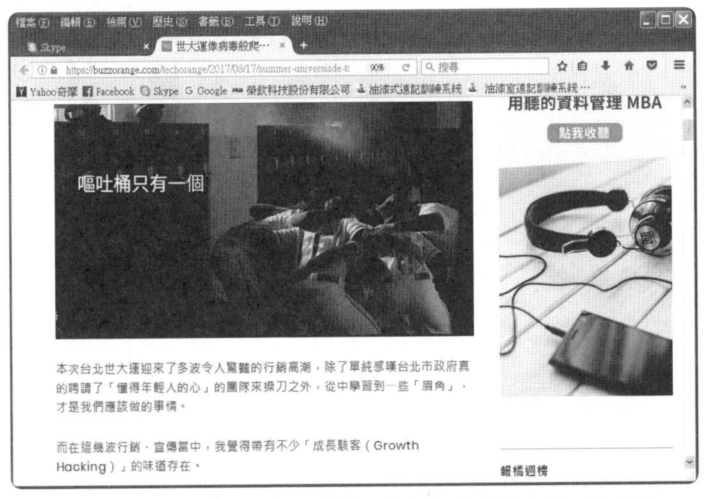

台北世大運以「意見領袖 - 網紅」創造病毒行銷宣傳

2-4 飢餓行銷

「稀少訴求」（scarcity appeal）在行銷中是經常被使用的技巧，飢餓行銷（Hunger Marketing）是以「賣完為止、僅限預購」這樣的稀少訴求來創造行銷話題，就是「先讓消費者看得到但買不到！」，製造產品一上市就買不到的現象，利用顧客期待的心理進行商品供需控制的手段，促進消費者購買該產品的動力，讓消費者覺得數量有限而不買可惜。

各位可能無法想像大陸熱銷的小米機也是靠飢餓行銷，特別是小米將這種方式用到了極致。小米藉由數量控制的手段，每每在新產品上市前與初期，都會刻意宣稱產量供不應求，不但能保證小米有較高的曝光率，往往新品剛推出就賣了數千萬台，就是利用「缺貨」與「搶購熱潮」瞬間炒熱話題，在小米機推出時的限量供貨被秒殺開始，刻意在上市初期控制數量，維持米粉的飢渴度，造成民眾瘋狂排隊搶購熱潮，促進消費者追求該產品的動力，直到新聞話題炒起來後，就開始正常供貨。

小米機成功運用飢餓行銷來造成搶購熱潮

2-5 內容行銷

一篇好的行銷內容就像在說一個好故事，沒人愛聽大道理。一個觸動人心的故事，反而更具行銷感染力，每個故事就是在描述一個產品，成功之道就在於如何設定內容策略。內容行銷必須更加關注顧客的需求，因為創造的內容還是為了某種行銷目的，銷售意圖絕對要小心藏好，也不能只是每大產生一堆內容，必須長期經營與追蹤與顧客的互動。內容行銷（Content Marketing）已經成為目前最受企業重視的行銷策略之一，形式可以包括文章、圖片、影片、網站、型錄、電子郵件等，必須避免直接明示產品或服務，透過消費者感興趣的內容來潛移默化傳遞品牌價值，更容易帶來長期的行銷效益。

身為全球第一大能量飲料品牌的紅牛（Red Bull）算是「內容行銷」成功的經典範例，當各位點開紅牛的官網，一點都看不到任何產品的訊息，他們成功的策略就是不直接跟你行銷產品，取而代之的是透過豐富有趣的全方位運動生活內容和創新企劃，要將品牌自然地融入內容中，無限傳遞紅牛品牌想要帶給消費者充滿「能量」的運動感受。

紅牛（Red Bull）長期經營與運動相關的品牌內容力

此外，使用者創作內容（User Generated Content, UGC）行銷是代表由使用者來創作內容。這種聚集網友創作而來的內容，也算是近年來蔚為風潮的內容行銷手法的一種，例如澳洲昆士蘭旅遊局最早為了行銷大堡礁，對外徵求「大堡礁島主」，雀屏中選者只需將在那裡生活點滴的創作在部落格與人分享，就可以獲得一份時薪約 4 萬 5 千元台幣的高薪。在短短的時間內，吸引了超過 3 萬多位各國人士報名，這就算是一種典型 UGC 行銷。

「大堡礁島主」活動就是一種 UGC 行銷

2-6 聯盟行銷

聯盟行銷（Affiliate Marketing）在歐美已經是廣泛被運用的廣告行銷模式。利用聯盟行銷可以吸引無數的網民為其招攬客人，並且為數以萬計的網站增加了額外收入，每天 24 小時全年無休，成為行銷人員銷售產品和服務以及發佈商為了賺取目標族群營利的有效途徑，讓網路 Soho 族或 YouTuber 們隨時都享有成交客戶賺取獎金的機會。

聯盟網是台灣第一個聯盟行銷平台

> **TIPS** 所謂 YouTuber，是指經營 YouTuber 頻道的影音內容創作者，或稱為頻道主、直播主或實況主可以分享很多自己的知識與影音內容，並沒有任何規定要有多少訂閱數或流量才能稱為 YouTuber。

在網路社群興盛的現在，網友口碑推薦效果將遠遠高於企業主推出的廣告。廠商與聯盟會員利用聯盟行銷平台建立合作夥伴關係，包括網站交換連結、交換廣告及數家結盟行銷的方式，共同促銷商品，以增加結盟企業雙方的產品曝光率與知名度，並利用各種的行銷方式，讓商品得到大量的曝光與口碑，將為各位帶來無法想像的訂單績效。

聯盟行銷是一種高價值、低風險的行銷方式，目前已經被視為是一個行動行銷的強大通路，可以幫助廠商賣出更多的商品，讓沒有產品的推廣者就像經銷一項商品，推廣者不需進貨、囤貨，也不必先預支成本。此通路不僅能夠增加品牌知名度、品牌參與度、銷售量，還能提升投資報酬率。在沒有商品的情況下，也能輕鬆幫忙銷售商品，並得到應有的利潤。只需要了解產品，並且在網路上推廣即可，投入的是僅僅是時間成本。當聯盟會員加入廣告主推廣行銷商品平台時，會取得一組授權碼用來協助企業銷售，然後開始在部落格或是各種網路平台推銷產品，消費者透過該授權碼的連結成交，順利達成商品銷售後，聯盟會員就會獲取佣金利潤。

近年來 iChannels 通路王受到國內許多網路 Soho 族與 YouTuber 歡迎

2-7 網紅行銷

網紅行銷（Internet Celebrity Marketing）並非是一種全新的行銷模式，就像過去品牌找名人代言，主要是透過與藝人結合，提升本身品牌價值，例如遊戲產業很喜歡用的代言人策略，每一套新遊戲總是要找個明星來代言，花大錢找當紅的明星代言，最大的好處是保證有一定程度以上的曝光率，不過這樣的成本花費，也必須考量到預算與投資報酬率。

阿滴跟滴妹國內是英語教學界的網紅

隨著網紅行銷的快速風行，許多品牌選擇藉助網紅來達到口碑行銷的效果。網紅通常在網路上擁有大量粉絲群，就像平常生活中的你我一樣，加上了與眾不同的風格與知名度，很容易讓粉絲就產生共鳴。所謂網紅（Internet Celebrity）就是經營社群網站來提升自己的知名度的網路名人，也稱為 KOL（Key Opinion Leader），能夠在特定專業領域對其粉絲或追隨者有發言權及重大影響力的人。

時至今日，民眾在社群軟體上所建立的人脈和信用，如今成為可以讓商品變現的行銷手法，越來越多的素人走上社群平台，虛擬社交圈更快速取代傳統銷售模式，為各式產品創造龐大的銷售網路。相對於企業砸重金請明星代言，網紅的推薦甚至可以讓廠商業績翻倍，素人網紅似乎在目前的行動平台更具說服力，逐漸地取代過去以明星代言的行銷模式。

一旦成為網紅，不僅可以得到知名度，隨之而來的海量粉絲增長和趨之若鶩的廣告主們，網紅的知名度和吸金實力在展現無限可能的同時，目前越來越多的人準備把網紅當作一門事業來好好經營。這股由粉絲效應所衍生的現象，能夠迅速將個人魅力做為行銷訴求，利用自身優勢快速提升行銷有效性，充分展現了網紅文化的蓬勃發展。

網紅館長成功代言了許多運動相關產品

圖片來源：https://www.youtube.com/watch?v=fWFvxZM3y6g

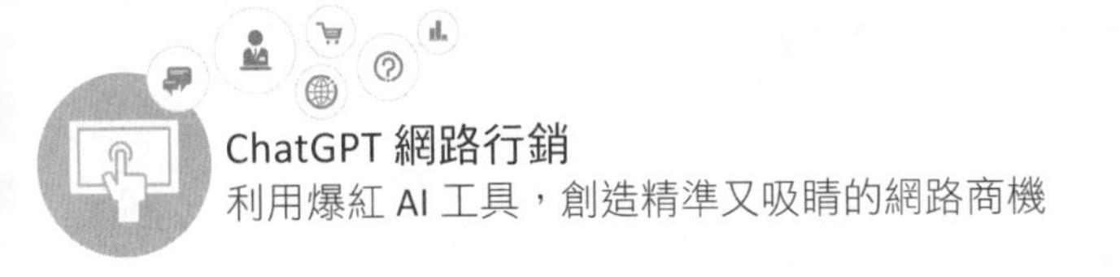

2-8 專題演練 - 網路行銷的量化指標

網路雖是當前所有媒體中滲透率（Reach Rate）最高的媒介，店家可以透過分析數據指標，看見網路行銷的績效。目前網路行銷衡量指標的種類相當多元，這時所謂「關鍵績效指標」（Key Performance Indicator, KPI）的選擇就扮演非常重要的角色，這些 KPI 可以用來檢視行銷過程所要花費的成本，並且提供企業一個客觀有效的評估方法，不過在決定 KPI 之前，還是完全取決於企業的需求與目標。

企業根據行銷目標來設定 KPI 衡量指標，對每一個關鍵指標都要長期追蹤，用量化指標與數據來引導行銷的側錄與監控。其實網路行銷，講求的是每一個環節環環相扣，各自具備大大小小吸引人潮的可能因素，包括流量、獨立不重複訪客、下載量、停留時間、訪客成本和跳出率（Bounce rate）等，通常這些數據可以根據三種參考 KPI 來反映出網路行銷的成果與績效。

網路行銷的三大衡量指標

2-8-1 人氣指標

流量就好比人潮。開店之後有沒有人潮，代表有沒有人走進店裡。如何幫助一個網站或行銷活動快速增加「人潮流量」（Traffic Generation），也就是讓你的品牌、產品或服務在人前大量曝光、增加網站人氣是很重要的。就像一般社群軟體粉絲專頁的按讚數，往往被視為該粉絲團最主要的人氣指標。

流量就好比開店人潮，是最普遍的人氣 KPI 指標

假設品牌的行銷目的是要增加網站或產品知名度，首先就要增加大量曝光的機會，要讓許多人都能看到你的內容，進而對內容產生興趣，最後才會採取購買行動。例如「不重複訪客」（Unique User）數就是一種參考依據，許多網站將不重複訪客列為 KPI，數字愈高表示有愈多訪客看到你所傳播的內容。「新造訪」（New Visit）數也可視為一種人氣廣度的指標，數字愈高表示內容成功地吸引了來自不同領域的目標消費群，説明行銷做得不錯，網站人氣搶搶滾！

2-8-2 內容指標

平均停留時間愈長表示消費者對你的內容有興趣

網路行銷專家們總喜歡説：「內容為王」（Content is King），具備創意價值的行銷內容，是幫助品牌經營及企業行銷成功的不變法則，也是讓品牌更能深入人心關鍵因素。網路時代來訪客擁有無限資訊選擇的空間，店家必須提升消費者對行銷內容的興趣，讓消費者願意花時間去瞭解。對於網路行銷的內容有很多 KPI 可以作為追蹤效益的指標，以做為了解品牌知名度成長、挖掘潛在消費者，或者幫助決定產品線的拓展方向。

例如可以聚焦在如跳出率（Bounce Rate），這個數字越低越好，愈低表示訪客對看到的文章或頁面感興趣，希望了解更多相關內容。至於平均停留時間（Avg. Visit Duration）與互動時間（Engaged time）愈長則表示消費者對你的內容有高度的興趣，愈有機會刺激其購買意願，如果 Repeat Visitor（重複訪客）數字越高，這說明行銷內容做得好，訪客願意回來查看是否有新內容，這些無疑都是受到你的內容吸引過來的未來潛在客戶。

2-8-3 獲利指標

網路行銷與電子商務網站算得上是哥倆好的天作之合，行銷就是要創造人潮與成交數字，能夠賺錢的行銷模式就是好的商業模式，尤其是電商網站通常都會以這段時間花了多少網路廣告和吸引眼球（Eyeballs Recruiting）經費，同時帶進多少訂單（Orders）或業績（Revenue）來作為判斷獲利指標的標準。

能夠獲利的行銷模式就是好的商業模式

網路行銷的目的在於利用最小成本，讓營業獲利達到最大效益，畢竟對購物網站而言，總希望把錢花在刀口上，最重要的指標就是廣告期間帶來的訂單數，就是要把過路客實際變成顧客。例如「轉換」（Conversion Rate）就是從網路廣告過來的訪問者中最終成為付款客戶的比率，任何可視為行銷目標的行為，都可以計量成轉換率。當訪客點擊了一次廣告後，多餘的點擊對廣告投放者來說是缺乏價值，因為即使帶來了流量，卻不見轉換率。不過促成的交易筆數、每月經常性收入、長期使用者價值、平均訂單金額、交易成功（Deal close）件數、潛在顧客取得成本、每次行動成本、總收入等，都是能統計出產生了多少價值的 KPI，利用這些量化的指標來引導行銷方向，創造出更優質的投資報酬率。

問 題 討 論

1. Widget 廣告是什麼？

2. 請簡介原生廣告（Native advertising）。

3. 什麼是網路廣告？

4. 請簡介「病毒式行銷」（Viral Marketing）。

5. 網路行銷有哪三大衡量指標？

6. 請舉出兩種 KPI 來代表網路行銷的人氣指標。

3

引爆指尖下的行動行銷淘金術

- 行動行銷簡介
- 行動裝置線上服務平台
- 達人必學的 App 行銷術
- 行動支付的熱潮
- 專題演練 - 成功店家的 LINE 官方帳號行銷術

隨著 5G 行動寬頻、網路和雲端服務產業的帶動下，全球行動裝置快速發展，結合了無線通訊無所不在的行動裝置充斥著我們的生活。這股「新眼球經濟」所締造的市場經濟效應，正快速連結身邊所有的人、事、物，改變著我們的生活習慣，讓現代人在生活模式、休閒習慣和人際關係上有了前所未有的全新體驗。

PChome24h 購物 App，讓你隨時隨地輕鬆購

TIPS 5G 是行動電話系統第五代，也是 4G 之後的延伸，5G 技術是整合多項無線網路技術而來，對一般用戶而言，最直接的感覺是 5G 比 4G 又更快、更不耗電，預計未來將可實現 10Gbps 以上的傳輸速率。「雲端」其實就是泛指「網路」，「雲端服務」(Cloud Service)，其實就是「網路運算服務」，如果將這種概念進而延伸到利用網際網路的力量，透過雲端運算將各種服務無縫式的銜接，讓使用者可以連接與取得由網路上多台遠端主機所提供的不同服務。

3-1 行動行銷簡介

行動商務(Mobile Commerce, m-Commerce)是電商發展的最新趨勢，不但促進了許多另類商機的興起，更有可能改變現有的產業結構。行動商務最簡單的定義，就是行動通訊結合電子商務的一種資訊化商業服務。自從2015年開始，行動商務的使用者人數，開始呈現爆發性的成長，現代人人手一機，人們的視線已經逐漸從電視螢幕轉移到智慧型手機上，從網路優先（Web First）向行動優先（Mobile First）靠攏的數位浪潮上，而且這股行銷趨勢越來越明顯。在分秒必爭，講求資訊行動化的環境下，當行動載具全面融入消費者生活，開始全面影響過去的媒體使用邏輯，更為網路行銷領域增加了更多的新媒體通道，伴隨著這一趨勢，行動行銷迅速發展，所帶來的正是快速到位、互動分享後所產生產品銷售的無限商機。

世界知名UNIQLO服飾相當努力經營行動品牌行銷

TIPS 知名日本服飾品牌優衣庫（UNIQLO）曾經推出過多款實用品牌App與消費者互動，例如曾經推出一款UT CAMERA App，能讓世界各地的消費者在試穿時用智慧型手機拍攝短片，再將短片上傳至活動官網，並能上傳臉書與朋友分享，將自己的作品上與全世界熱愛穿搭的消費者分享，這充分利用消費者平日的愛秀的個性來介紹品牌，並且吸引了更多消費者到實體門市購買。

行動行銷（Mobile Marketing）就是透過行動工具與無線通訊技術為基礎來進行行銷的一種方式，這同時也宣告真正無縫行動銷售服務及跨裝置體驗的時代來臨。行動行銷爆炸性的成長，成為全球品牌關注的下一個戰場，相較於傳統的電視、平面，甚至於網路媒體，行動媒體除了讓消費者在使用時的心理狀態和過去大不相同，特別是行動消費者缺乏耐心、渴望和自己相關的訊息，如果訊息能引發消費者興趣，他們會立即行動，並且能同時創造與其他傳統媒體相容互動的加值性服務。行動行銷已經成為一種必然的趨勢，因為行動行銷擁有如此廣大的商機，使得許多企業紛紛加速投入這塊市場，企業或品牌唯有掌握行動行銷的四種特性，才能發會行動行銷的最大效益。

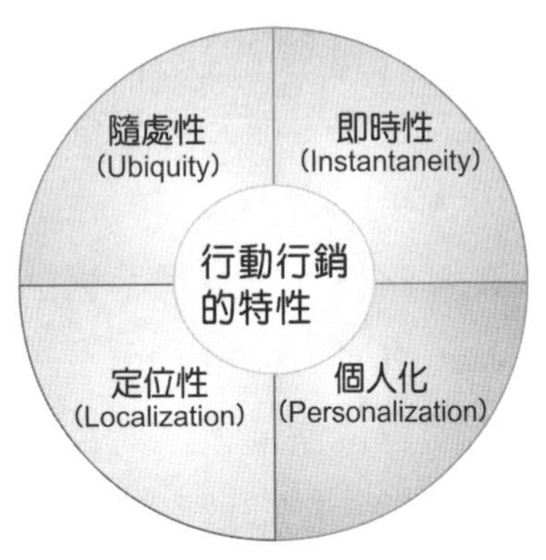

行動行銷的四種特性

3-1-1 個人化（Personalization）

行動設備將是一種比桌上型電腦更具個人化（Personalization）特色的裝置，因為消費者使用行動裝置時，由於眼球能面向的螢幕只有一個，很有助於協助廣告主更精準鎖定目標顧客，真正進行一對一的行銷，個人化的特性帶給行動行銷的價值，在於能精確掌握消費者行為習慣，提供貼心與客製化的服務，增加顧客的忠誠度。例如在 NIKEiD.com 官網上，顧客可以選擇鞋款、材質、顏色等各種選項，並提交自己設計的成果，甚至於藉由 NIKEiD AR 機台，在手機或平板上進行選色後，還能馬上投影於眼前，最後直接到店面拿到個人專屬的鞋款，特定訂單可享有免費寄送與退貨服務。

NIKE 近來也提供客製個人化的服務

3-1-2 即時性（Instantaneity）

因為行動行銷相較於傳統行銷擁有更多的即時性（Instantaneity），擺脫了以往必須在定點上網的限制，消費者可以透過各種行銷管道，增加消費者購物的便利性。例如外出旅遊時，可以直接利用手機搜尋天氣、路線、當地名勝、商圈、人氣小吃與各種消費資訊等等，讓消費者時時刻刻接收各項行動服務新資訊，增加購物的多元選擇，更能進一步加深品牌或產品的印象。

◎行動行銷提供即時購物商品資訊

3-1-3 定位性（Localization）

定位性（Localization）行銷活動本來就長期以來一直是大部分傳統廣告主的夢想，它代表能夠透過行動裝置探知消費者目前所在的地理位置，並能即時將行銷資訊傳送到對的客戶手中，甚至搭配 GPS 技術的定址服務（Location Based Service, LBS），讓使用者的購物行為可以根據地理位置的偵測，就可以名正言順的提供適地性行動行銷服務，使得消費者能夠立即得到想要的消費訊息與店家位置，甚至於超值的優惠方案。台灣奧迪汽車推出可免費下載的 Audi Service App，專業客服人員

◎奧迪汽車推出 Audi Service App，並採用行動定位技術

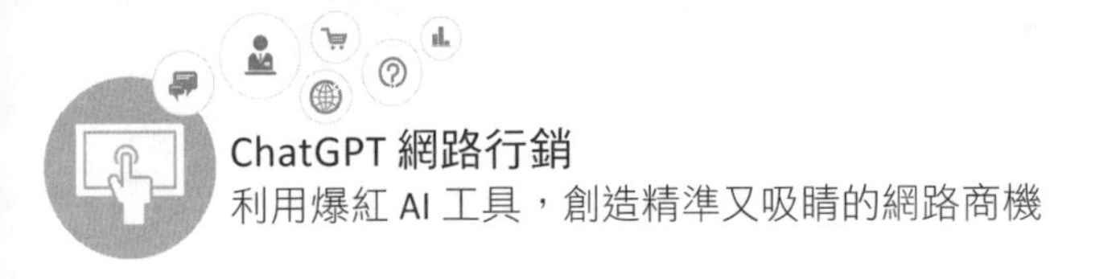

提供全年無休的即時服務，並且採用最新行動定位技術，當路上有任何緊急或車禍狀況發生，客服中心與道路救援團隊可立即定位取得車主位置。

TIPS 「定址服務」(Location Based Service, LBS) 或稱為「適地性服務」，就是行動行銷中相當成功的環境感知的一種創新應用，例如提供即時的定位服務，達到更佳的個人化服務，從許多手機加值服務的消費行為分析，都可以發現地圖、定址與導航資訊主要是消費者的首選。

3-1-4 隨處性（Ubiquity）

目前行動通訊範圍幾乎涵蓋現代人活動的每個角落，行動化已經成為一股勢不可擋的力量，「消費者在哪裡、品牌行銷訊息傳播就到哪裡！」，隨著行動網路越來越普及，消費者不論上山下海隨時都能帶著行動裝置到處跑，因為隨處性（Ubiquity）能夠清楚連結任何地域位置，除了隨處可見的行銷訊息，還能協助客戶隨處了解商品及服務，滿足使用者對即時資訊與通訊的需求。當行動購物已成趨勢，行動通路熱點越來越多，讓消費時間不再受到實體通路營業時間的限制，行動通路成了消費者在哪裡，通路即在哪裡。

TIPS 「隨經濟」(Ubiquinomics) 是盧希鵬教授所創造的名詞，是指因為行動科技的發展，讓消費時間不再受到實體通路營業時間的限制，行動通路成了消費者在哪裡，通路即在哪裡。消費者隨時隨處都可以購物，不僅改變你我的生活，也翻轉了品牌的行銷與經營策略，隨經濟的第一個特點，就在搶消費者的時間，因此任何節省時間的想法，都能提高隨經濟時代的附加價值。

3-2 行動裝置線上服務平台

智慧型手機所以能廣受歡迎，就是因為不再受限於內建的應用軟體，透過 App 的下載，擴充來無限可能的應用。App 是 Application 的縮寫，就是軟體開發商針對智慧型手機及平版電腦所開發的一種應用程式，App 涵蓋的功能包括了圍繞於日常生活的各項需求。行動 App 是企業或品牌經營者直接與客戶溝通的管道，有了行動 App，企業就等同於建立自己的媒體，下載企業或品牌開發的 App 開創了另類的行動商務模式，許多知名購物商城或網站，開發專屬 App 也已成為品牌與網路店家必然趨勢。

憤怒鳥公司網頁

3-2-1 App Store

App Store 是蘋果公司針對使用 iOS 作業系統的系列產品，如 iPod、iPhone、iPAD 等，所開創的一個讓網路與手機相融合的新型經營模式，iPhone 用戶可透過手機或上網購買或免費試用裡面 App，與 Android 的開放性平台最大不同，App Store 上面的各類 App，都必須事先經過蘋果公司嚴格的審核，確定沒有問題才允

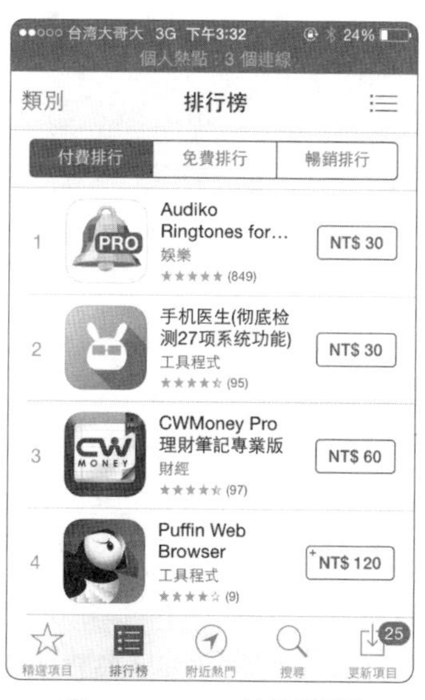

App Store 首頁畫面

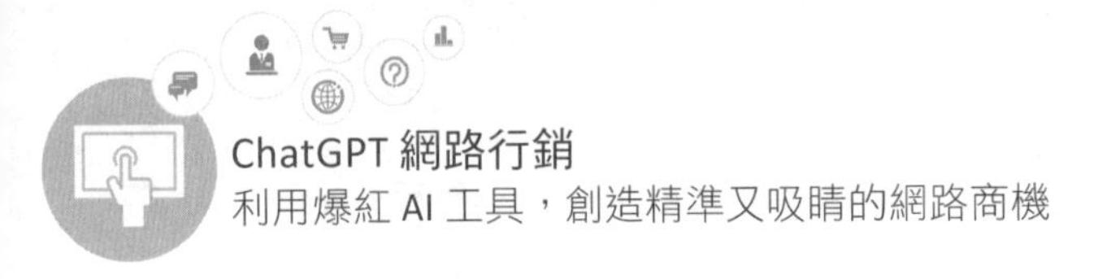

許放上 App Store 讓使用者下載，加上裝置軟硬體皆由蘋果控制，因此 App 不容易有相容性的問題。

> **TIPS** 目前最當紅的手機 iPhone 就是使用原名為 iPhone OS 的 iOS 智慧型手機嵌入式系統，可用於 iPhone、iPod touch、iPad 與 Apple TV，為一種封閉的系統，並不開放給其他業者使用。最新的 iphone 14 所搭載的 iOS 16 是一款全面重新構思的作業系統。

3-2-2 Google play

Google 也推出針對 Android 系統所開發 App 的一個線上應用程式服務平台 Google Play，同時允許用戶下載 Android SDK 進行開發，並透過 Google 發布應用程式（App）。透過 Google Play 網頁可以尋找、購買、瀏覽、下載及評級使用手機免費或付費的 App 和遊戲，由於採取開放策略的 Android 系統不需要經過審查程序即可上架，因此進入門檻較低。

Google Play 商店首頁畫面

> **TIPS** Android 早期由 Google 開發，後由 Google 與十數家手機業者所成立的開放手機（Open Handset Alliance）聯盟所共同研發，並以 Java 及 Kotlin 作為主要開發語言，結合了 Linux 核心的作業系統，承襲 Linux 系統一貫的特色，Android 是目前在行動通訊領域中最受歡迎的平台之一，擁有的最大優勢就是跟各項 Google 服務的完美整合。

3-3 達人必學的 App 行銷術

在智慧型手機成為現代人隨身不可或缺的設備時，App 與人們的生活產生更緊密的關聯，也改變了數位行銷生態，當 App 行銷逐漸成為有力行銷工具的此時，現代企業必須將行動 App 化為行銷策略的一環，透過 App 滿足行動使用者在生活各方面的需求外，對於品牌行銷而言，這也是一個不容忽視的溝通管道。

京站時尚廣場推出專屬 App 拓展行動市場

App 不僅能夠帶給用戶視覺上的愉悅，還為用戶提供相對於網站而言更多樣化的服務，透過用戶主動下載與分享，企業就等同於建立自己的媒體，隨時隨地都能推播訊息給客戶，配合成熟的銷售導購機制，能讓消費者變得更容易手滑買下去。接下來我們將為各位介紹幾種目前相當常見的 App 行銷模式。

3-3-1 創意行銷與智慧商店

創意往往是行銷的最佳動力，尤其是在面對一個三百六十度行動整合行銷的時代，方便有趣的 App 模式絕對可以吸引大家注意，為了提高 App 的下載量與知名度，如果能夠在創意中加入客製化行銷，那絕對會帶給用戶很大的驚喜。

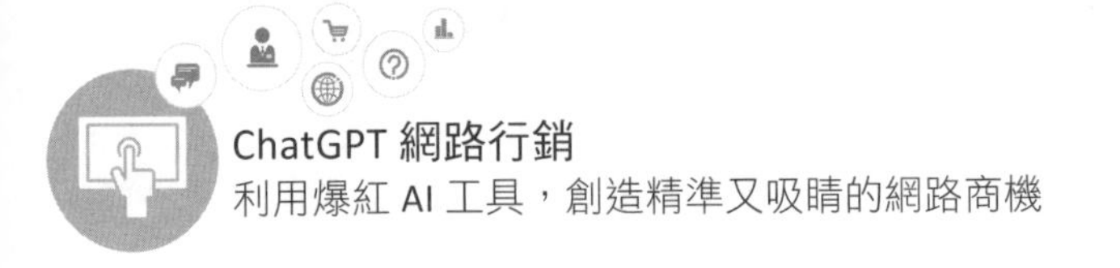

由於行動使用者同樣也會是一般媒體的使用者，App 與傳統商店還可以彼此整合資源，還可以不斷的跨足各種實體商品的販售，Amazon 針對手機 App 購物者，不但推出限定折扣優惠商品，並在優惠開始時推播提醒訊息到消費者手機，同時結合商品搜尋與自訂客製化推薦設定等功能，透過各種行銷措施來打造品牌印象與忠誠度。

Amazon 經常與實體商店進行創意整合行銷

近年來更推出智慧無人商店 Amazon Go，只要下載 Amazon Go 專屬 App，當你走進 Amazon Go 時，打開手機 App 感應，在店內不論選擇哪些零食、生鮮或飲料都會感測到，然後自動加入購物車中等到消費者離開時手機立即自動結帳，並自動從 Amazon 帳號中扣款，讓客戶免去大排長龍之苦，享受「拿了就走」的流暢快速消費體驗。

Amazon 推出的智慧無人商店 Amazon Go

3-3-2 App 品牌行銷

App 已成為品牌界新平台，品牌運用 App 行銷已是不可或缺的媒體選擇，不再是單純提供產品或服務，而是創造多樣化的行銷策，App 中則可以包含圖片、影音諸多元素，用戶可以全方位的感受品牌的溫度，並讓消費者有更好的體驗與好感度。

消費者只要打開「零點選」App，熱呼呼的披薩立刻送到家

由於現在人使用 App 的時間比瀏覽網站的時間多，有些品牌的 App 可以說是與消費接觸的最直接管道，並且具備更多與顧客溝通與互動的機會。因為有了專屬 App，對於品牌行銷而言，不僅能夠帶給用戶服務便捷性的提升，透過使用者參與，甚至是取得促銷優惠，隨時隨地把顧客應該知道的需求，直接送到顧客「手上」。

3-3-3 App 遊戲化行銷

談到遊戲，想必將勾起許多人年少輕狂時的快樂回憶，遊戲化行銷（Gamification Marketing）是指將遊戲中有好玩的元素與機制，透過行銷活動讓受眾「玩遊戲」，像是積分、闖關、升級等等，融入與運用於行銷策略上，有助於提高消費者的參與度，讓消費者可以在玩遊戲過程中體驗品牌的魅力。

例如全球連鎖咖啡星巴克推出手機 App 蒐集顧客資料，還推出了「星禮程」隨行卡的會員優惠，加入星禮程會員，只要消費即可累積星點回饋，鼓勵會員比賽努力升級，並且透過會員分級競賽的方式給予不同優惠回饋，星巴克的核心價值就是要通過和顧客的連接，並且配合各種推廣活動的遊戲化行銷概念來提升業績。

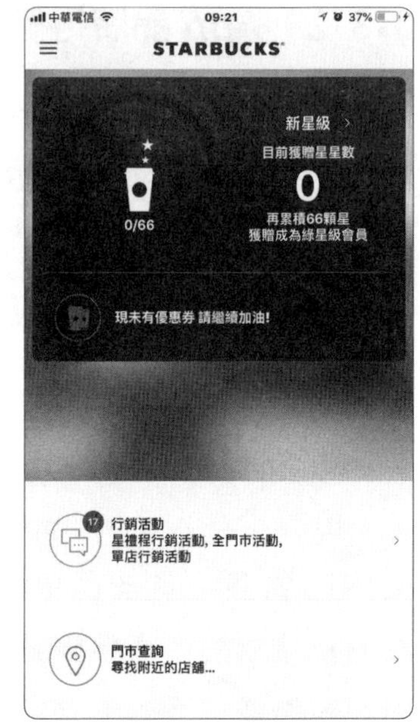

星巴克咖啡將顧客分級，並鼓勵顧客努力爭取升級

3-4 行動支付的熱潮

隨著行動商務的興起，未來將會有更多樣化的無店舖銷售型態通路，根據各項數據都顯示消費者已經使用手機來包辦處理生活中大小事情，甚至包括了行銷、購物與付款，特別是漸漸開始風行的行動支付，也對零售業帶來相當大的改變。所謂行動支付（Mobile Payment），就是指消費者通過行動裝置對所消費的商品或服務進行賬務支付的一種方式。

TIPS 2004 年淘寶網開創支付寶，寫下第三方支付（Third-Party Payment）的新里程碑，在淘寶網購物，都是需要透過支付寶才可付，也支援台灣的信用卡刷卡，是很便利的一種付費機制。第三方支付機制就是在交易過程中，除了買賣雙方外，透過第三方來代收與代付金流，例如美國很多網站會採用 PayPal 來當作第三方支付的機制，在中國最著名的淘寶網，採用「支付寶」就是屬於第三方支付的模式。

PayPal 是全球最大的線上金流系統

自從金管會宣布開放金融機構申請辦理手機信用卡業務開始，正式宣告引爆全台「行動支付」的商機熱潮，成功地將各位手上的手機與錢包整合，真正出門不用帶錢包的時代來臨！對於行動支付解決方案，目前主要是以 QR Code、條碼支付與 NFC（近場通訊）三種方式為主。

3-4-1 QR Code 支付

在 QR 碼被廣泛應用的時代，未來商品也可以透過 QR 碼的結合行動支付應用，QR-Code 行動支付的優點則是免辦新卡，可以突破行動支付對手機廠牌的仰賴，不管 Android 或 iOS 都適用，還可設定多張信用卡，民眾只要掃瞄支援廠商商品的 QR Code，就可以直接讓消費者以手機進行付款。

◎ 玉山信用卡首創 QR Code 行動支付一機在手即拍即付

例如中華電信推出 QR Code 信用卡行動支付 App「QR 扣」，與玉山銀行、國泰世華、萬泰銀行、中國信託、元大銀行、台灣銀行、合作金庫及台新銀行等 8 家銀行信用卡合作，只要用手機或平板電腦拍攝商品 QR Code，串接銀行信用卡收單系統完成付款，就可以透過行動上網輕鬆完成購物。

TIPS

QR Code（Quick Response Code）是由日本 Denso-Wave 公司發明的二維條碼，利用線條與方塊所結合而成的黑白圖紋二維條碼，不但比以前的一維條碼有更大的資料儲存量，除了文字之外，還可以儲存圖片、記號等相關資訊。

3-4-2 條碼支付

條碼支付近來在世界各地掀起一陣旋風，各位不需要額外申請手機信用卡，同時支援 Android 系統、iOS 系統，也不需額外申請 SIM 卡，免綁定電信業者，只要下載 App 後，以手機號碼或 Email 註冊，接著綁定手邊信用卡或是現金儲值，手機出示付款條碼給店員掃描，即可完成付款。條碼行動支付現在最廣泛被用在便利商店，不僅可接受現金、電子票證、信用卡，還與多家行動支付業者合作。例如 LINE Pay 主要以網路店家為主，將近 200 個品牌都可以支付，LINE Pay 支付的通路相當多元化，可讓您透過信用卡或現金儲值，信用卡只需註冊一次，同時支援線上與實體付款，而且 LINE Pay 累積點數非常快速，且許多通路都可以使用點數折抵。

LINE Pay 行動錢包，可以快速累積點數

3-4-3 NFC 行動支付 -TSM 與 HCE

NFC 最近會成為市場熱門話題，主要是因為其在行動支付中扮演重要的角色，越來越多的行動裝置配置這個功能，NFC 手機進行消費與支付已經是一個未來全球發展的趨勢，只要您的手機具備 NFC 傳輸功能，購物時透過手機感應刷卡，輕輕一嗶，結帳快速又安全。

> **TIPS** NFC（Near Field Communication, 近場通訊）是由 PHILIPS、NOKIA 與 SONY 共同研發的一種短距離非接觸式通訊技術，又稱近距離無線通訊，以 13.56MHz 頻率範圍運作，能夠在 10 公分以內的距離達到非接觸式互通資料的目的，可在您的手機與其他 NFC 裝置之間傳輸資訊，因此逐漸成為行動支付、行銷接收工具的最佳解決方案。

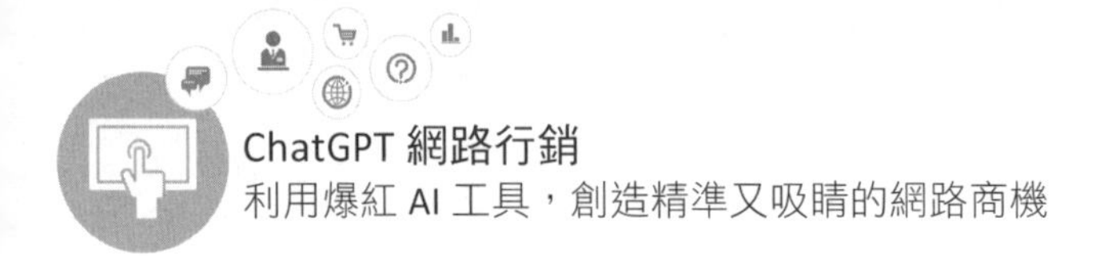

台灣行動支付公司推出 PSP TSM 平台

對於行動支付來說，都會以交易安全為優先考量，目前 NFC 行動支付有兩套較為普遍的解決方案，分別是 TSM（Trusted Service Manager）信任服務管理方案與 Google 主導的 HCE（Host Card Emulation）解決方案。

TSM 平台的運作模式主要是透過與所有行動支付的相關業者連線，使用 TSM 必須更換特殊的 TSM-SIM 卡才能順利交易，NFC 手機用戶只要花幾秒鐘下載與設定 TSM 系統，經 TSM 系統及銀行驗證身分後，將信用卡資料傳輸至手機內 NFC 安全元件（secure element）中，便能以手機進行消費。

TIPS 信任服務管理平台（Trusted Service Manager, TSM）是銀行與商家之間的公正第三方安全管理系統，也是一個專門提供 NFC 應用程式下載的共享平台，主要負責中間的資料交換與整合。

HCE（主機卡模擬）是 Google 於 2013 年底所推出的行動支付方案，可以透過 App 或是雲端服務來模擬 SIM 卡的安全元件。HCE（Host Card Emulation）的加入已經悄悄點燃了行動支付大戰，HCE 手機信用卡的優點是不限定電信門號，不用在手機加入任何特定的安全元件，也不必更換專用 SIM 卡、一機可綁定多張卡片，僅需要有網路連上雲端，降低了一般使用者申辦的困難度。

TIPS Apple Pay 是 Apple 的一種手機信用卡付款方式，只要使用該公司推出的 iPhone 或 Apple Watch（iOS 9 以上）相容的行動裝置，並將自己卡號輸入 iPhone 中的 Wallet App，經過驗證手續完畢後，就可以使用 Apple Pay 來購物，還比傳統信用卡來得安全。

國內許多銀行推出 NFC 行動付款

3-5 專題演練 - 成功店家的 LINE 官方帳號行銷術

在台灣，國人最常用的前十名 App 中，即時通訊類佔了四個，而第一名便是 LINE。隨著 LINE 社群的熱門而蓬勃興起的行動行銷，也能做為一種創新的行銷與服務通道。例如其他像是 FB 與 IG 社群，本身雖然算是媒體平台，內容才是重點，功能就在資訊的產出與傳播，LINE 則是專注在個人，雖然在資訊傳播上不如 FB 與 IG，但是著重於品牌與人之間的交流，讓加入的用戶能夠在與 LINE 的接觸中感受出品牌與眾不同的特殊魅力！

LINE 儼然成為現代台灣人生活的重心了

近年來 LINE 更提供了多元服務與應用內容，不但創造足夠的眼球與目光，更讓行銷可以不僅限於社群媒體的內容創作，而是屬於共同連結思考的客製化行銷模式，只要一個人、一部手機與朋友圈就可以準備在行動社群網路開賣賺錢了，這才是 LINE 社群的真正行銷價值所在。LINE 在台灣就相當積極推動行動行銷策略，LINE 公司推出最新的 LINE@ 生活圈 2.0 版 -LINE 官方帳號，類似 FB 的粉絲團，讓 LINE 以「智慧入口」為遠景，一方面鼓勵商家開設官方帳號，另一方面自己也企圖將社群力轉化為行銷力，形成新的社群行銷平台。

LINE 與 LINE 官方帳號圖示並不相同

3-5-1 LINE 官方帳號簡介

各位剛開始接觸 LINE 官方帳號時，一定有許多困惑，到底 LINE 官方帳號和平常我們所用 LINE 個人帳號有何不同：例如 LINE「群組」可以將潛在客戶集結在一起，然後發送商品相關訊息，不過店家不斷丟廣告給消費者已經不是好的行銷手法，現在的消費者根本不會買單，加上群組中的任何成員都可以發送訊息，往往會很多有心人士加入群組，然後隨意發送廣告或垃圾訊息。因此所發出的訊息很容易被洗版，每天都要花費心力在封鎖、刪除廣告帳號，成員彼此之間的對話內容也比較不具有隱私性，有些私密問題不適合在群組中公開發問，且 LINE 無法做多人同時管理，造成無法有效管理顧客，而且使用群組也有人數限制，這樣也會造成商家行銷的觸及率也會受限。

LINE 官方帳號是台灣店家提供行動服務的最佳首選

LINE 個人帳號群組的訊息很容易被洗版

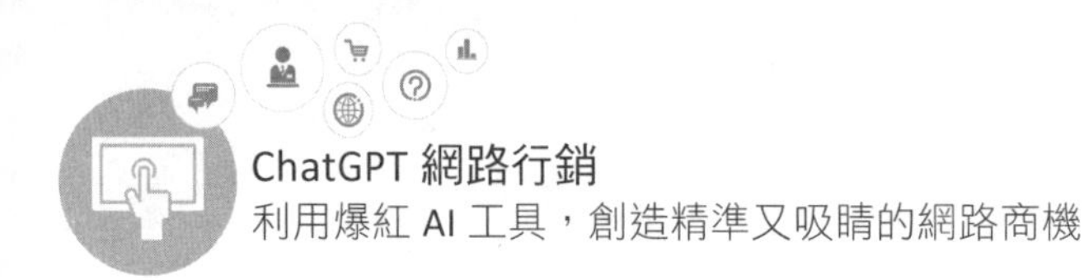

全新 LINE 官方帳號擁有「無好友上限」，以往 LINE@ 生活圈好友數量八萬的限制，在官方帳號沒有人數限制，還包括許多 LINE 個人帳號沒有的功能，例如：群發訊息、分眾行銷、自動訊息回覆、多元的訊息格式、集點卡、優惠券、問卷調查、數據分析、多人管理…等功能，不僅如此，LINE 官方帳號也允許多人管理，店家也可以針對顧客群發訊息，而顧客的回應訊息只有商家可以看到。

透過 LINE 官方帳號玩行動行銷，可培養忠實粉絲

此外，我們可以在後台設定多位管理者，來為商家管理階層分層負責各項行銷工作，有效改善店家的管理效率，以利提高的商業利益。因應行動行銷的時代來臨，LINE 官方帳號的後台管理除了電腦版外，也提供行動裝置版的「LINE Official Account」的 App，可以讓店家以行動裝置進行後台管理與商家行銷，更加提高行動行銷的執行效益與方便性。

LINE Official Account 方便商家行動管理

LINE 官方帳號類似 FB 的粉絲團，讓店家可以透過 LINE 帳號推播即時活動訊息給其他企業、店家、甚至是個人，還可以同步打

造「行動官網」，任何 LINE 用戶只要搜尋 ID、掃描 QR Code 或是搖一搖手機，就可以加入喜愛店家的官方帳號，在顧客還沒有到店前傳達訊息，並直接回應客戶的需求。商家只要簡單的操作，就可以輕鬆傳送訊息給所有客戶。由於朋友圈中的人們彼此會分享資訊，相互交流間接產生了依賴與歸屬感，除了可以透過聊天方式就可以輕鬆做生意外，甚至包括各種回應顧客訊息的方式及各種商業行銷的曝光管道及機制可以幫忙店家提高業績，還可以結合多種圖文影音的多元訊息推播方式，來提升商家與顧客間的互動行為。

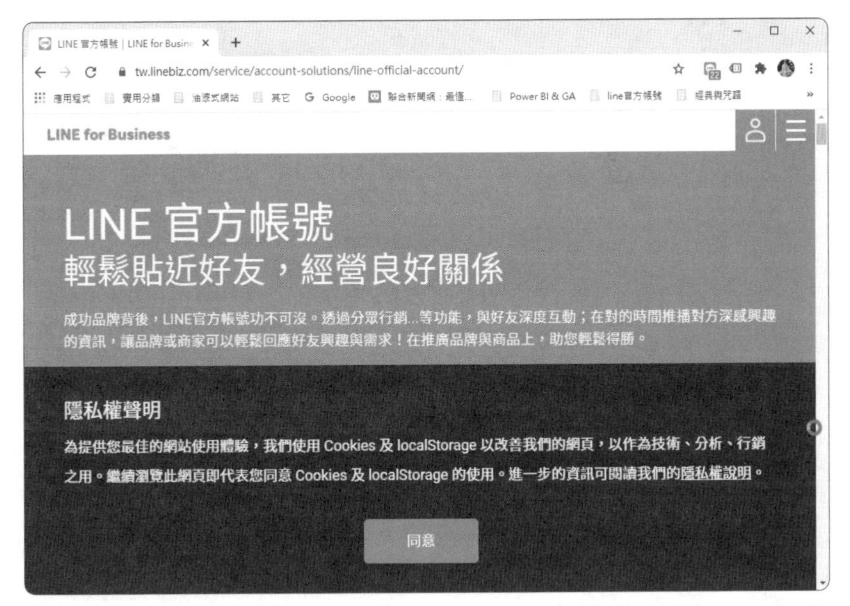

https://tw.linebiz.com/service/account-solutions/line-official-account/

3-5-2 聊天也能蹭出好業績

現代人已經無時無刻都藉由行動裝置緊密連結在一起，LINE 官方帳號的主要特性就是允許各位以最熟悉的聊天方式透過 LINE 輕鬆做行

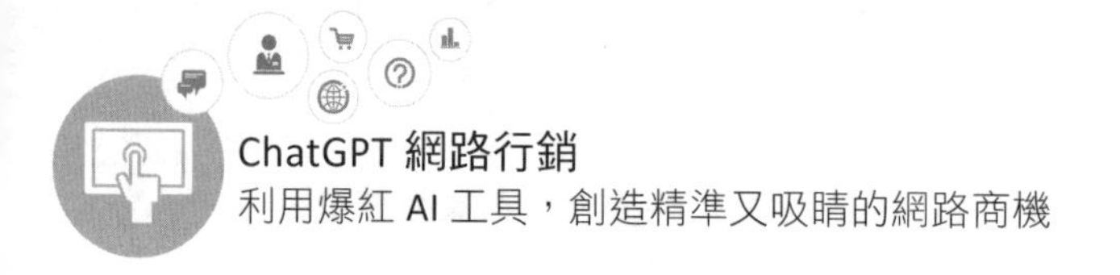

銷，以更簡單及熟悉的方式來管理您的生意。透過官方帳號 App 可以將私人朋友與顧客的聯絡資料區隔出來，可以讓您以最方便、輕鬆的方式管理顧客的資料，重點是與顧客的關係聯繫可以完全藉助各位最熟悉的聊天方式，LINE 官方帳號也可以私密的一對一對話方式即時回應顧客的需求，可用來拉近消費者距離，其他群組中的好友是不會看到發出的訊息，可以提高顧客與商家交易資訊的隱私性。

說實話，沒有人喜歡不被回應、已讀不回，優質的 LINE 行銷一定要掌握雙向溝通的原則，在非營業時間內，也可以將真人聊天切換為自動回應訊息，只要在自動回應中，將常見問題設定為關鍵字，自動回應功能就如同客服機器人可以幫忙真人回答顧客特定的資訊，不但能降低客服回覆成本，同時也讓用戶能更輕易的找到相關資訊，24 小時不中斷提供最即時的服務。

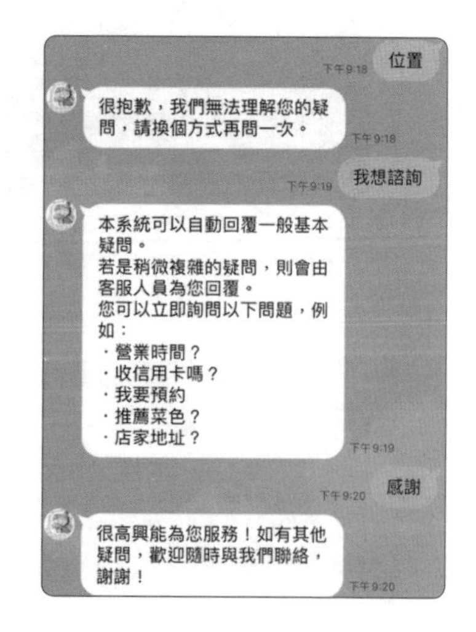

3-5-3 業績翻倍的 LINE 行銷工具

正所謂「顧客在哪、行銷工具就在哪」，對於 LINE 官方帳號來說，行銷工具的工具相當多，例如商家可以隨意無限制的發送貼文串（類似 FB 的動態消息），不定期地分享商家最新動態及商品最新資訊或活動訊息給客戶，好友們可以在你的投稿內容底下進行留言、按讚或分享。如果投稿的內容被好友按讚，就會將該貼文分享至好友的貼文串上，那麼好友的朋友圈也有機會看到，增加商家的曝光機會。

更具吸引力的地方，除了訊息的回應方式外，LINE 官方帳號提供更多元的互動方式，這其中包括了：電子優惠券、集點卡、分眾群發訊息、圖文選單……等。其中電子優惠經常可以吸引廣大客戶的注意力，尤其是折扣越大買氣也越盛，對業績的提升有相當大的助益。

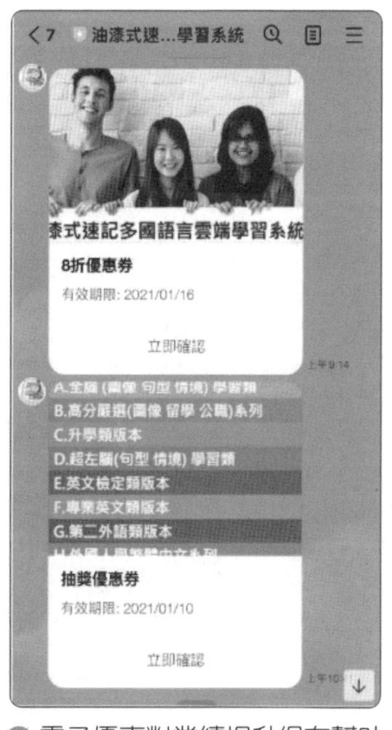

電子優惠對業績提升很有幫助

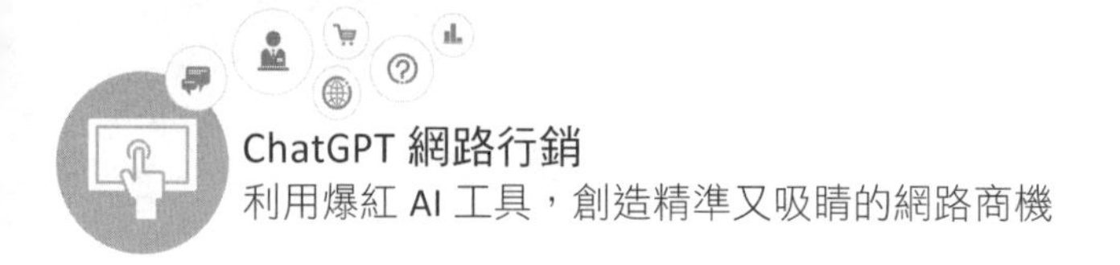

「LINE 集點卡」也是 LINE 官方帳號提供的一項免費服務，除了可以利用 QR code 或另外產生網址在線上操作集點卡，透過此功能商家可以輕鬆延攬新的客戶或好友，運用集點卡創造更多的顧客回頭率，還能快速累積你的官方帳號好友，增加銷售業績。集點卡提供的設定項目除了款式外，還包括所需收集的點數、集滿點數優惠、有效期限、取卡回饋點數、防止不當使用設定、使用說明、點數贈送畫面設定…等。

使用 LINE 官方帳號可以群發訊息給好友，讓店家迅速累積粉絲，也能直接銷售或服務顧客，在群發訊息中，可以透過性別、年齡、地區進行篩選，精準地將訊息發送給一群屬性相似的顧客，這樣好康的行銷工具當然不容錯過。

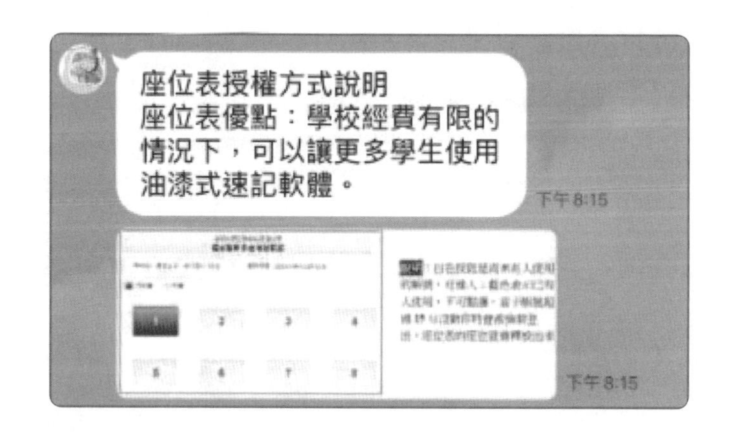

為了大力行銷企業品牌或店家的優惠行銷活動，使用 LINE 官方帳號也可以設計圖文選單內容，引導顧客進行各項功能的選擇，更讓人稱羨的是我們可以將所設計的圖文選單行銷內容以永久置底的方式，將其放在最佳的曝光版位。

問題討論

1. 何謂全球定位系統（Global Positioning System, GPS）？
2. 請簡介行動行銷（Mobile Marketing）。
3. 請簡介行動行銷的四種特性。
4. App 是什麼？
5. 請簡介「定址服務」（Location Based Service, LBS）。
6. 何謂行動支付（Mobile Payment）？
7. 請簡介條碼支付。
8. 請簡介 LINE 提供的三種加好友方式？

4

電商網站與視覺設計私房心法

- 電商網站製作流程
- 視覺與消費體驗設計
- 專題演練 -Google Sites 網站輕鬆設計

網路行銷是一種涵蓋十分廣泛的商業交易，許多商家或個人都能透過網路的便利性提供一個新的經營模式來行銷或賺錢，隨著電子交易方式機制的進步，24 小時購物似乎已經是一件在輕鬆平常的消費方式。對企業面而言，越來越多的網路競爭下，網站設計與推廣也更為重要，琳瑯滿目的網站提供了購物、學習、新聞等應有盡有的功能，電商網站的功能關係到網路行銷業務能否具體成功，一個好的網站不只是局限於有動人的內容、網站設計方式、編排和載入速度、廣告版面和表達形態都是影響訪客抉擇的關鍵因素。

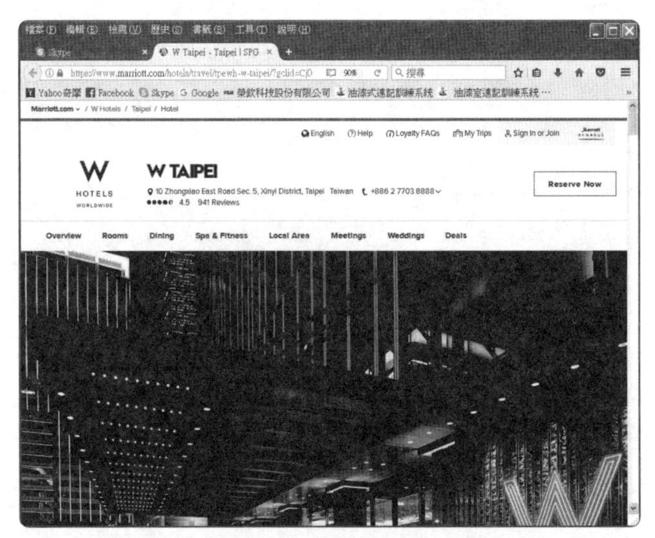

網站設計是網路集客與吸睛的第一要務

店家或品牌如何開發出符合消費者習慣的介面與系統機制，成為設計電商網站的一大課題，也是網路行銷人員的一門重要課題。不論您是為了提升品牌知名度或增加訂單，無非是自身網站能夠被越多的潛在顧客看見，雖然現在的網站設計都是強調專業分工，可是如果團隊中的每一位成員，都能具有製作與開發的基本知識，對於團隊的合作效率 對有加分的作用。

4-1 電商網站製作流程

電子商務網站架設需求，近年來成為網頁設計市場的主流，網站必須看成是整體行銷商品的一種，要怎麼讓網站具有高點閱率就是在設計之前的重點，特別是品牌要銷售的對象是誰？目標族群應該是誰？網站規劃的目標是讓網站透過網際網路提供產品或服務之資訊期望能讓消費者滿足購買的需求。店家或品牌在進行網站建立與企劃前，首先要對網站建置目的、目標顧客、製作流程、網頁技術及資源需求要有初步認識，同時也要考量到頁面佈局及配色的美觀性，讓每位瀏覽的顧客都能對參觀的網站印象深刻。接下來我們將會對電商網站製作與規劃作完整說明，並且告訴各位網站建置完成後的績效評估的依據。下圖即為網站設計的主要流程結構及其細部內容：

規劃時期

- 設定網站的主題及客戶族群
- 多國語言的頁面規劃
- 繪製網站架構圖
- 瀏覽動線設計
- 設定網站的頁面風格
- 規劃預算
- 工作分配及繪製時間表
- 網站資料收集

設計時期

- 網頁元件繪製
- 頁面設計及除錯修正

上傳時期

- 架設伺服器主機或是申請網站空間
- 網站內容宣傳

維護更新時期

- 網站內容更新及維護

4-1-1　網站規劃時期

店家的網站不只作為一個門面，更是虛擬數位電商的網路入口，在進行網站架設時，網站規劃可以說是網站的藍圖，規劃時期是網站建置的先前作業，不論是個人或公司網站，都少不了這個步驟。其實網站設計就好比專案製作一樣，必須經過事先的詳細規劃及討論，然後才能藉由團隊合作的力量，將網站成果呈現出來。

設定網站的主題及客戶族群

「網站主題」是指網站的內容及主題訴求，以公司網站為例，具有線上購物機制或僅提供產品資料查詢就是二種不同的主題訴求。

- 具有線上購物機制的商品網站

圖片來源：http://www.momoshop.com.tw/main/Main.jsp

■ 僅提供商品資料查品的網站

圖片來源：http://www.acer.com.tw/

「客戶族群」可以解釋為會進入網站內瀏覽的主要對象，這就好像商品販賣的市場調查一樣，一個愈接近主客戶群的產品，其市場的接受度也愈高。如下圖所示，同樣的主題，針對一般大眾或是兒童，所設計的效果就要有所不同。

■ 高雄市稅捐稽徵處的兒童網站

圖片來源：http://www.kctax.gov.tw/kid/index.htm

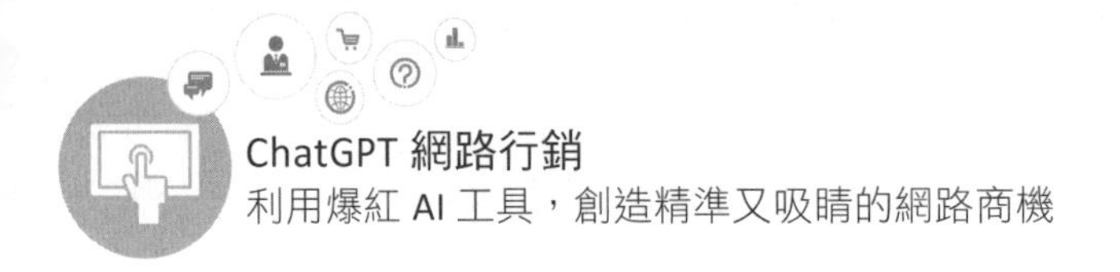

■ 高雄市稅捐稽徵處的中文網站

圖片來源：http://www.kctax.gov.tw/tw/index.aspx

雖然我們不可能為了建置一個網站而進行市場調查，但是若能在網站建立之前，先針對「網站主題」及「客戶族群」多與客戶及團隊成員討論，以取得一個大家都可以接受的共識，必定可以讓這個網站更加的成功，同時，也不會因為網站內容不合乎客戶的需求，而導致人力、物力及財力的浪費。

多國語言的頁面規劃

在國際化趨勢之下，網站中同時具有多國語言的網頁畫面是一種設計的主流，也能讓搜尋引擎正確將搜尋結果提供給不同語言的用戶。如果有設計多國語言頁面的需求時，也必須要在規劃時期提出，因為產品資料的翻譯、影像檔案的設計都會額外再需要一些時間及費用，先做好詳細規劃才不容易發生問題。如果有提供多國語言的設計，通常都會在首頁放置選擇語言的連結，以方便瀏覽者做選擇。

圖片來源：http://www.ikea.com/

> **TIPS** 進入一個網站時所看到的第一個網頁，通稱為首頁，由於是整個網站的門面，因此網頁設計者通常會在首頁上加入吸引瀏覽者的元素，例如動畫、網站名稱與最新消息等等。

繪製網站架構圖

店家決定好網站要放那些主題與頁面後，我們就可以來進一步，談談要如何安排網站架構。網站架構圖主要是要讓你把網站內容架構階層化，後續可以根據這個架構，再去規劃如下圖中的組織結構，也可稱為是網站中資料的分類方式，基本上包含了頁首、頁尾、多層選單、側欄、主頁、個別頁面內容和網址，我們可以根據「網站主題」及「客戶族群」來設計出網站中需要那些頁面來放置資料。

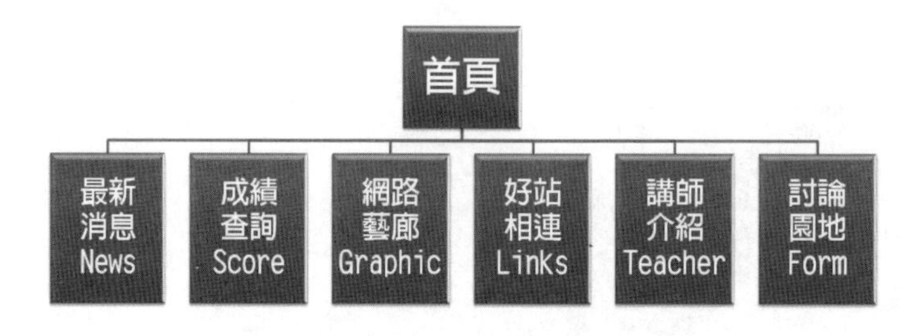

網站架構圖

除了應用在網站設計以外，網站架構圖同時也是導覽頁面中連結按鈕設計的依據，當各位進入到網站之後，就是根據頁面上的連結按鈕來找尋資料頁面，所以一個分類及結構性不完備的網站架構圖，不僅會影響設計過程，也連帶會影響到使用者瀏覽時的便利性。至於選單（menu）是導引用戶於不同網頁的重要指引功能，可以區分為主選單和子選單，當網站有許多頁面時，用選單來妥善收納整理，對於用戶體驗可以造成好的效果。一般來說，選單不會超過三層，從首頁進來的消費者才能盡快到達所需要的頁面。

實用的導覽列，有助於網友了解網站架構及瀏覽資料

圖片來源：http://www.kcg.gov.tw/

瀏覽動線設計

瀏覽動線就像是車站或機場中畫在地上的一些彩色線條，這些線條會導引各位到想要去的地方而不會迷失方向。不過網頁上的連結就沒有這些線條來導引瀏覽者，此時連結按鈕的設計就顯得非常重要。

- **只有垂直連結順序**：此種連結順序是將所有的導覽功能放置於首頁畫面，使用者必須回到首頁之後，才能繼續瀏覽其他頁面，優點是設計容易，缺點則是在瀏覽上較為麻煩，圖中的箭號就是代表瀏覽者可以連結的方向順序。

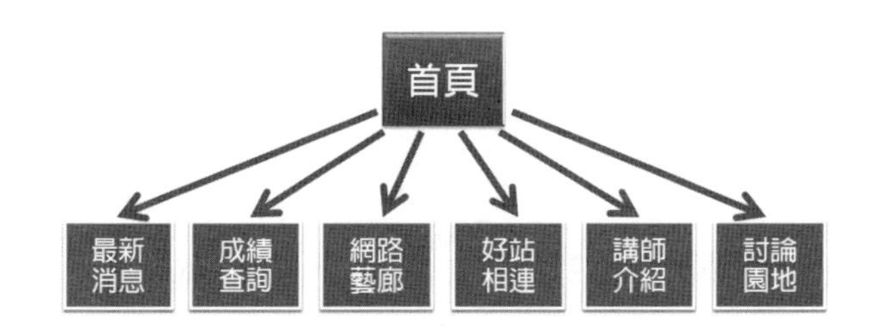

只有垂直連結順序

- **水平與垂直連結順序**：同時具有水平及垂直連結順序的導覽動線設計擁有瀏覽容易的優點，缺點是設計上較為繁雜。

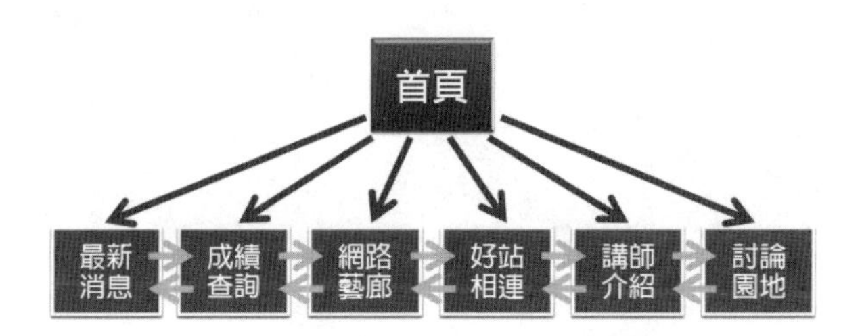

水平及垂直連結順序

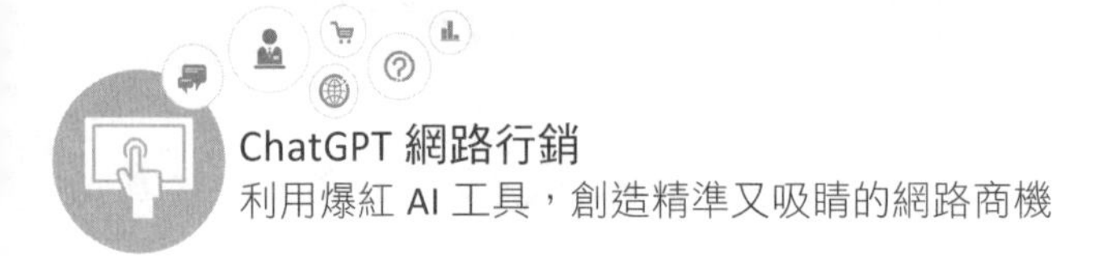

不管各位想要採用何種設計，都一定要經過詳細的討論與規劃，有些頁面是熱門的明星頁面，可以成功吸引搜尋流量，而有些頁面並未能成功吸引流量但很可能具有潛力，最好能與熱門頁面連結，而且除了瀏覽動線的規劃外，在每頁中都放置可直接回到首頁的連結，或是另外獨立設計一個網站目錄頁面，都是不錯的好方法。

設定網站的頁面風格

頁面風格就是網頁畫面的美術效果，這裡可再細分為「首頁」及「各個主題頁面」的畫面風格，其中「首頁」屬於網站的門面，所以一定要針對「網站主題」及「客戶族群」二大需求進行設計，同時也相當強調美術風格。至於「各個主題頁面」因為是放置網站中的各項資料，所以只要風格和「首頁」保持一致，畫面不需要太花俏。

- **首頁：**http://www.icoke.hk/

■ 各主題頁面

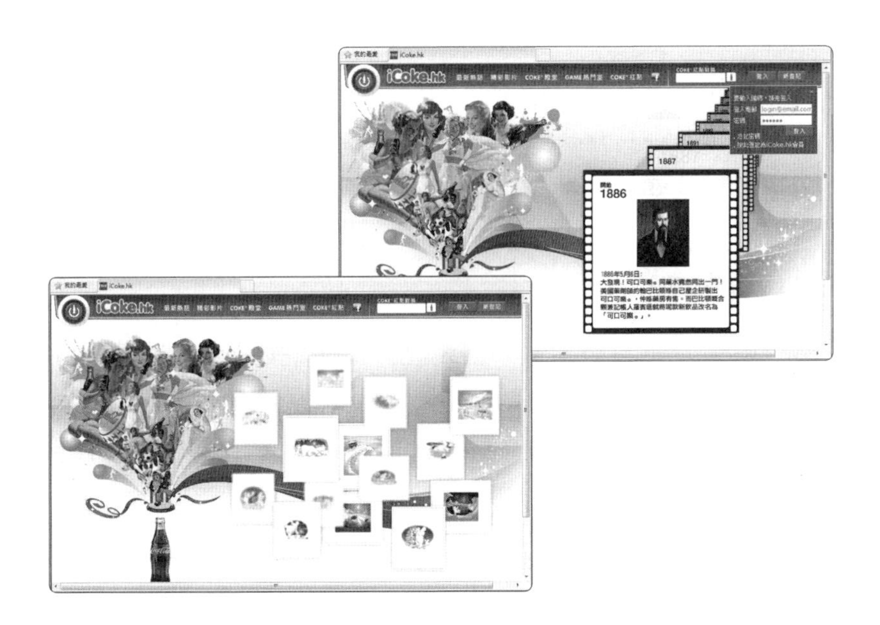

另外各個頁面中的連結文字或圖片數量則是依據「瀏覽動線」的設計來決定。在此建議各位先在紙上繪製相關草圖，再由客戶及團隊成員共同決定。

規劃預算

預算費用是網站設計中最不易掌控及最現實的部份。不論是架設伺服器或是申請網站空間，還是影像圖庫與請專人設計程式、動畫及資料庫等等，都是一些必須支出的費用。不論如何，各位都要將可能支出的費用及明細詳列出來，以便進行預算費用的掌控。

工作分配及繪製時間表

專業分工是目前市場的主流，在設計團隊中每個人依據自己的專長來分配網站開發的各項工作，除了可以讓網站內容更加精緻外，更可以

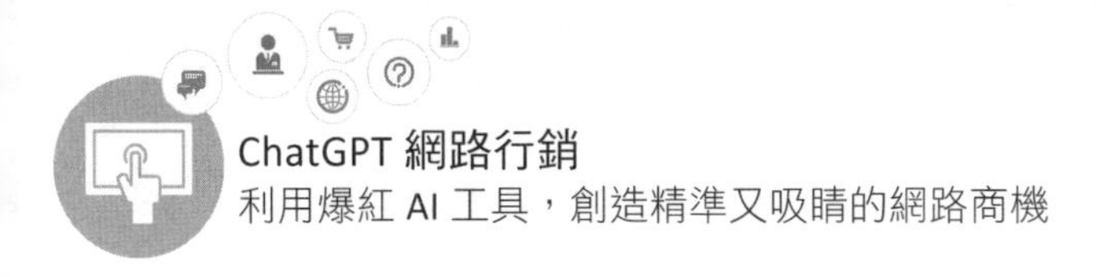

大幅度的縮減開發時間。不過專業分工的缺點是進度及時間較難掌控，也因此在分工完成後，還要再繪製一份開發進度的時間表，將各項設計的內容與進度作詳細規劃，同時在團隊中，也要有一個領導者專司進度掌控、作品收集及與客戶的協調作業，以確保各個成員的作品除了風格一致外，也可滿足客戶的需求。

網站內容與資料收集

網路行銷手段與趨勢不管如何變化發展，網站內容絕對都會是其中最為關鍵的重中之重，以建構一個購物網站為例，商品照片、文字介紹、公司資料及公司 Logo 等，都必須要店家提供。各位可以根據網站架構中各個頁面所要放置的資料內容，來列出一份詳細資料清單，然後請客戶提供，此時可以請團隊中的領導者隨時和客戶保持連絡，作為成員與客戶之間溝通的橋樑。

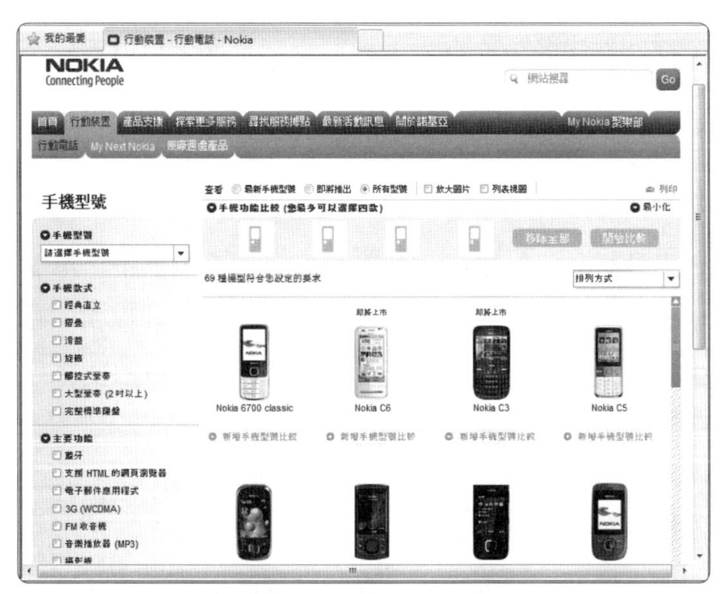

需要較多商品資訊及圖片的網站

圖片來源：http://www.nokia.com.tw/find-products/products

4-1-2 網站設計

網站設計時期已經進入到網站實作的部份，這裡最重要的是後面的整合及除錯，如何讓客戶滿意整個網站作品，都會在這個時期決定。除了內容主題的文字之外，同時也要考量到頁面佈局及配色的美觀性，店家都應該透過觀察訪客在網路商店上的活動路線，調整版面設計以方便顧客的瀏覽體驗，讓付款過程更加順暢，每位瀏覽者都能對設計的網站印象深刻。

各位在逛百貨公司時經常會發現對於手扶梯設置、櫃位擺設、還有讓顧客逛店的動線都是特別精心設計，就像網站給人的第一印象非常重要，尤其是首頁（Home Page）與到達頁（Landing Page），通常店家都會用盡心思來設計和編排，首頁的畫面效果若是精緻細膩，瀏覽者就有更有意願進去了解。以商品網站來看，不外乎是商品類型、特價活動與商品介紹等幾大項，我們可以將特價活動放置在頁面的最上方，以吸引消費者目光，也能在最上方擺放商品類型的導覽按鈕，以利消費者搜尋商品之用。例如導覽列按鈕有位在頁面上端，也有置於左方的布局，另外，許多的網站由於規劃的內容越來越繁複，所以導覽按鈕擺放的位置，可能左側和上方都同時存在，請看以下範例參考：

TIPS 網路上每則廣告都需要指定最終到達的網頁，到達頁（Landing Page）就是使用者按下廣告後到直接到達的網頁，到達頁和首頁最大的不同，就是到達頁只有一個頁面就要完成讓訪客馬上吸睛的任務，通常這個頁面是以誘人的文案請求訪客完成購買或登記。

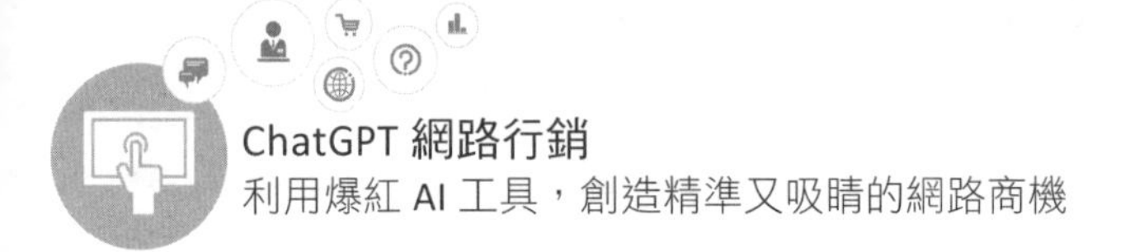

將導覽列按鈕置於上方的頁面佈局

將導覽列按鈕置於左側的頁面佈局

做網站設計的時候，色彩也是一個非常重要的設計要點，色彩也是以「專業」特質為配色效果來看，要隨著不同的頁面佈局，而適當的針

對配色效果中的某個顏色來加以修正，看看怎樣的顏色搭配，才能呈現網站風格特性，下面就是一些配色的網站範例：

冷色系給人專業 / 穩重 / 清涼的感覺

暖色系帶給人較為溫馨的感覺

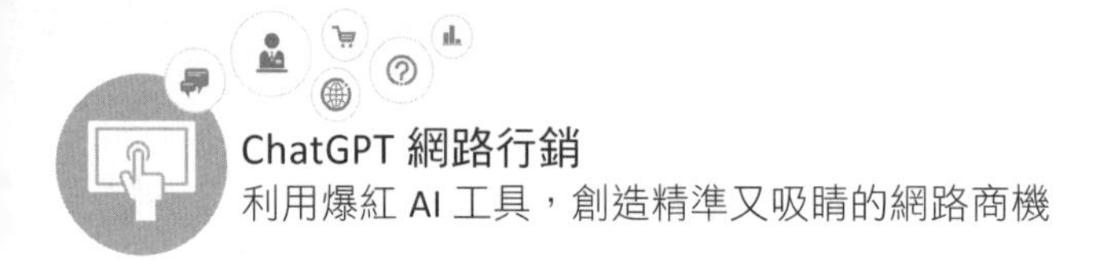

顏色對比強烈的配色會帶給人較有活力的感覺

4-1-3 網站上傳

網站完成後總要有一個窩來讓使用者可以進入瀏覽，網站上傳工作就單純許多，這裡只是將整個網站內容，放置到伺服器主機或是網站空間上。成本及主機功能是這個時期要考量的因素，如何讓成本支出在容許的範圍內，又可以使得網站中的所有功能能夠順利使用，就是這個時期的重點。

目前使用的方式有「自行架設伺服器」、「虛擬主機」及「申請網站空間」等三種方式可以選擇，如果以功能性而言，自行架設伺服器主機當然是最佳方案，但是建置所花費的成本就是一筆不小的開銷。如果以一般公司行號而言，初期採用「虛擬主機」是一個不錯的選擇，而且可以視網站的需求，選用主機的功能等級與費用，將自行架設伺服器主機當作公司中長期的方案，其中的差異請看如附表中的說明。

TIPS 「虛擬主機」(Virtual Hosting)是網路業者將一台伺服器分割模擬成為很多台的「虛擬」主機，讓很多個客戶共同分享使用，平均分攤成本，也就是請網路業者代管網站的意思，對使用者來說，就可以省去架設及管理主機的麻煩。網站業者會提供給每個客戶一個網址、帳號及密碼，讓使用者把網頁檔案透過 FTP 軟體傳送到虛擬主機上，如此世界各地的網友只要連上網址，就可以看到網站了。

項目	架設伺服器	虛擬主機	申請網站空間
建置成本	最高（包含主機設備、軟體費用、線路頻寬和管理人員等多項成本）	中等（只需負擔資料維護及更新的相關成本）	最低（只需負擔資料維護及更新的相關成本）
獨立 IP 及網址	可以	可以	附屬網址（可申請轉址服務）
頻寬速度	最高	視申請的虛擬主機等級而定	最慢
資料管理的方便性	最方便	中等	中等
網站的功能性	最完備	視申請的虛擬主機等級而定，等級越高的功能性越強，但費用也越高	最少
網站空間	沒有限制	也是視申請的虛擬主機等級而定	最少
使用線上刷卡機制	可以	可以	無
適用客戶	公司	公司	個人

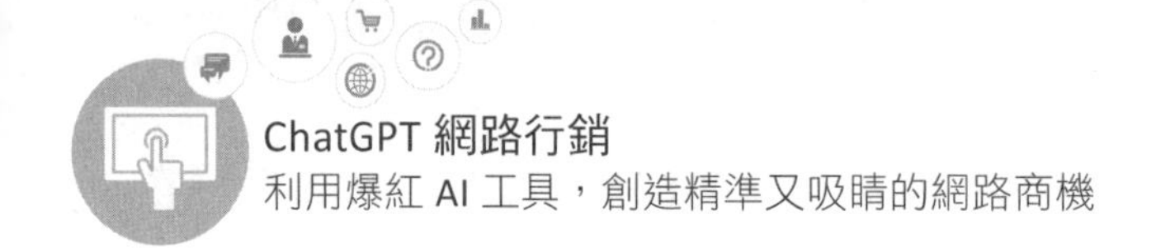

如下所示的網站，就有提供付費的虛擬主機服務的網站。

圖片來源：http://www.nss.com.tw/index.php

圖片來源：http://hosting.url.com.tw/

4-1-4 維護及更新

電商網站的交易與行銷過程大都是數位化方式，所產生的資料也都儲存在後端系統中，因此後端系統維護管理相當重要。對網站運行狀況進行監控，發現運行問題及時解決，並將網站運行的相關情況進行統計，後端系統必需提供相關的資訊管理功能，如客戶管理、報表管理、資料備份與還原等，才能確保電子商務運作的正常。

網路上誰的產品行銷能見度高、消費者容易買得到，市佔率自然就高，定期對網站做內容維護及資料更新，是維持網站競爭力的不二法門。我們可以定期或是在特定節日時，改變頁面的風格樣式，這樣可以維繫網站帶給瀏覽者的新鮮感。而資料更新就是要隨時注意的部份，避免商品在市面上已流通了一段時間，但網站上的資料卻還是舊資料的狀況發生。

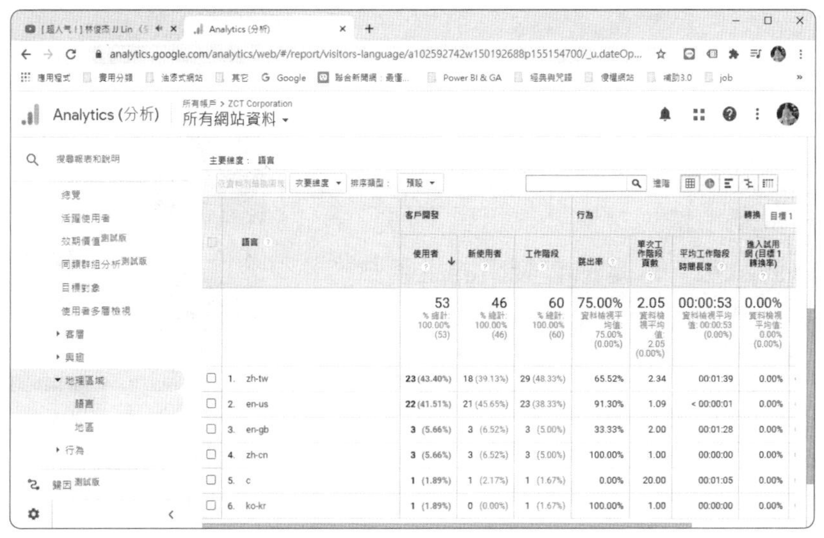

GA 會提供網站流量、訪客來源、行銷活動成效、頁面拜訪次數等訊息

網站內容的擴充也是更新的重點之一，網站建立初期，其內容及種類都會較為單純。但是時間一久，慢慢就會需要增加內容，讓整個網站資料更加的完備。對於已經運行一段時間的網站，則可以透過 Google Analytics 知道那些頁面是熱門頁面。對於一些已經沒有帶來多少人流的過氣頁面，如果網頁內容已經過時，可以考慮更新或改善該網頁的內容。關於這方面，建議各位多去參考其他同類型的網站，才能真正的讓網站長長久久。

4-2 視覺與消費體驗設計

電商網站設計趨勢通常可以反映當時的技術與時尚潮流，由於視覺是人們感受事物的主要方式，近來在電商網站的設計領域，如何設計出讓用戶能簡單上手與高效操作的用戶介面式設計的重點，因此近來對於電商網站設計有關 UI/UX 話題重視的討論大幅提升，畢竟網頁的 UI/UX 設計與動線規劃結果，扮演著能否留下用戶舉足輕重的角色，也是顧客吸睛的主要核心依據。

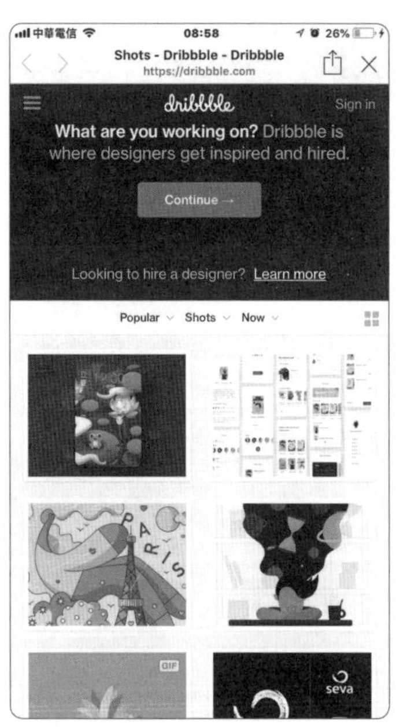

Dribble 網站有許多最新潮的 UI/UX 設計樣品

4-2-1 UI/UX 的流暢感

UI（User Interface, 使用者介面）是屬於一種虛擬與現實互換資訊的橋樑，也就是使用者和電腦之間輸入和輸出的規劃安排，網站設計應該由 UI 驅動，因為 UI 才是人們真正會使用的部份，我們可以運用視覺風格讓介面看起來更加清爽美觀，因為流暢的動效設計可以提升 UI 操作過程中的舒適體驗，減少因等待造成的煩躁感。

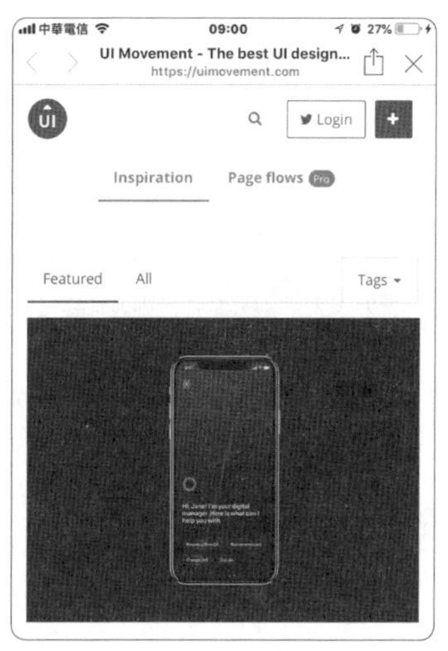

UI Movement 專門收錄不同風格的頁面設計

除了維持網站上視覺元素的一致外，盡可能著重在具體的功能和頁面的設計，UX（User Experience, 使用者體驗）研究所佔的角色也越來越重要，UX 的範圍則不僅關注介面設計，更包括所有會影響使用體驗的所有細節，包括視覺風格、程式效能、正常運作、動線操作、互動設計、色彩、圖形、心理等。真正的 UX 是建構在使用者的需求之上，是使用者操作過程當中的感覺，主要考量點是「產品用起來的感覺」，目標是要定義出互動模型、操作流程和詳細 UI 規格。

全世界公認是 UX 設計大師的蘋果賈伯斯有一句名言：「我討厭笨蛋，但我做的產品連笨蛋都會用。」一語道出了 UX 設計的精髓。談到 UI/UX 設計規範的考量，也一定要以使用者為中心，例如視覺風格的時尚感更能增加使用者的黏著度，近年來特別受到扁平化設計風格的影響，極簡的設計本身並不是設計的真正目的，因為乾淨明亮的介面往往

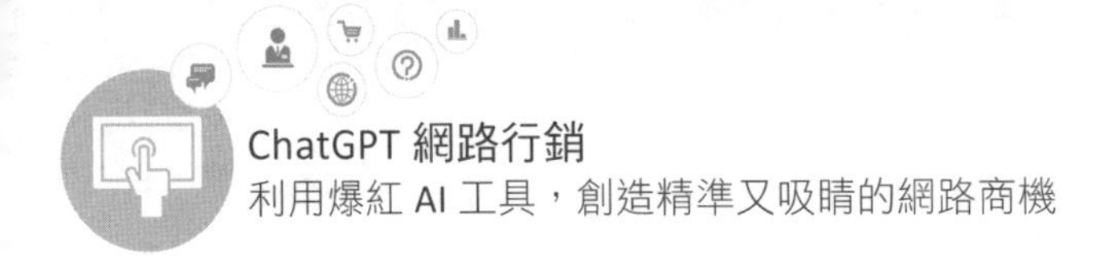

更吸引用戶，讓使用者的注意力可以集中在介面的核心訊息上，在主題中使用更少的顏色變成了一個流行趨勢，請注意！千萬不要過度設計，打造簡單而更加富於功能性的 UI 才是終極的目標。

設計師在設計網站的 UI 時，必須以「人」作為設計中心，傳遞任何行銷訊息最重要的就是讓人「一看就懂」，所以儘可能將資訊整理得簡潔易懂，不用讀文字也能看圖操作，同時能夠掌握網站服務的全貌。尤其是智慧型手機的網頁呈現，在狹小的範圍裡要使用多種功能，設計時就得更加小心，例如放棄使用分界線就是為了帶來一個具有現代感的外觀，讓視覺體驗更加清晰，或者當文字的超連結設定過密時，常常讓使用者有「很難點選」的感覺，適時的加大文字連結的間距就可以較易點選到文字。

特別是手機網頁所能呈現的內容有限，想要將資訊較完整的呈現，那麼折疊式的選單就是不錯的選擇。如下所示，在圖片上加工文字，可以讓瀏覽者知道圖片裡還有更多資訊，可以一層層的進入到裡面的內容，而非只是裝飾的圖片而已。(如左下圖所示)而主選單文字旁有三角形的按鈕，也可以讓瀏覽者一一點選按鈕進入到下層。(如右下圖所示)：

4-2-2　響應式網頁設計

隨著行動交易方式機制的進步，全球行動裝置的數量將在短期內超過全球現有人口，消費者上網習慣的改變也造成企業網路行銷的巨大變革，如何讓網站可以跨不同裝置與螢幕尺寸順利完美的呈現，就成了網頁設計師面對的一個大難題。

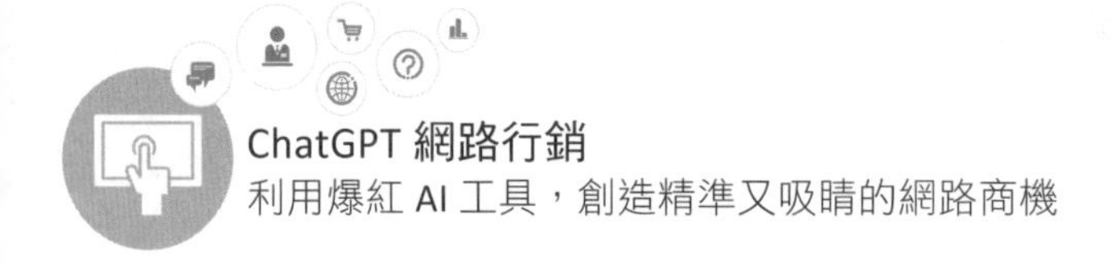

相同網站資訊在不同裝置必需顯示不同介面，以符合使用者需求

電商網站的設計當然會影響到網路行銷業務能否成功的關鍵，因此如何針對行動裝置的響應式網頁設計（Responsive Web Design, RWD），或稱「自適應網頁設計」，讓網站提高行動上網的友善介面就顯得特別重要，因為當行動用戶進入你的網站時，必須能讓用戶順利瀏覽、增加停留時間，也方便的使用任何跨平台裝置瀏覽網頁。

響應式網站設計最早是由 A List Apart 的 Ethan Marcotte 所定義，因為 RWD 被公認為是能夠對行動裝置用戶提供最佳的視覺體驗，原理是使用 CSS3 以百分比的方式來進行網頁畫面的設計，在不同解析度下能自動去套用不同的 CSS 設定，透過不同大小的螢幕視窗來改變網頁排版的方式，讓不同裝置都能以最適合閱讀的網頁格式瀏覽同一網站，不用一直忙著縮小放大拖曳，給使用者最佳瀏覽畫面。

TIPS CSS 的全名是 Cascading Style Sheets，一般稱之為串聯式樣式表，其作用主要是為了加強網頁上的排版效果（圖層也是 CSS 的應用之一），可以用來定義 HTML 網頁上物件的大小、顏色、位置與間距，甚至是為文字、圖片加上陰影等等功能。

過去當我們使用手機瀏覽固定寬度（例如：960px）的網頁時，會看到整個網頁顯示在小小的螢幕上，想看清楚網頁上的文字必須不斷地用雙指在頁面滑動才能拉近（zoom in）順利閱讀，相當不方便。由於響應式設計的網頁只需要製作一個行動網頁版本，但是它能順應不同的螢幕尺寸重新安排網頁內容，完美的符合任何尺寸的螢幕，並且能看到適合該尺寸的文字，因此使用者不需要進行縮放，大大提昇畫面的可瀏覽性及使用介面的親和度。

RWD 設計的電腦版與手機版都是使用同一個網頁

4-3 專題演練 - Google Sites 網站輕鬆設計

Google 協作平台是 Google 推出的免費線上網頁設計及網站架設的工具，新版的 Google Sites 提供了全新的佈景主題，能搭配不同的配色風格來加以調整，讓設計出來的網頁風格更加時尚美觀，因此 Google 協作平台非常適合學生、社團、或者中小企業以合作的方式建立專屬的網站。

例如許多老師會使用 Google 協作平台來架設班級網頁，在這個班網中可以整合班級所有同學的相簿、指定作業或教學資源，不僅方便全班同學查看，也可以提供給家長使用，甚至於中小企業也能自行架設品牌或電商網站。例如底下的澎湖縣校外教學資源整合平台網頁就是學校老師使用 Google sites 所建置。網址：http://outdoor.phc.edu.tw/

4-3-1 登入 Google Sites 協作平台

要登入 Google Sites 協作平台，請開啟 Google 的 Chrome 瀏覽器，於網址列輸入「https://Sites.google.com/new」，按下「ENTER」鍵就可以連結到 Google Sites 協作平台網站，如果確認已登入 Google 帳號，就會進入 Google 協作平台主畫面。

4-3-2 建立與編輯功能

進入如上的協作平台，只要在主畫面中按下右下角的 + 鈕，即可建立新的協作平台」，並開始網頁的編輯工作。

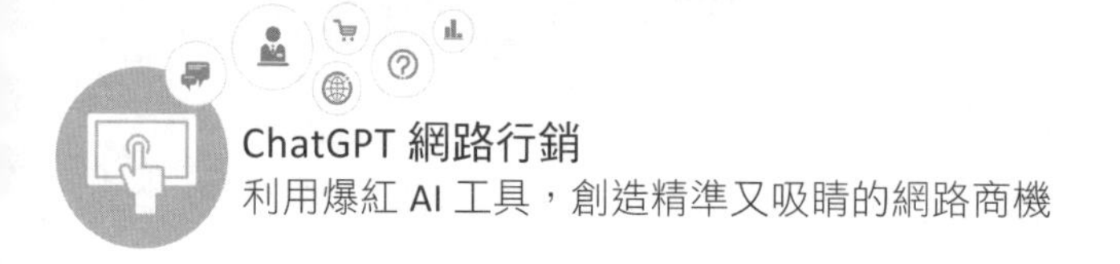

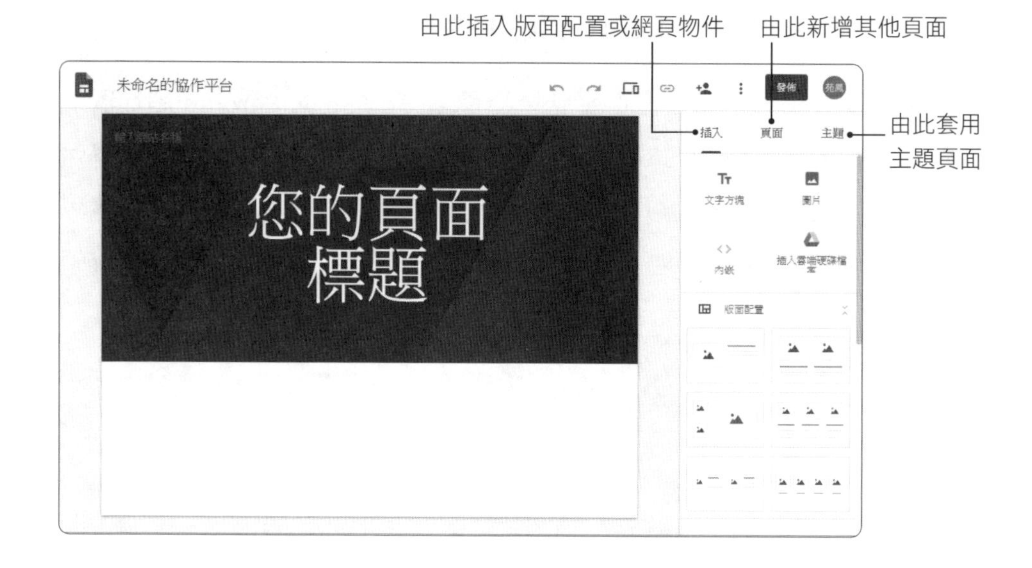

Google 協作平台採用所見即所得及智慧編輯的方式，來讓您的網頁的設計過程更直覺，即使不懂一行程式碼，也可以快速建立一個漂亮的網站。網站中網頁編輯流程的方式，就如同在 Google 文件編輯文章一樣簡單，甚至如果想要網站有多頁面的架構，也可以新增多個分頁，分別編輯不同的網站內容。為了符合現在多螢幕的瀏覽需求，新版「Google 協作平台」製作出來的網站後，就可以將完成的網站發佈到網路上，以供全球各地的網友觀看。同時自動適應各種不同大小的螢幕，自動調整版面。

問 題 討 論

1. 請簡介網站製作流程。
2. 什麼是到達頁（Landing Page）？
3. 請問有哪些常見的架站方式？
4. 「何謂虛擬主機」（Virtual Hosting）？有哪些優缺點？請說明。
5. 請介紹 UI（使用者介面）/UX（使用者體驗）。
6. 請簡介響應式網頁設計（Responsive Web Design）。
7. 試簡述 CSS 的特色。

MEMO

5

買氣紅不讓的社群行銷攻略

- 我的社群網路服務
- 社群行銷的特性
- 專題演練 -Instagram 視覺化行銷

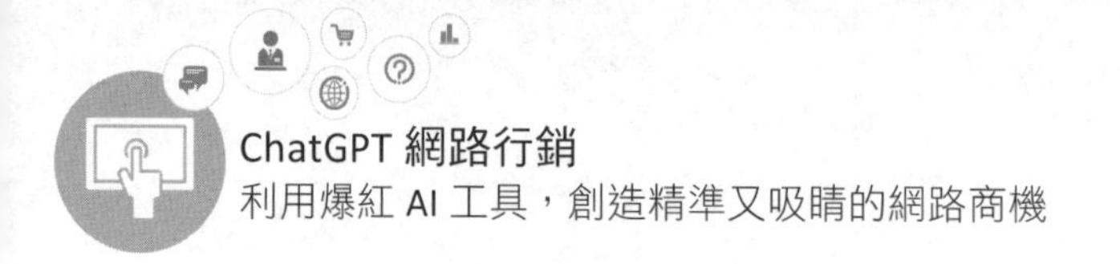

時至今日我們的生活已經離不開網路，網路正是改變一切的重要推手，而現在與網路最形影不離的就是「社群」。社群的觀念可從早期的 BBS、論壇，一直到部落格、Plurk（噗浪）、Twitter（推特）、Pinterest、Instagram、微博或者 Facebook，主導了整個網路世界中人跟人的對話，社群成為 21 世紀的主流媒體，從資料蒐集到消費，人們透過這些社群作為全新的溝通方式，這已經從根本撼動我們現有的生活模式了。

美國總統川普經常在推特上發文表達政見

5-1 我的社群網路服務

社群網路或稱為虛擬社群（virtual community）是網路獨有的生態，可聚集共同話題、興趣及嗜好的社群網友及特定族群討論共同話題，達到交換意見的效果。社群服務的核心在於透過提供有趣的內容與訊息，社群中的人們彼此會分享資訊，相互交流間接產生了依賴與歸屬感，由於這些網路服務具有互動性，能夠讓大家在共同平台上，彼此快速溝通與交流。

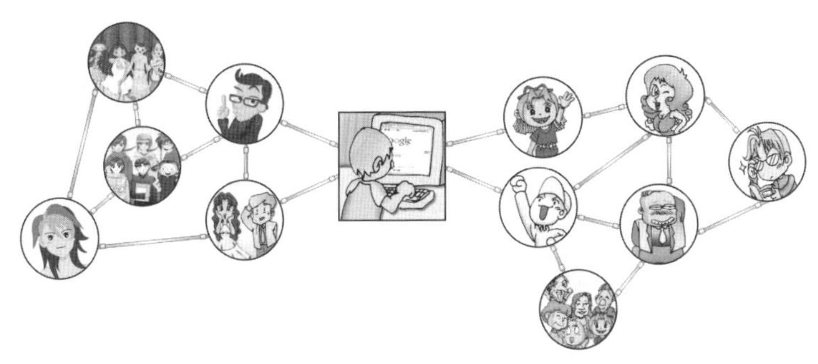

社群網路的網狀結構示意圖

5-1-1 六度分隔理論與同溫層效應

社群網路服務（Social Networking Service, SNS）就是 Web 2.0 體系下的一個技術應用架構，基於哈佛大學心理學教授米爾格藍（Stanley Milgram）所提出的「六度分隔理論」（Six Degrees of Separation）運作。這個理論主要是說在人際網路中，要結識任何一位陌生的朋友，中間最多只要透過六個朋友就可以。從內涵上講，就是社會型網路社區，即社群關係的網路化。隨著全球行動化與資訊的普及，我們可以預測這個數字還會不斷下降，根據最近 Facebook 與米蘭大學所做的一個研究，六度分隔理論已經走入歷史，現在是「四度分隔理論」了。

Snapchat 是目前相當受到歐美年輕人喜愛的社群平台

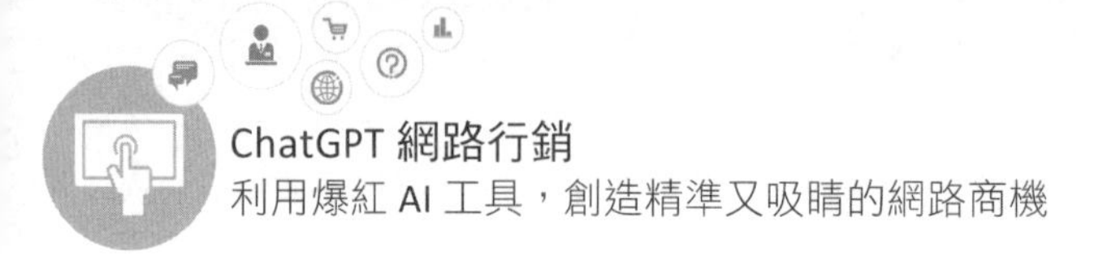

「同溫層」是近幾年社群圈中出現的熱點名詞，因為當用戶在社群閱讀時，往往傾向於點擊與自己主觀意見相合的訊息，而對相反的內容視而不見，大部分的人願意花更多的時間在與自己立場相同的言論互動，只閱讀自己有興趣或喜歡的議題，簡單來說，與我們生活圈接近且互動頻繁的用戶，通常同質性高，所獲取的資訊也較為相近，容易導致比較願意接受與自己立場相近的觀點，對於不同觀點的事物，選擇性地忽略，進而形成一種封閉的同溫層現象。

5-1-2 SoLoMo 模式

近年來公車上、人行道、辦公室，處處可見埋頭滑手機的低頭族，隨著愈來愈多網路社群提供了行動版的行動社群，透過手機使用社群的人口正在快速成長，形成行動社群網路（mobile social network），是一個消費者習慣改變的結果，資訊也具備快速擴散及傳輸便利特性。身處行動社群網路時代，有許多店家與品牌在 SoLoMo（Social、Location、Mobile）模式中趁勢而起。

所謂 SoLoMo 模式是由 KPCB 合夥人約翰 ‧ 杜爾（John Doerr）在 2011 年提出的一個趨勢概念，強調「在地化的行動社群活動」，主要是因為行動裝置的普及和無線技術的發展，讓 Social（社交）、Local（在地）、Mobile（行動）三者合一能更為緊密結合，顧客會同時受到社群（Social）、本地商店資訊（Local）、以及行動裝置（Mobile）的影響，稱為 SoLoMo 消費者，代表行動時代消費者會有以下三種現象：

- **社群化（Social）**：在行動社群網站上互相分享內容已經是家常便飯，很容易可以仰賴社群中其他人對於產品的分享、討論與推薦。

- 本地化（Local）：透過即時定位找到最新最熱門的消費場所與店家的訊息，並向本地店家購買服務或產品。

- 行動化（Mobile）：民眾透過手機、平板電腦等裝置隨時隨地查詢產品或直接下單購買。

5-1-3 當紅社群平台簡介

從西元 1990 年代開始，隨著社群網路的使用度不斷提高，社群網路平台一直如何依據讓訊息和人之間的關係更加貼近的最大準則，在台灣由學生共同的奇蹟 - 所創造的 BBS 堪稱是最早的網路社群模式，然後到近代的即時通訊、部落格，演進到 Facebook、Instagram、微博模式。

> **TIPS** BBS（Bulletin Board System）就是所謂的電子佈告欄，主要是提供一個資訊公告交流的空間，它的功能包括發表意見、線上交談、收發電子郵件等等，早期以大專院校的校園 BBS 最為風行。BBS 具有下列幾項優點，包括完全免費、資訊傳播迅速、完全以鍵盤操作、匿名性、資訊公開等，因此到現在仍然在各大校園相當受到歡迎。

現在社群媒體影響力無遠弗屆，橫跨政治、經濟、娛樂與社會文化等層面，從企業到政府與個人，社群在今日已經是各行各業中人們溝通與工作合作的關鍵，如何針對不同平台的特性做出差異化行銷是贏家關鍵。接下來我們要跟各位介紹目前國內外最當紅的幾個網路社群平台：

批踢踢（PTT）

中文名批踢踢實業坊，以電子佈告欄（BBS）系統架設，以學術性質為原始目的，提供線上言論空間，是一個知名度很高的電子佈告欄類

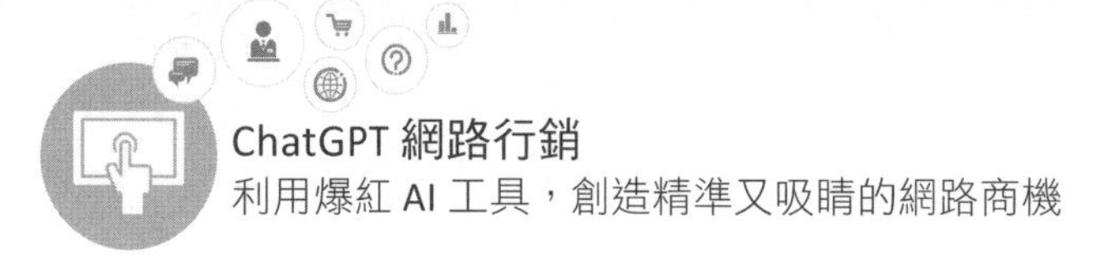

平台的網路論壇，批踢踢有相當豐富且龐大的資源，包括流行用語、名人、板面、時事，新聞等資源。PTT 維持中立、不商業化、不政治化，鄉民百科只要遵守簡單的編寫規則，即可自由編寫，它有兩個分站，分別為批踢踢兔與批踢踢參，批踢踢在使用者人數漸增的情況下，目前在批踢踢實業坊與批踢踢兔註冊總人數超過 150 萬人以上，逐漸成為台灣最大的網路討論空間。

◎ 成為台灣本土最大的網路討論空間

臉書（Facebook）

提到「社群網站」，許多人首先會聯想到社群網站的代表品牌 Facebook，創辦人馬克・祖克柏（Mark Elliot Zuckerberg）開發出 Facebook，Facebook 是集客式行銷的大幫手，簡稱為 FB，中文被稱為臉書，是目前最熱門且擁有最多會員人數的社群網站，也是目前眾多社群網站之中，最為廣泛地連結每個人日常生活圈朋友和家庭成員的社群，對店家來說也是連接普羅大眾最普遍的管道之一。

◎ 臉書在全球擁有超過 25 億以上的使用者

Instagram

從行動生活發跡的 Instagram（IG），就和時下的年輕消費者一樣，具有活潑、多變、有趣的特色，尤其是 15-30 歲的受眾群體。根據天下雜誌調查，Instagram 在台灣 24 歲以下的年輕用戶占 46.1%，許多年輕人幾乎每天一睜開眼就先上 Instagram，關注朋友們的最新動態，不但可以利用手機將拍攝下來的相片，透過濾鏡效果處理後變成美美的藝術相片，還可以加入心情文字，隨意塗鴉讓相片更有趣生動，然後直接分享到 Facebook、Twitter、Flickr 等社群網站。

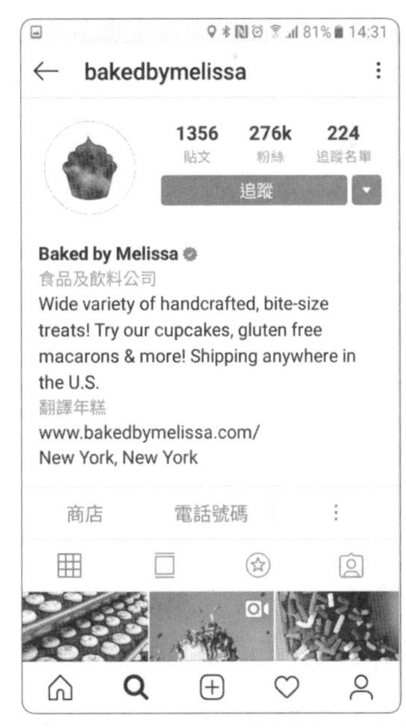

◎ Instagram 用戶陶醉於 IG 優異的視覺效果

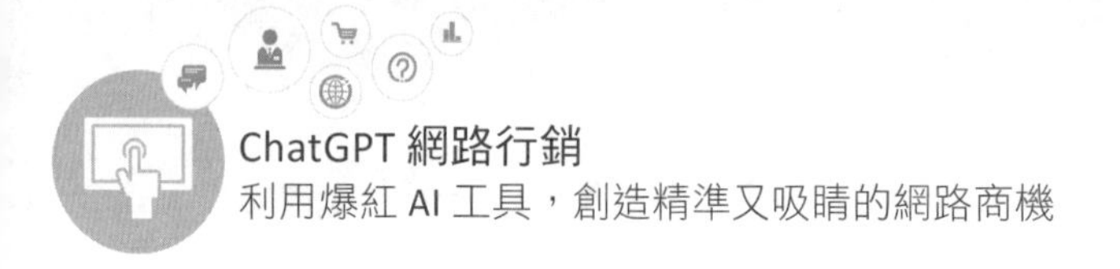

推特（Twitter）

Twitter 是一個社群網站，也是一種重要的社交媒體行銷手段，有助於品牌迅速樹立形象，2006 年 Twitter 開始風行全世界許多國家，是全球十大網路瀏覽量之一的網站，使用 Twitter，可以增加品牌的知名度和影響力，並且深入到更廣大的潛在族群。Twitter 在台灣比較不流行，盛行於歐美國家，比較 Twitter 與臉書，可以看出用戶的主要族群不同，能夠打動人心的貼文特色也不盡相同。有鑒於 Twitter 的即時性，能夠在 Twitter 上即時且準確地回覆顧客訊息，也可能因此提升品牌的形象和評價。

Twitter 官方網站：https://twitter.com/

LinkedIn

美國職業社交網站 LinkedIn 是專業人士跨國求職的重要利器，由於定位明確確實吸引不少商業人士來此交流，比起臉書或 Instagram，LinkedIn 這類典型的商業型社交服務網站走的是更職業化的服務方向，不但顛覆傳統的人才媒合方式，還改變了勞動市場的規則，更提供來自全世界用戶上傳編輯自己的職業經歷，能夠幫助用戶有效推廣品牌與行銷自己。任何想在世界找到工作的人，都可以在 LinkedIn 發布個人簡歷的平台，時常會有許多世界各地工作機會主動上門，能將履歷互相連接成人脈網路，就如同一個職場版的 Facebook，並且開放接受各種可能的職位。

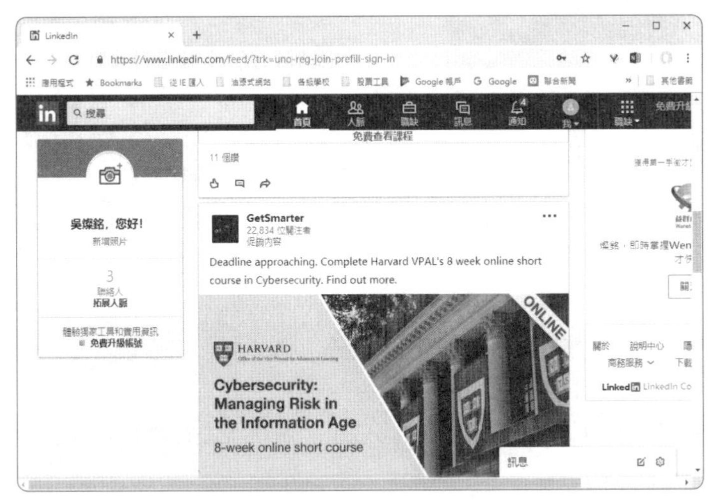

LinkedIn 是全球最大專業人士社交網站

微博（Weibo）

「微博客」或「微型博客」是一種允許用戶即時更新簡短文字，並可以公開發布的微型部落格，是全球最熱門與最多華人使用的微網誌，微博是一個適合品牌曝光、適合品牌得到認知、適合品牌成長的平台。在中國大陸常常使用其簡稱「微博」，在這些微博服務之中，新浪微博和騰訊微博是瀏覽量最大的兩個微博網站。如果要進軍中國市場商機一定要懂得當地社群行銷工具，中國社群媒體的市占率，主要是由微博社群媒體所支配，瞭解並有效的運用當地語言來和消費者溝通，企業可透過微博接觸廣大的大陸市場，成為下一波決戰大陸宅經濟的利器。

◎ 微博是目前中國最火紅的社群網站

5-2 社群行銷的特性

隨著電子商務的快速發展與崛起，也興起了社群行銷的模式。社群行銷（Social Media Marketing）就是透過各種社群媒體網站溝通與理解消費者的行銷方式，包括照片分享、位置服務即時線上傳訊、影片上傳下載等功能變得更能方便使用，然後再藉由社群媒體廣泛的擴散效果，透過朋友間的串連、分享、社團、粉絲頁的高速傳遞，使品牌與行銷資訊有機會觸及更多的顧客。

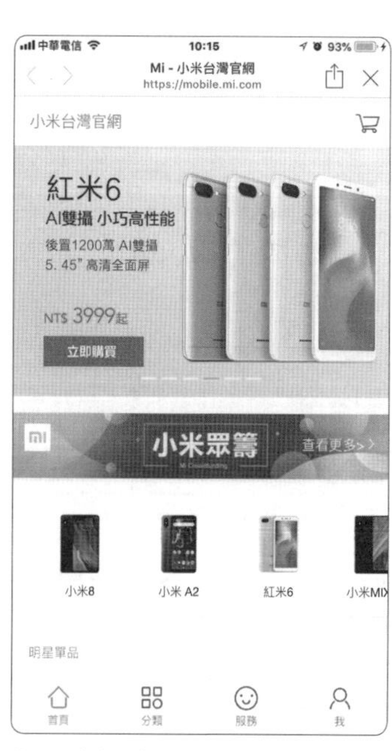

◎ 小米機成功運用社群贏取大量粉絲

社群行銷不只是一種網路工具的應用，還能促進真實世界的銷售與客戶經營，並達到提升黏著度、強化品牌知名度與創造品牌價值。大陸紅極一時的小米機用經營社群與粉絲，發揮口碑行銷的最大效能，使得小米品牌的影響力能夠迅速在市場上蔓延。所謂「戲法人人會變，各有巧妙不同」，首先就必須了解社群行銷的四大特性。

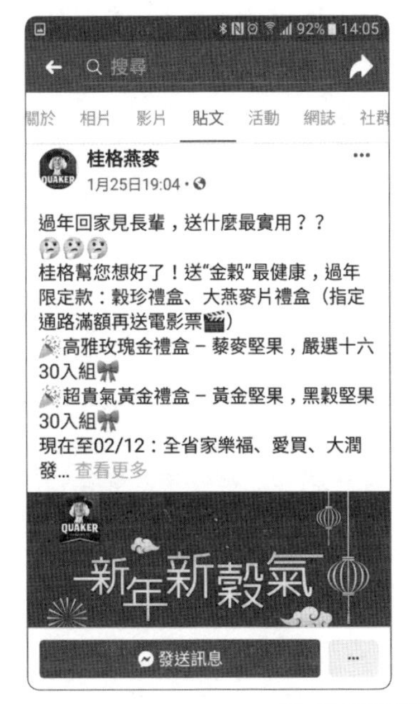

桂格燕麥臉書粉絲專頁經營就相當成功

> **TIPS** 粉絲經濟算是一種新的網路經濟形態，泛指架構在粉絲（Fans）和被關注者關係之上的經營性創新行為，品牌和粉絲就像一對戀人，在這個時代做好粉絲經營，要知道粉絲到社群是來分享心情，而不是來看廣告，現在的消費者早已厭倦了老舊的強力推銷手法，唯有仔細傾聽彼此需求，關係才能走得長遠。

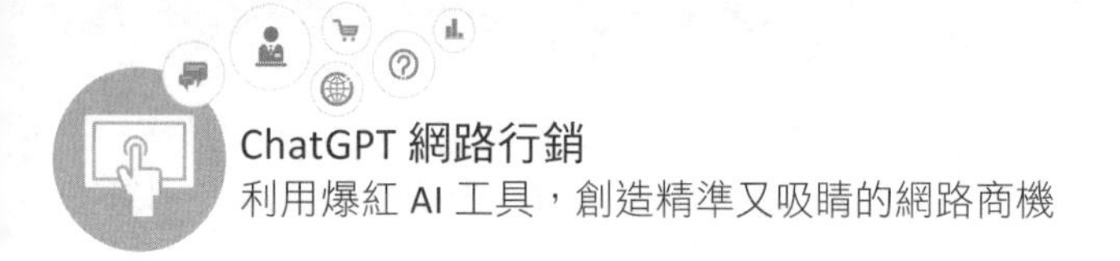

5-2-1 分享性

在社群行銷的層面上，有些是天條，不能違背，例如「分享與互動」，溝通絕對是經營品牌的必要成本，要能與消費者引發「品牌對話」的效果，粉絲團或社團經營，最重要的都是活躍度。社群並不是一個可以直接販賣銷售的工具，有些品牌覺得設了一個 Facebook 粉絲頁面，以為三不五時到 FB 貼貼文，就可以趁機打開知名度，讓品牌能見度大增，這種想法是大錯特錯，許多人成為你的粉絲，不代表他們就一定想要被你推銷。分享更是行社群銷的終極武器，例如在社群中分享客戶的真實小故事，或連結到官網及品牌社群網站等，絕對會比廠商付費的推銷文更容易吸引人。

陳韻如小姐靠著分享成功瘦身經驗帶量大量的粉絲

社群上相當知名的 iFit 愛瘦身粉絲團，已經建立起全台最大瘦身社群，創辦人陳韻如小姐主要是經常分享自己的瘦身經驗，除了將專業的瘦身知識以淺顯短文方式表達，強調圖文整合，穿插討喜的自製插畫，搭上現代人最重視的運動減重的風潮，讓粉絲感受到粉絲團的用心分享與互動，難怪讓粉絲團大受歡迎。

5-2-2 多元性

社群媒體已經對傳統媒體產生了替代效應，Facebook、Instagram、LINE、Twitter、Snapchat、YouTube 等各大社群媒體，早已經離不開大家的生活，社群的魅力在於它能自己滾動，由於青菜蘿蔔各有喜好不同，清楚自己該製作和分享什麼內容在社群上，因此社群行銷之前必須找到消費者愛用的社群平台進行溝通。

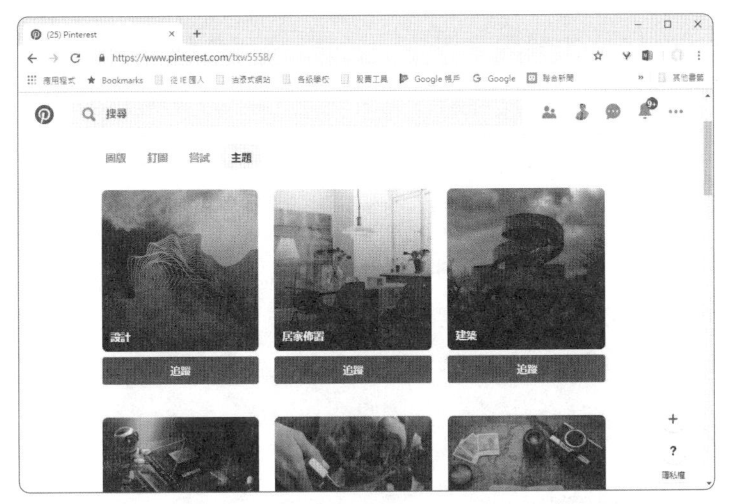

Pinterest 在社群行銷導購上成效都十分亮眼

> **TIPS** 「Pinterest」是最容易接觸女性用戶的高 CP 值社群平台，算是個強烈以興趣為取向的社群平台，擁有豐富的飲食、時尚、美容的最新訊息，是一個圖片分享類的社群網站，無論是購物還是資訊，大多數用戶會利用 Pinterest 直接找尋他們所想要的資訊。

由於用戶組成十分多元，觸及受眾也不盡相同，每個社群網站都有其所屬的主要客群跟使用偏好，當各位經營社群媒體前，最好清楚掌握各種社群平台的特性。因為在社群中每個人都可以發聲，也都有機會創造出新社群，因應平台特性不同，先釐清自家商品定位與客群後，再依客群的年齡、興趣與喜好擬定行銷策略是基本功。

5-2-3 連結性

社群行銷成功的關鍵字不在「社群」，而在於「連結」！現代人已經無時無刻都藉由行動裝置緊密連結在一起，只是連結型式和平台不斷在轉換，而且能讓相同愛好的人可以快速分享訊息，不斷創造話題和粉絲產生連結再連結，讓粉絲常常停下來看你的訊息，透過貼文的按讚和評論數量，來了解每個連結的價值。由於所有行銷的本質都是「連結」，對於不同受眾來說，需要以不同平台進行推廣，因此社群平台間的互相連結能讓消費者討論熱度和延續的時間更長，理所當然成為推廣品牌最具影響力的管道之一。

社群行銷的特性往往是一切都是因為「連結」而提升，了解顧客需求並實踐顧客至上的服務，建議各位可將上述的社群網站都加入成為會員，品牌也開始尋找其他適當社群行銷平台，只要有行銷活動就將訊息張貼到這些社群網站，或是讓這些社群相互連結，一旦連結建立的很成功，「轉換率」(Conversion Rate) 就變成自然發生，如此一來就能增

加網站或產品的知名度，大量增加商品的曝光機會，讓許多人看到你的行銷內容，對你的內容產生興趣，最後採取購買的行動，以發揮最大成效。

> **TIPS** 轉換率（Conversion Rate）就是網路流量轉換成實際訂單的比率，訂單成交次數除以同個時間範圍內帶來訂單的廣告點擊總數。

5-2-4 傳染性

社群商務本身就是一種內容行銷，過程是創造分享的口碑價值的活動，我們知道消費者在購物之前常常會先上網作功課，而且有約莫 50% 的人，會聽信陌生部落客的推薦而下購買決策。社群網路具有獨特的傳染性功能，由於網路大幅加快了訊息傳遞的速度，也拉大了傳遞的範圍，那是一種累進式的行銷過程，講究的是互動與對話，也就是利用社群信任感的行銷手法。

統一陽光豆漿結合歌手以 MV 影片行銷產品

行銷高手都知道要建立產品信任度是多麼困難的一件事，首先要推廣的產品最好需要某種程度的知名度，接著把產品訊息置入互動的內容，透過網路的無遠弗屆以及社群的口碑效應，口耳相傳之間，被病毒式轉貼的內容，透過現有顧客吸引新顧客，利用口碑、邀請、推薦和分享的方式，在短時間內提高曝光率，引發社群的迴響與互動，大量把網友變成購買者，造成了現有顧客吸引未來新顧客的傳染效應。

5-3 專題演練 -Instagram 視覺化行銷

在人人都在低頭滑手機的時代，Instagram 就是在全球這波「圖像比文字更有力」的趨勢中，崛起最快的社群分享平台。Instagram 是一個結合手機拍照與分享照片機制的新社群軟體，全球擁有超過 10 億的用戶數，在眾多社群平台中和追蹤者互動率最高的平台，尤其對於服裝、美食、彩妝業來說，更是再好不過的網路行銷戰場。自從 2019 年底 Instagram 每月活躍玩家已經超過 7 億用戶，主要在 iOS 與 Android 兩大作業系統上使用，也可以在電腦上做登錄，用以查看或編輯個人相簿：

Gap 透過 IG 行銷發佈時尚潮流短片，引起廣大熱烈迴響

Instagram 主要在 iOS 與 Android 兩大作業系統上使用

5-3-1 Instagram 下載與登入

各位可以透過 App Store 或 Google Play 搜尋「Instagram」的關鍵字，這樣就可以快速找到 Instagram 軟體，完成軟體的安裝後，手機桌面就會看到相機的 圖示，各位可以選擇透過 Facebook 帳號登入，或是選擇以電話號碼、電子郵件來註冊，以 Facebook 帳號進行登入時，Instagram 會貼心地告知那些臉書朋友也有使用 Instagram，方便使用者進行「追蹤」的設定，也可以一併「邀請」臉書上的朋友一起來使用 Instagram，註冊完成即可透過手機來查看朋友的相片和影片。

Instagram 的帳號註冊方式有三種：Facebook 帳號、電話號碼、或電子郵件

5-3-2 設定追蹤對象

第一次進入 Instagram 程式後，各位可以在介面上看到哪些 Facebook 朋友或聯絡人已有使用 Instagram，此時可針對這些朋友或聯絡人清單進行追蹤的設定。

除了自己的朋友與聯絡人外，對於 IG 上有興趣的對象，也可以將他們加入到追蹤與探索的清單當中。

除了從 Facebook 上邀請與追蹤朋友外，也可以從手機的聯絡人中選取要追蹤的對象，請切換到「聯絡人」處即可進行設定。由於「首頁」通常是顯示追蹤者所發佈的相片 / 影片的頁面，下回想要新增追蹤對象，由右下方按下鈕切換到個人頁面，再從右上角按下鈕進行新增。

5-3-3　編輯摯友名單

IG 是一個提供相片或視訊分享的社群應用軟體，它允許你選擇是否要讓照片公開或是私人，如果將自己用心拍攝的圖片加上貼文至行銷活動中，對於提昇粉絲的品牌忠誠度來說則有相當的幫助，例如紐約相當知名的杯子蛋糕名店 -Baked by Melissa，就成功運用 IG 張貼有趣又繽紛的貼文，使蛋糕照更添一份趣味讓粉絲更願意分享，與當地甜食愛好者建立一種相當緊密的聯繫互動。

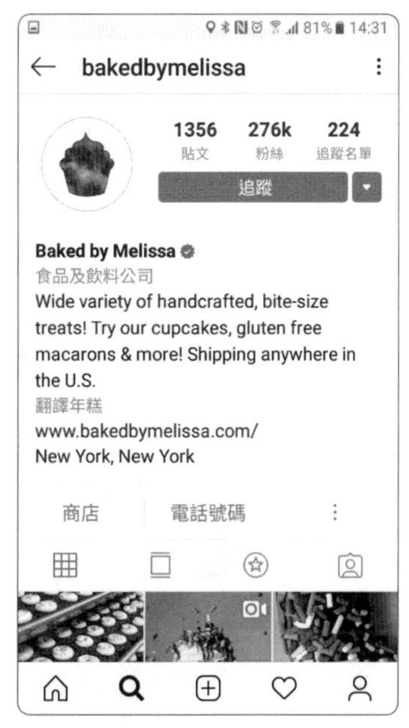

Baked by Melissa 成功運用 IG 張貼有趣又繽紛的貼文

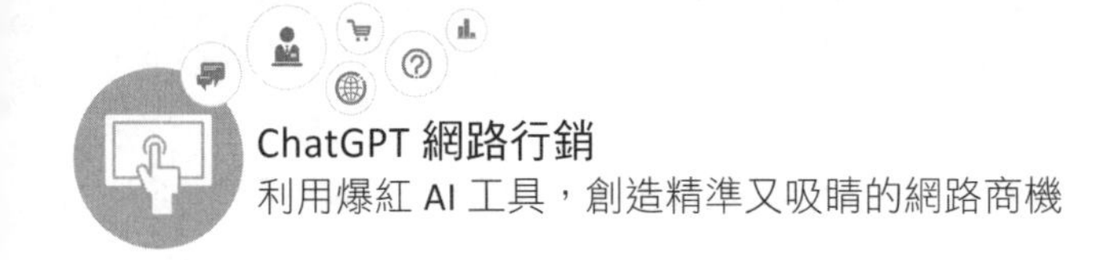

相片如果設為公開，那麼大家可以依據你的標籤內容而找到你的帳號，同時對你的照片按愛心，照片若為私人，那麼只有追蹤你的人才可以看到。各位所拍攝的相片 / 視訊如果只想和幾個好朋友分享與行銷，可以透過「摯友名單」的功能來建立。

所建立的摯友清單只有自己知道，Instagram 並不會傳送給對方知道。唯有當你分享內容給摯友時，他們才會收到通知，而在相片或影片上會加上特別的標籤，收到分享的好友們並不會知道你有傳送給那些人分享，所以相當具有隱密性。這項功能適合用在限時動態或特定貼文的分享。

請切換到個人頁面，按下中間的鈕會看到左下圖的頁面，按「編輯摯友名單」的連結會進入右下圖，透過「搜尋」欄搜尋朋友名字，再依序「新增」朋友帳號即可。你也可以透過「選項」鈕 ⋮ 鈕，找到「編輯摯友名單」的功能來進行編輯。

5-3-4 善用主題標籤（#）行銷

Hashtag（主題標籤）是目前社群網路上相當流行的行銷工具，不但已經成為品牌行銷重要一環，可以利用時下熱門的關鍵字，並以 Hashtag 方式提高曝光率。當品牌舉辦活動時，一個響亮有趣的 slogan 很適合運用在 IG 的標籤上，只需要勾起消費者點擊的好奇心，在搜尋時就能看到更多相關圖片，透過貼文搜尋及串連功能，就能迅速與全世界各地網友交流，進而增進對品牌的好感度。

目前許多企業也逐漸認知到標籤的重要性，紛紛註冊標籤商標，使 Hashtag 成為行動社群行銷的新寵兒。Hashtag 主要是由 # 符號與沒有間隔的詞句所組成的關鍵字串，只會關連公開的內容，我們可以把它視為標記「事件」。無論是在 Instagram 發佈圖片或影片，都可以在內文中使用標籤，能夠讓使用者將有興趣的主題有效連結，使用者可以在貼文裡加上別人會聯想到自己的主題標籤，透過標籤功能，所有用戶都可以搜尋到你的貼文。

標籤 #BMW 是 IG 上人氣最高的品牌標籤之一

你也可以透過主題標籤找尋感興趣的內容，點擊後能夠瀏覽含相同標籤的所有照片，進而吸引對你的相片有興趣的客戶。如下所示，輸入「# 高雄」，那麼所有貼文中有「高雄」二字的相片或影片，都會被搜尋到。

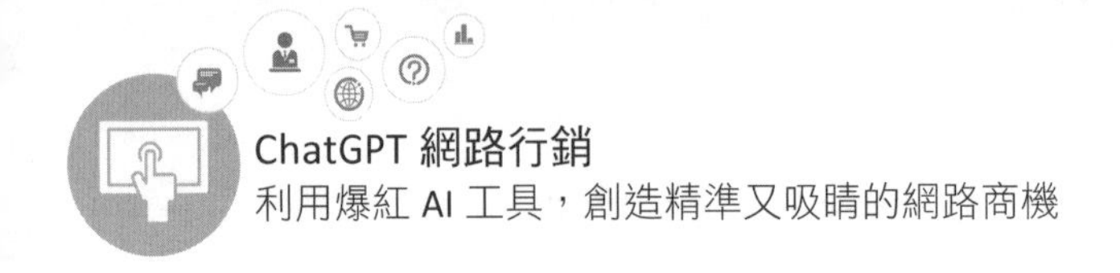

貼文者在張貼的公開內容中標註與圖文相關的 Hashtag，就可以在 po 文或回應中加入主題標籤，並將該貼文與他人分享，很快能夠提高用戶貼文本身的熱門程度。如果用戶直接搜索 hashtag，也能找到所有加上同樣標籤的推文，有助消費者於茫茫網海中看到你所呈現的內容。

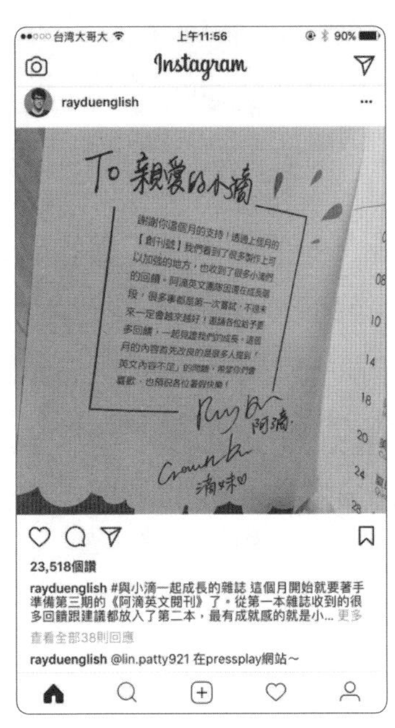

Instagram、Facebook 都有提供 hashtag 功能

當企業舉辦行銷活動並制定專屬 Hashtag，就要盡量讓 Hashtag 和這次活動緊密相關，並且用簡單字詞、片語來描述，透過 Hashtag 標記的主題，馬上可以匯聚大量瀏覽人潮，不過最有效的主題標籤是一到二個，數量過多反而會降低貼文的吸引力。如果各位能更進一步創造出原創的主題標籤，並持續與粉絲互動，然後長期強化它的情感連結，邀請消費者貼文標註，不但能增加曝光度，還可以提高品牌忠誠度，進而成功將商品或服務透過網路推播出去。

5-3-5 善用表情符號

根據調查顯示，很多用戶每天都會使用表情符號，而且有一半以上的回文也都至少用到一個以上的表情符號。有效利用符號不但可以輕鬆表達當下的心情，還可以透過符號來加強宣導並吸引用戶目光。

如左下圖所示，貼文內容變得活潑而吸睛，這樣獲得心型❤圖案的機會就更高。另外，貼文內容適時地分段切割或條列式顯示，可讓貼文較易讀取，如右下圖所示。此外，在 Instagram 貼文的目的若是以行銷為主，請在貼文中也加入官方連結、購買訊息、或聯絡資訊，讓用戶的購買動作更容易。如右下圖所示：

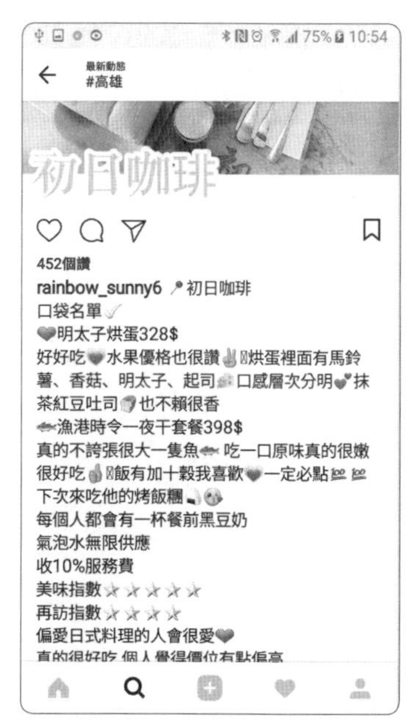

加入聯絡資訊讓用戶聯繫更方便

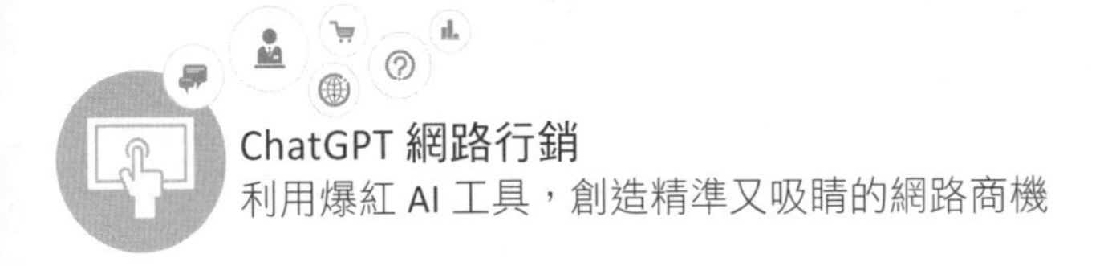

5-3-6 分享相片 / 影片

如果各位在 IG 成功獲得關注需要把握兩個基本要素；1. 圖片與產品呈現要融合一致，2. 圖片 / 影片最好以說故事形式呈現。例如星巴克就很擅長將產品自然地融入故事情境中，死忠粉絲一眼就能看出產品，並從骨子裡更加擁護品牌。

星巴克喜歡在 IG 上推出有故事的行銷方案

接下來我們就來說明相片或影片的分享，請切換到個人頁面，按下「分享第一張相片或影片吧！」的超連結，就可以開始從手機的「圖庫」中找尋已拍攝的影片或視訊。貼文中可以一次放置十張的相片或影片，如要放置多個請點選 選擇多個 鈕，再從下方的縮圖中進行圖片的點選。

開始進行分享　　點選素材

接著「下一步」就是設定貼文內容、標註人名與標註地點，如果只是要與摯友分享請開啟該功能，若是要分享到 Facebook、Twitter、Tumblr 等社群網站，則是在下方進行點選使開啟該功能，按下「分享」鈕相片 / 影片就傳送出去了。

濾鏡效果的選取　　人物 / 地點標記與分享對象設定

問 題 討 論

1. 請簡介社群網路服務（Social Networking Service, SNS）與「六度分隔理論」。

2. 請問如何增加粉絲對品牌的黏著性？

3. 請簡介 Instagram。

4. 請問行動社群行銷有哪四種重要特性？

5. 請簡述 SoLoMo 模式。

6. Instagram 行銷較適用於那些產業？

7. 請簡單説明標籤的功用。

6

撼動人心的影音行銷與直播工作術

- YouTube 影音王國
- 微電影行銷秘訣
- 臉書直播行銷
- 專題演練 - 直播帶貨不求人

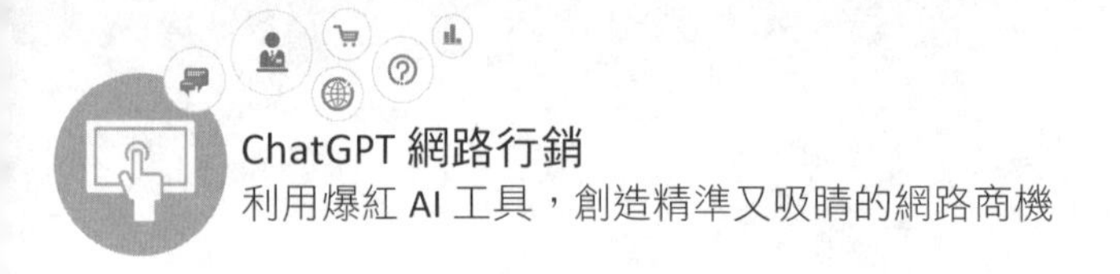

由於網路科技的不斷進步之下，網路行銷的產業變動的非常迅速，靜態廣告轉化為動態的影片行銷就成為勢不可擋的時代趨勢。隨著早期影音部落格的大量興起，影片是一個更容易吸引用戶重視的呈現方式，現在大家都喜歡看有趣的影片，影音視覺呈現更能有效吸引大眾的眼球。

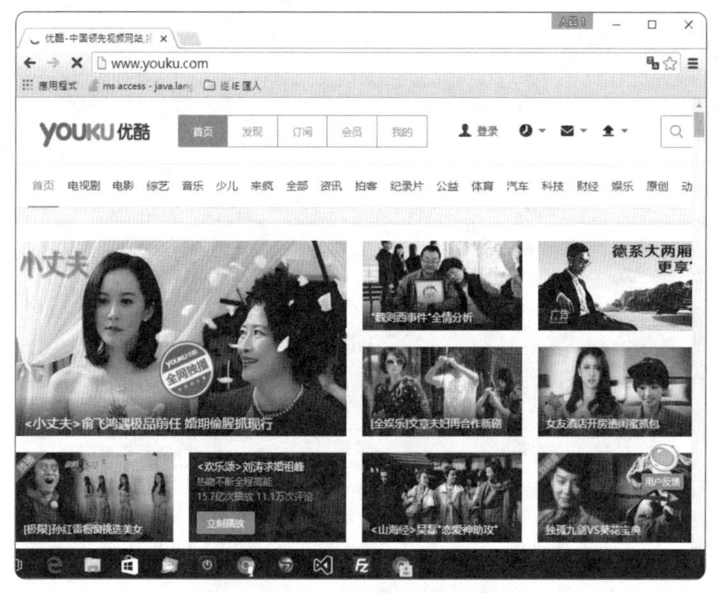

優酷網是中國最大的影音網站

在這個講究視覺體驗的年代，影音行銷是近十年來才開始成為網路消費者導流的重要方式，影片能夠建立企業與消費者間的信任，影音的動態視覺傳達可以在第一秒抓住眼球，隨著社群影音內容播放機制的建立與開放，特別是在 Facebook 等社群媒體中，影片不但是關鍵的分享與行銷媒介，更開啟了大眾素人影音直播行銷的新視野。

6-1 YouTube 影音王國

根據 Yahoo! 的最新調查顯示，平均每月有 84% 的網友瀏覽線上影音、70% 的網友表示期待看到專業製作的線上影音。YouTube 是目前設立在美國的一個全世界最大線上影音網站，也是繼 Google 之後第二大的搜尋引擎，更是影音搜尋引擎的霸主，在 YouTube 上有超過 13.2 億的使用者，每天的影片瀏覽量高達 49.5 億，使用者可透過網站、行動裝置、網誌、臉書和電子郵件來觀看分享各種五花八門的影片。

YouTube 片頭廣告是廣告主不錯的選擇

各位可曾想過 YouTube 也可以是店家影音行銷的利器嗎？當企業想要在網路上銷售產品時，還不如讓影片以三百六十度方式來呈現產品規格，從去年的微電影到今年的病毒影片，YouTube 商業模式已經明顯進入了網路行銷市場卡位戰。

6-1-1 YouTube 影片搜尋

YouTube 是目前全球最大影音流量的平台，吸引了一群伴隨網路成長的世代，只要能夠上網，每個人都可以尋找有關他們嗜好和感興趣的影片，在 YouTube 上要搜尋一段影片是相當簡單，只要輸入所要查詢的關鍵字時，查詢結果會先跑出完全符合或部分符合關鍵字的影片，如下圖所示：

如果各位想要更精確的搜尋結果，建議先輸入「allintitle:」，後面再接關鍵字，就會讓搜尋結果更符合你所要的結果，如下圖所示：

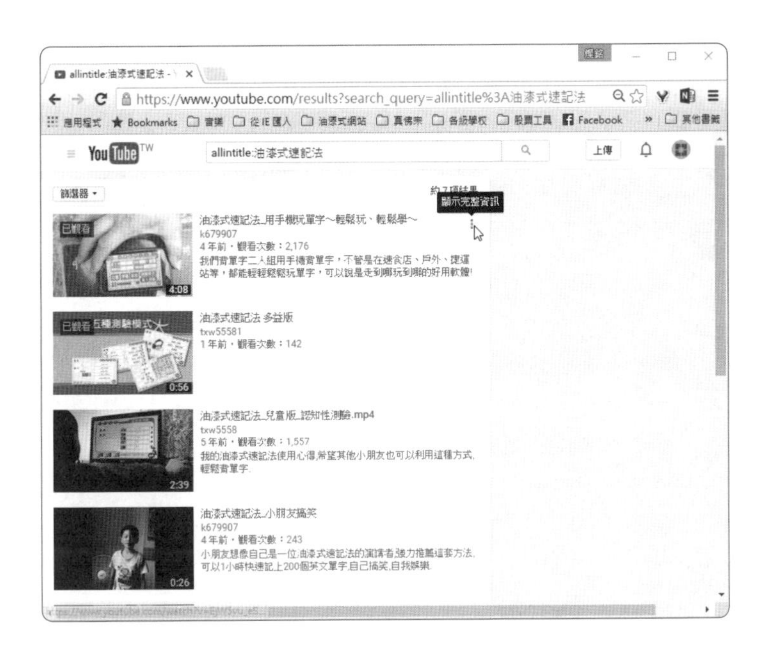

6-1-2 YouTube 影片下載

對於各位有興趣或看到值得收藏的影片，也可以利用 Freemake Video Downloader 這套程式來下載。Freemake Video Downloader 是一套免費的軟體，可以從各種的社群網站，如：YouTube、Facebook、Vimeo、TubePlus……等下載影片，並且選擇想要轉換成的視訊格式。請各位自行前往 Freemake 網站，然後將 Freemake Video Downloader 下載下來，完成安裝動作。

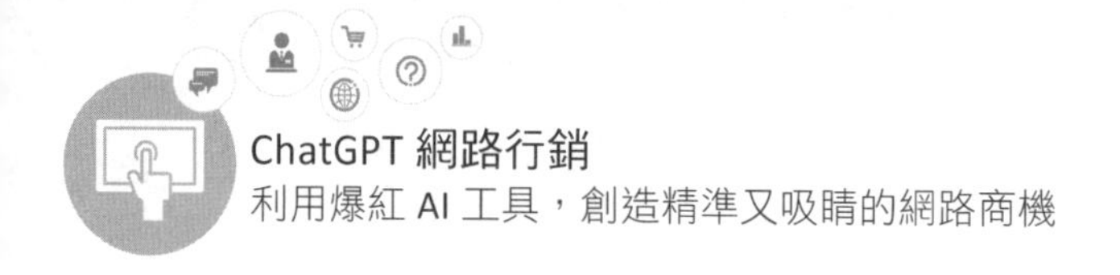

安裝完成後，桌面上會看到 圖示鈕，接下來就要示範如何從 YouTube 上將影片下載下來。

STEP 1

STEP 2

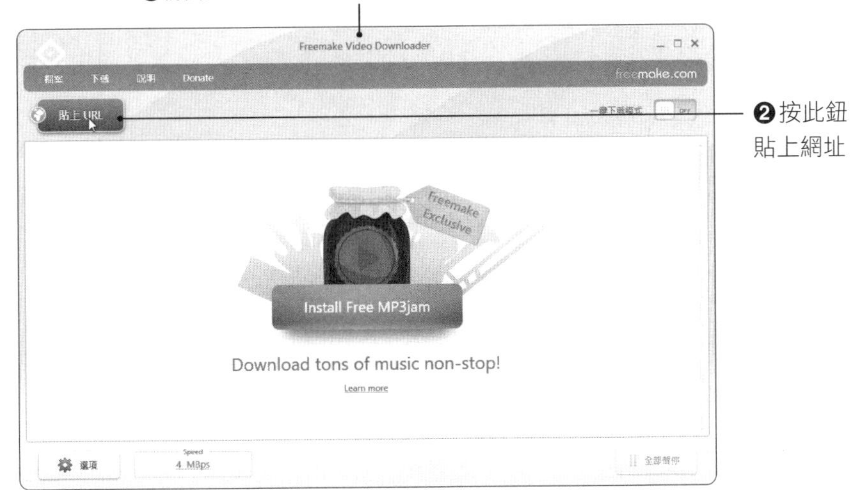
❶啟動 Freemake Video Downloader 程式
Freemake Video Downloader
Donate
freemake.com
貼上 URL
❷按此鈕
貼上網址
Freemake Exclusive
Install Free MP3jam
Download tons of music non-stop!
Learn more
Speed
4 MBps

STEP 3

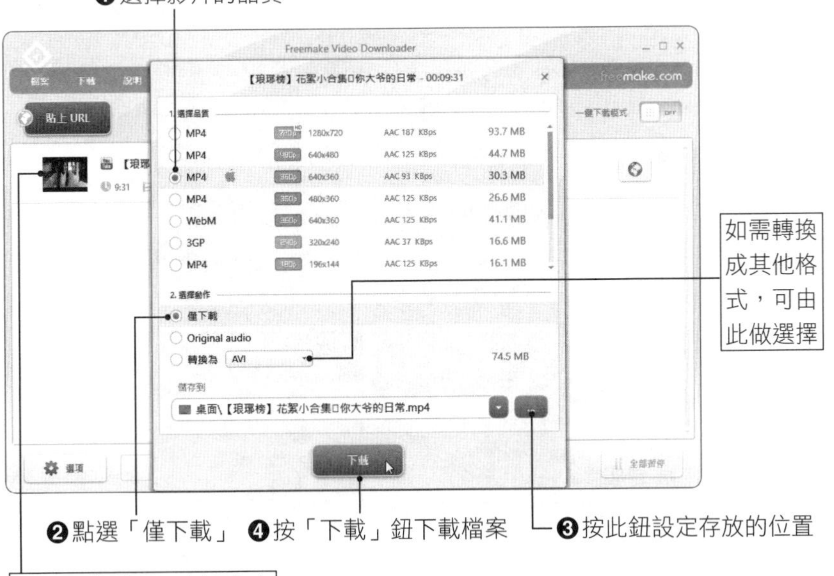
❶選擇影片的品質
Freemake Video Downloader
freemake.com
貼上 URL
MP4 1280x720 AAC 187 KBps 93.7 MB
MP4 640x480 AAC 125 KBps 44.7 MB
MP4 640x360 AAC 93 KBps 30.3 MB
MP4 480x360 AAC 125 KBps 26.6 MB
WebM 640x360 AAC 125 KBps 41.1 MB
3GP 320x240 AAC 37 KBps 16.6 MB
MP4 196x144 AAC 125 KBps 16.1 MB
Original audio
AVI
74.5 MB
如需轉換成其他格式，可由此做選擇
❷點選「僅下載」
❹按「下載」鈕下載檔案
❸按此鈕設定存放的位置
影片已自動顯示在視窗中

STEP 4

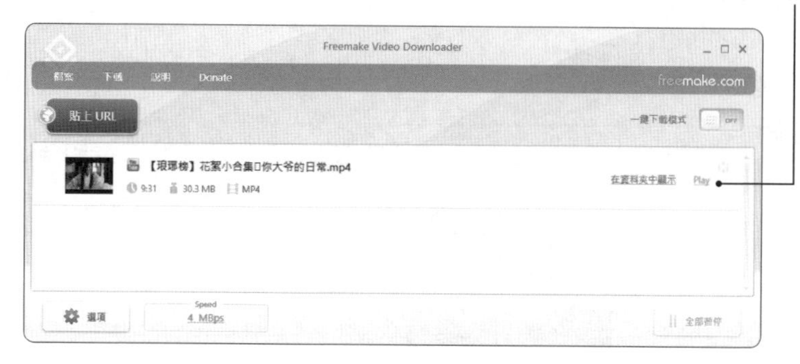

6-1-3 YouTube 影片上傳

各位學會了下載影片的方式後，也可以準備將自製的行銷影片上傳到 YouTube 網站上。首先當然要有一個 Google 帳號，如果各位沒有 Google 帳戶，請自行申請。申請帳戶後，即可由 YouTube 網站的右側進行「登入」的動作：

登入個人帳戶後，右側就會看到 圖示，透過該鈕即可進行登出、或是個人帳戶的管理。如下圖所示：

請各位將自製的影片準備好，我們準備上傳影片。

STEP 2

按此鈕選取要上傳的檔案

由此下拉選擇檔案是否要公開

STEP 3

❶選取要上傳的檔案

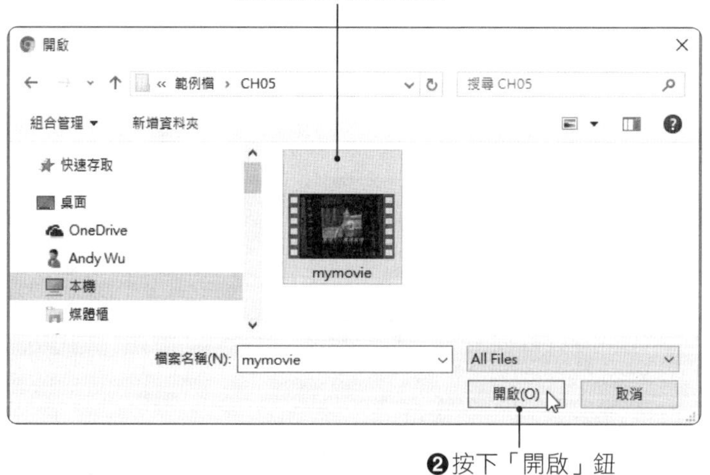

❷按下「開啟」鈕

STEP 4

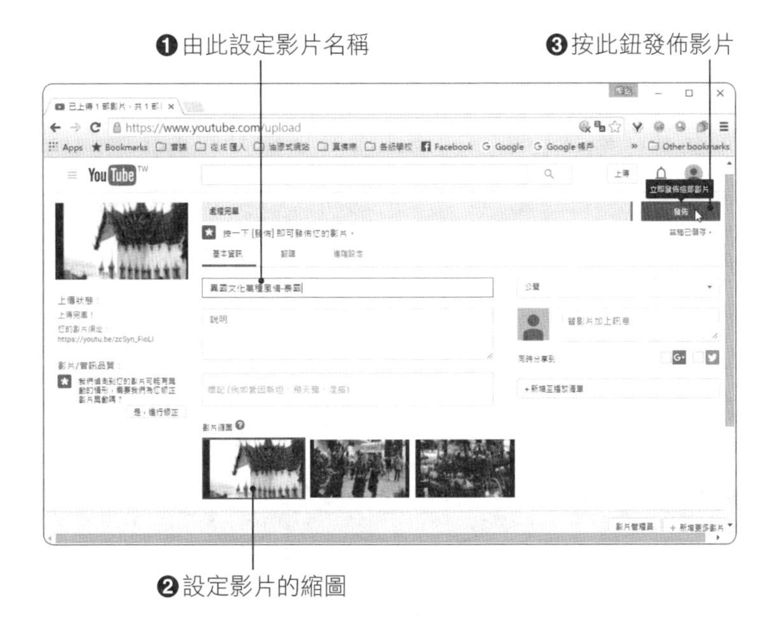
❶由此設定影片名稱
❸按此鈕發佈影片
https://www.youtube.com/upload
❷設定影片的縮圖

STEP 5

❷按此鈕返回編輯模式
https://www.youtube.com/upload
異國文化萬種風情-泰國
https://youtu.be/zcSyn_FioLI
❶顯示該影片的網址，可直接做連結或推廣

6-2 微電影行銷秘訣

隨著 YouTube 等影音社群網站效應的蓬勃發展，許多人利用零碎時間上網看影片，影音分享服務早已躍升為網友們最喜愛的熱門應用之一，在影音平台內容推陳出新下，更創新出許多新興的服務模式，特別是在現代的日常生活中，人們的視線已經逐漸從電視螢幕轉移到智慧型手機上。伴隨著這一趨勢，行動端廣告影片迅速發展，影片所營造的臨場感及真實性確實更勝於文字與圖片，靜態廣告轉化為動態的影音行銷就成為勢不可擋的時代趨勢。

一部好的微電影廣告能夠真正溫暖顧客的心

6-2-1 微電影的廣告魅力

在一個講求效率的行動時代，誰有興趣在手機上去看數十分鐘甚至一小時以上的影片，影片必須要在幾秒內就能吸睛，最好是長度不宜過長（60~120 秒為佳），只要影片夠吸引人，就可能在短時間內衝出高點閱率，因此也蘊育出一種近幾年很流行的行銷方式，就是「微電影廣告」。

◎ 新加坡旅遊局所拍的微電影廣告

「微電影」（Micro Film）是指在一個較短時間且較低預算內，把故事情節或角色 / 場景，以新媒體傳達其意念或品牌，適合在短暫的休閒時刻或移動的情況下觀賞，尤其是近幾年智慧型手機與平板電腦的普及，微電影具備病毒式傳播特性下，更強化了微電影行銷的蓬勃發展。

在這個所有人都缺乏耐心的時代，影片須在幾秒內就能吸人眼球，微電影不僅可以是一部小而美的電影，更可以融入企業與產品宣傳，網友總愛說：「有圖有真相。」，只要影片夠吸引人，就可能在短時間內衝出高點閱率，進而造成轟動或是新聞話題。很多企業也紛紛趕搭微電影行銷的列車，期望在網路與行動傳播媒體之中，提升自家產品或品牌的知名度。

◎ 榮欽科技製作的油漆式速記法微電影短片

現在講行銷，不打出感情牌，大家都會笑你不懂行銷，越來越多的品牌熱衷於「帶感情講故事」，特別是當把影片以述說一個故事的手法來呈現時，相較於一般的企業宣傳片，微電影的劇情內容更容易讓人接受，能大幅提升自家產品或品牌的知名度，這時影片不再是產品用來說故事的機器，而是消費者參與其中自行創作故事的工具，消費者參與使產品訊息更為真實可信，很自然地在消費者的心中淡化企業品牌或產品的商業色彩。

◎「母親的勇氣」微電影廣告帶來超高的點擊率

例如大眾銀行在 2010 年推出的微電影 - 母親的勇氣，描述一位完全不會英文的台灣鄉下母親，排除萬難獨自飛行三天，千里迢迢搭機到半個地球以外的委內瑞拉，只為了照顧坐月子的女兒，讓許多人看到熱淚盈眶，也成功打響了大眾銀行是關心市井小人物的不平凡的平凡大眾品牌形象，這也是微電影行銷小兵立大功的最好實例。

6-3 臉書直播行銷

人類一直以來聯繫的最大障礙，無非就是受到時間與地域的限制，近年來透過行動裝置開始打破和消費者之間的溝通藩籬，特別是 Facebook 開放直播功能後，手機成為直播最主要工具；不同以往的廣告行銷手法，影音直播更能抓住消費者的注意力，依照臉書官方的說法，觸及率最高的第一個就是直播功能，許多店家或品牌開始將直播作為行銷手法，目前全球玩直播正夯，許多企業開始將直播作為行銷手法，消費觀眾透過行動裝置，特別是 35 歲以下的年輕族群觀看影音直播的頻率最為明顯，利用直播的互動與真實性吸引網友目光，從個人販售產品透過直播跟粉絲互動，延伸到電商品牌透過直播行銷。

星座專家唐綺陽靠直播贏得廣大星座迷的信任

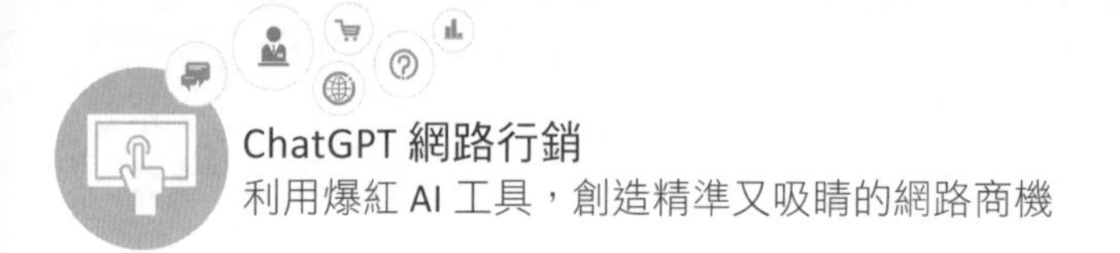

直播行銷最大的好處在於進入門檻低，只需要網路與手機就可以開始，不需要專業的影片團隊也可以製作直播，現在不管是明星、名人、素人，通通都要透過直播和粉絲互動。唐綺陽就是利用直播建立星座專家的專業形象，發展出類似脫口秀的節目。

星座專家唐綺陽靠直播贏得廣大星座迷的信任

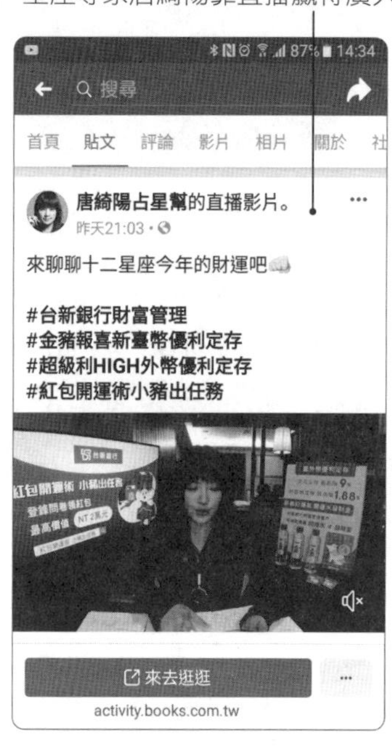

有「威寶妹」之稱的鍾欣怡也經常透過臉書直播販售商品

6-3-1 拿起手機，你也能馬上直播！

直播成功的關鍵在於創造真實的內容，直播除了可以和網友分享生活心得與樂趣外，儼然成為商品銷售的素民行銷平台，不僅能拉近品牌和觀眾的距離，這樣的即時互動還能建立觀眾對品牌的信任。當各位要規劃一個成功的直播行銷，一定得先了解你的粉絲特性、事先規劃好主題、內容和直播時間，在整個直播過程中，你必須讓粉絲不斷保持著

「what is next？」的好奇感，讓他們去期待後續的結果，才有機會抓住最多粉絲的眼球，進而達到翻轉行銷的能力。

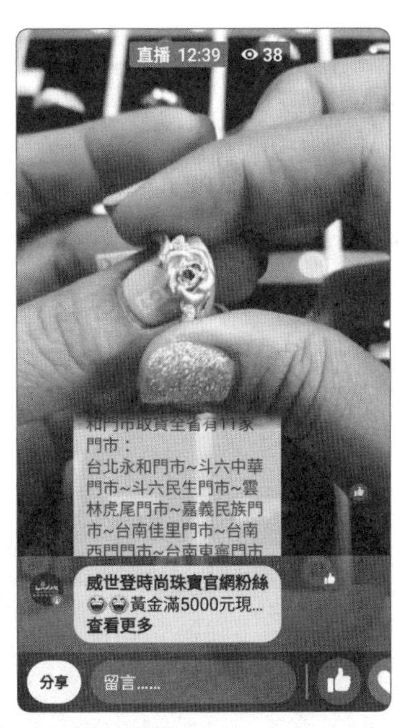

直播成功的關鍵在於創造真實的內容

多數開始的直播業者大多以玉石、寶物或玩具的銷售為主，隨著投入的商家越來越多，不管是 3C 產品、冷凍海鮮、生鮮蔬果、漁貨、衣服……等通通都搬上桌，直接在直播平台上吆喝叫賣，主要訴求就是即時性、共時性，這也最能強化觀眾的共鳴，也由於競爭越來越激烈且白熱化，目前最常被使用的方法為辦抽獎，有些商家為了拼出點閱率，拉抬臉書直播的參與度，還會祭出贈品或現金等方式來拉抬人氣。大家喜歡即時分享的互動性，只要進來觀看的人數越多，就可以抽更多的獎金，也讓圍觀的粉絲更有臨場感，並在直播快結束時抽出幸運得主。

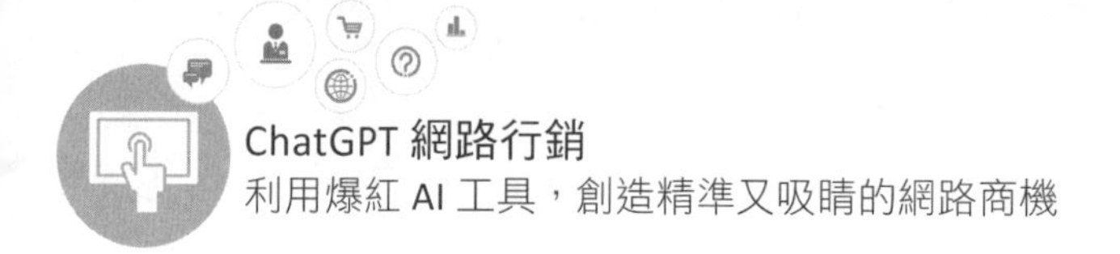

例如臉書直播現在也開始成為網路行銷的新戰場，不單單只是素人與品牌直播而已，現在還有直播拍賣，用戶能夠從手機上即時按一個鈕，就能立即分享當下實況，臉書上的好友也會同時收到通知。直播拍賣只要名氣響亮，觀看的人數眾多，主播者和網友之間有良好的互動，進而加深粉絲的好感與黏著度，記得對粉絲好一點，粉絲自然會跟你互動，就可以在臉書直播的平台上衝高收視率，帶來龐大無比的額外業績，不用被動式的等客戶上門，也不受天氣或場地的限制，只要有網路或行動裝置在手，任何地方都能立刻變成人聲鼎沸的拍賣現場。

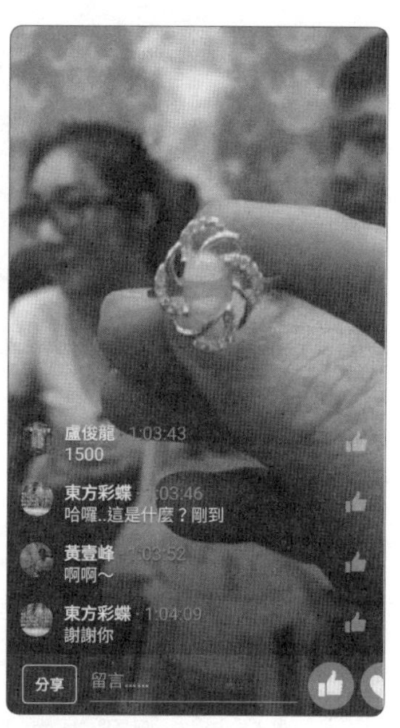

臉書直播是商品買賣的新藍海

臉書直播的即時性就非常吸引粉絲目光，而且沒有技術門檻，只要有手機和網路就能輕鬆上手，開啟麥克風後，再按下臉書的「直播」或「開始直播」鈕，就可以向臉書上的朋友販售商品。

iPhone 手機按「直播」鈕 > <Android 手機按「開始直播」鈕

在店家直播的過程中，臉書上的朋友可以開始留言、喊價或提問，也可以按下各種的表情符號讓主播人知道觀眾的感受，適時的詢問粉絲意見、開放提問、轉述粉絲留言、回應粉絲等可以讓粉絲有參與感，完全點燃粉絲的熱情，為網路和實體商品建立更深厚的顧客關係。當拍賣者概略介紹商品後便喊出起標價，然後讓臉友們開始競標，臉友們也紛紛留言下標，搶成一團，造成熱絡的買氣。如果觀看人數尚未有起色，也會送出一些小獎品來哄抬人氣，按分享的臉友也能到獎金獎品，透過分享的功能就可以讓更多人看到此銷售的直播畫面。

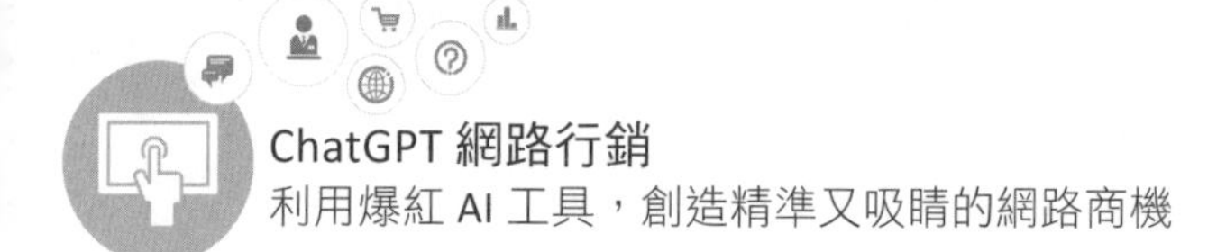

在結束臉書的直播拍賣後，業者也會將直播視訊放置在臉書中，方便其他的網友點閱瀏覽，甚至寫出下次直播的時間與贈品，以便臉友預留時間收看，預告下次競標的項目，吸引潛在客戶的興趣，或是純分享直播者可獲得的獎勵，讓直播影片的擴散力最大化，這樣的臉書功能不但再次拉抬和宣傳直播的時間，也達到再次行銷的效果與目的。

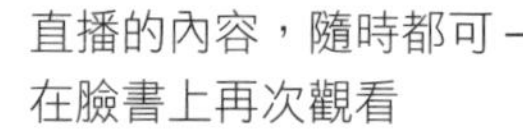
直播的內容，隨時都可在臉書上再次觀看

6-4 專題演練 - 直播帶貨不求人

隨著社群媒體興起，兩岸直播帶貨的風氣也越來越盛行，特別是在新冠疫情時期，街道上店鋪封城關門，餐廳裡門可羅雀，與線下商場的冷清形成對比的，越來越多人開始喜歡在社群上看直播，大家更常使用網購平台購物 ，也助長了「直播帶貨」風潮。

李小璐在幾個小時的直播帶貨中，銷售額達到千萬人民幣以上

所謂直播帶貨（Live Delivery），就是直播主使用直播技術進行近距離商品展示、諮詢答覆、導購與銷售的新型服務方式，也是屬於粉絲經濟的範疇。直播帶貨不用與客戶面對面就能賣東西，乍聽下來和電視購物類似，不過直播比起電視購物的臨場感與便利性又更勝一籌，所帶來的互動性與親和力更強。消費者可以像在大賣場一樣，跟賣家進行交流甚至討價還價，如果與知名帶貨 KOL 合作，還能輕易達到超乎預期的銷售量，消費觀眾透過手邊行動裝置，不用親自到門市就能迅速瞭解產品細節，利用直播的互動與真實性吸引網友目光，商家也能接觸廣大潛在顧客。

6-4-1 直播帶貨隱藏版心得

直播帶貨成為現代零售消費新戰場，當直播賣貨正在改變電商平臺的發展走向，許多店家或品牌開始將直播作為行銷手法，從口紅到筆電，似乎任何商品都可以通過直播來購買，除了可以和粉絲分享生活心得與樂趣外，儼然成為商品銷售的遮民行銷平台，不僅能拉近品牌和觀眾的距離，還能建立觀眾對品牌的信任，加上直播間動輒能容納幾百人觀看，簡單分享直播連結給親友就能聚集人流，完全沒有實體店面的空間限制，而且想賣誰家的產品就賣誰的，只要直播主流量夠大，分潤機制與合作條件完全不設限，近年來越來越多藝人、網紅紛紛投入直播領域。

◎ 賺錢的直播主都要身懷各種直播帶貨的行銷套路

圖片來源：https://www.YouTube.com/watch?v=SIzCOqVuOS0

在這個人人都可以成為自媒體的時代，各位要規劃一個成功的直播頻道，成功的第一步，說穿了就是要押寶直播主的影響力。這個流量就是平時經營個人粉絲的來源，假設你完全沒有花時間在社群媒體，開直播根本不會有人理你。通常每個直播主本身的屬性、調性和特色都不同，成功的主播不一定是顏值最佳，但是一定有他的魅力與特色，例如有重量級的知名藝人直播主代言、搞笑親切的叫賣型直播主，或是懂得炒熱氣氛的時尚 KOL，只要讓參與的粉絲擁有親臨現場的感覺，也可以帶來瞬間的高流量，都可能為廠商帶來更多客源與業績。

開箱直播經常是直播帶貨的起手式

圖片來源：https://www.YouTube.com/watch?v=BxjBkOhUB68

6-4-2 直播帶貨設備簡介

「工欲善其事，必先利其器！」想要做好直播帶貨，無論走到哪裡播，都要先裝修一個高清畫面的直播空間，因為這會馬上影響到用戶的體驗。對於有興趣成為直播主的生手而言，當然必須要先有一套基本攝錄設備。由於直播的類型非常多元，可以各自依照不同主題選擇使用的設備。

◎ 耳機決定聽覺的舒適感，尤其在遊戲直播上更為重要

例如美妝直播需要的是加強燈光、攝影設備與產出背景音樂內容的相關影片，所以對於麥克風、混音器等等收音設備就非常地要求，至於遊戲實況直播主為了能夠運行遊戲的同時並錄製影片，則需要性能好的電腦與攝影鏡頭，來確保影像畫質是否足夠提供粉絲完美的遊戲體驗。

◎ 美妝直播必備的就是燈光設備

ATEN StreamLive HD 多功能直播機目前十分受到直播主歡迎

不少人認為當一個直播主，應該需要購買昂貴的器材，才能拍出高質素的影片，如相機、麥克風、或者一台強大電腦才能進行拍攝和剪片之類。事實上，在經費有限的情況下，只要一支智慧手機，就能利用其相機隨時開始直播和觀眾互動，或者外接網路攝影機、筆電，然後搭配手機的有線耳麥就可以馬上開工了。設備當然不嫌多，越多越好的設備，當然拍攝出來的品質更高，各位如果想從零開始學習成為直播主，只要你口袋荷包夠深，想要怎麼換都可以，後來再慢慢添購其他設備。

指向型麥克風可區分為「單一指向型」及「雙指向型」

問題討論

1. 請簡介影音行銷。
2. 如何從 YouTube 網站上直接上傳視訊影片？
3. 如何在 YouTube 有更精確的搜尋結果？試簡述之。
4. 請簡述 YouTube 上要讓影片爆紅的幾種原因？
5. 試簡介「微電影」。
6. 試說明目前微電影與觀眾溝通的方式有哪兩種？
7. 直播行銷的好處是什麼？

7

掌握大數據與智慧行銷精準商機

- 認識大數據
- 大數據行銷的三大優點
- 人工智慧與智能行銷
- 專題演練 - 實戰大數據與 Power BI

大數據時代的到來，正在翻轉現代人們的生活方式，自從 2010 年開始全球資料量已進入 ZB（zettabyte）時代，並且每年以 60%~70% 的速度向上攀升，在網路行銷蓬勃發展、大數據議題越來越火熱的時代背景下，全球用戶使用行動裝置的人口數已經開始超越桌機，一支智慧型手機的背後就代表著一份獨一無二的客戶數據！當消費者資訊接收行為轉變，行銷就不能一成不變！特別是大數據徹徹底底改變了行銷的玩法。

Facebook 廣告背後包含了最新大數據技術

由於消費者在網路及社群上累積的使用者行為及口碑，都能夠被量化，生活上最顯著的應用莫過於 Facebook 上的個人化推薦和廣告推播了，為了記錄每一位好友的資料、動態消息、按讚、打卡、分享、狀態及新增圖片，必須藉助大數據的技術，接著 Facebook 才能分析每個人的喜好，再投放他感興趣的廣告或行銷訊息。

TIPS 為了讓各位實際了解大數據資料量到底有多大，我們整理了大數據資料單位如下表，提供給各位作為參考：

- Terabyte=1000 Gigabytes=1000^{9} Kilobytes
- Petabyte=1000 Terabytes=1000^{12} Kilobytes
- Exabyte=1000 Petabytes=1000^{15} Kilobytes
- Zettabyte=1000 Exabytes=1000^{18} Kilobytes

7-1 認識大數據

近年來由於社群網站和行動裝置風行，加上物聯網時代無時無刻產生大量的數據，使用者瘋狂透過手機、平板電腦、電腦等，在社交網站上大量分享各種資訊。許多熱門網站擁有的資料量都上看數 TB（Tera Bytes，兆位元組），甚至上看 PB（Peta Bytes，千兆位元組）或 EB（Exabytes，百萬兆位元組）的等級。

TIPS 物聯網（Internet of Things, IoT）是近年資訊產業中一個非常熱門的議題，是將各種具裝置感測設備的物品，例如 RFID、環境感測器、全球定位系統（GPS）等裝置與網際網路結合起來，並透過網路技術讓各種實體物件、自動化裝置彼此溝通和交換資訊，也就是透過網路把所有東西都連結在一起。

例如台灣大車隊是全台規模最大的小黃車隊，透過 GPS 衛星定位與智慧載客平台全天候掌握車輛狀況，並充分利用大數據技術，將即時的乘車需求提供給司機，讓司機更能掌握乘車需求，將有助降低空車率且提高成交率，並運用雲端資料庫，透過分析當天的天候時空情境和外部事件，精準推薦司機優先去哪個區域載客，優化與洞察出乘客最真正迫切的需求，也讓乘客叫車更加便捷，提供最適當的產品和服務。

台灣大車隊利用大數據提供更貼心的叫車服務

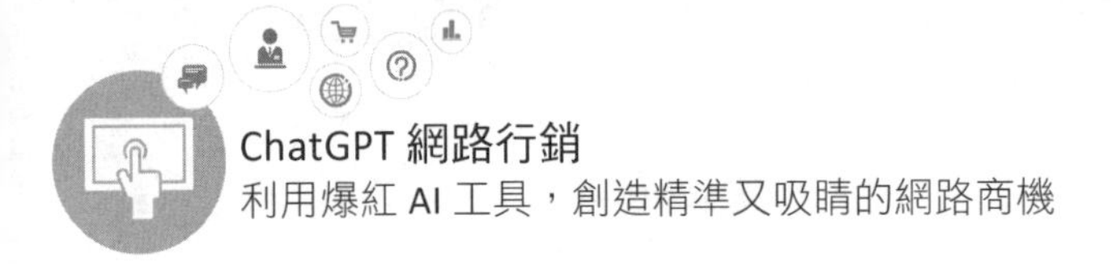

7-1-1　大數據的特性

由於數據的來源有非常多的途徑，大數據格式也將會越來越複雜，大數據解決了商業智慧無法處理的非結構化與半結構化資料，優化了組織決策的過程。將數據應用延伸至實體場域最早是前世紀在 90 年代初，全球零售業的巨頭沃爾瑪（Walmart）超市就選擇把店內的尿布跟啤酒擺在一起，透過帳單分析，找出尿片與啤酒產品間的關聯性，尿布賣得好的櫃位，附近啤酒也意外賣得很好，進而調整櫃位擺設及推出啤酒和尿布共同銷售的促銷手段，成功帶動相關營收成長，開啟了數據資料分析的序幕。

沃爾瑪啤酒和尿布的研究開啟了大數據分析的序幕

> **TIPS** 結構化資料（Structured data）是指目標明確，有一定規則可循，每筆資料都有固定的欄位與格式，偏向一些日常且有重覆性的工作，例如薪資會計作業、員工出勤記錄、進出貨倉管記錄等。非結構化資料（Unstructured Data）是指那些目標不明確，不能數量化或定型化的非固定性工作與讓人無從打理起的資料格式，例如社交網路的互動資料、網際網路上的文件、影音圖片、網路搜尋索引、Cookie 紀錄、醫學記錄等資料。

大數據涵蓋的範圍太廣泛，許多專家對大數據的解釋又各自不同，在維基百科的定義，大數據是指無法使用一般常用軟體在可容忍時間內進行擷取、管理及分析的大量資料，我們可以這麼簡單解釋：大數據其實是巨大資料庫加上處理方法的一個總稱，是一套有助於企業組織大量蒐集、分析各種數據資料的解決方案，並包含以下四種基本特性：

- **大量性**（Volume）：現代社會每分每秒都正在生成龐大的數據量，堪稱是以過去的技術無法管理的巨大資料量，資料量的單位可從 TB（terabyte，一兆位元組）到 PB（petabyte，千兆位元組）。

- **速度性**（Velocity）：隨著使用者每秒都在產生大量的數據回饋，更新速度也非常快，資料的時效性也是另一個重要的課題，反應這些資料的速度也成為他們最大的挑戰。大數據產業應用成功的關鍵在於速度，往往取得資料時，必須在最短時間內反應，許多資料要能即時得到結果才能發揮最大的價值，否則將會錯失商機。

- **多樣性**（Variety）：大數據技術徹底解決了企業無法處理的非結構化資料，例如存於網頁的文字、影像、網站使用者動態與網路行為、客服中心的通話紀錄，資料來源多元及種類繁多。通常我們在分析資料時，不會單獨去看一種資料，大數據課題真正困難的問題在於分析多樣化的資料，彼此間能進行交互分析與尋找關聯性，包括企業的銷售、庫存資料、網站的使用者動態、客服中心的通話紀錄；社交媒體上的文字影像等。

- **真實性**（Veracity）：企業在今日變動快速又充滿競爭的經營環境中，取得正確的資料是相當重要的，因為要用大數據創造價值，所謂「垃圾進，垃圾出」（GIGO），這些資料本身是否可靠是一大疑問，不得不注意數據的真實性。大數據資料收集的時候必須分析並過濾資料有偏差、偽造、異常的部分，資料的真實性是數據分析的基礎，防止這些錯誤資料損害到資料系統的完整跟正確性，就成為一大挑戰。

大數據的四項特性

7-2 大數據行銷的三大優點

隨著行銷網路化趨勢的到來，在網路與行動裝置的加持下，長期以來企業經營往往仰仗人的決策方式，往往導致決策結果不如預期，日本野村高級研究員城田真琴曾經指出，「與其相信一人的判斷，不如相信數千萬人的資料」，她的談話就一語道出了大數據分析所帶來商業決策上的價值，當任何數據都可以輕易被追蹤的時候，結合大數據進行全方位行銷，讓網路生活真正有感，創造出全新的超倍速行銷方式。以下我們將介紹大數據行銷的三大優點。

大數據協助 New Balance 精確掌握顧客行為

7-2-1 精準個人化行銷

在大數據技術的幫助下，現在可以透過多種跨螢幕裝置等科技產品，把消費者的消費模式、瀏覽紀錄、個人資料、商品銷售統計、庫存與購買行為網路使用行為、購物習性、商品好壞等，統統都能一手掌握。美國最大的線上影音出租服務的網站 NETFLIX 長期對節目的進行分析，透過對觀眾收看習慣的了解，對客戶的行動裝置行為做大數據分析，透過大數據分析的推薦引擎，不需要把影片內容先放出去後才知道觀眾喜好程度，結果證明使用者有 70% 以上的機率會選擇 NETFLIX 曾經推薦的影片，可以使 Netflix 節省不少行銷成本。

NETFLIX 藉助大數據技術成功推薦影給消費者喜歡的影片

7-2-2 找出顧客終身價值

當透過大數據掌握了更多消費者的資訊時，行銷人員除了會參考上述的單一指標，任何一位顧客的價值，都不僅止於他買過的東西而已，還必須考慮他的忠誠度與未來帶來更多客戶的潛在能力，例如參考平均購買量、顧客終身價值（Customer's Lifetime value, CLV）、顧客的取得成本、顧客滿意度、每一個櫃位停留的時間與頻率等指標。

TIPS 顧客終身價值（Customer's Lifetime value, CLV）是指每一位顧客未來可能為企業帶來的所有利潤預估值，也就是透過購買行為，企業會從一個顧客身上獲得多少營收。

全球連鎖咖啡星巴克早已將大數據應用到營運的各個環節，包括從新店選址、換季菜單、產品組合到提供限量特殊品項的依據，都可見到大數據的分析痕跡，深知唯有與顧客良好的互動，才是成功的關鍵。例如推出手機 App 蒐集顧客行的購買數據，運用長年累積的用戶數據瞭解消費者，甚至於透過會員的消費記錄星巴克完全清楚顧客的喜好、消費品項、地點等，就能省去輸入一長串的點單過程，加上配合貼心驚喜活動創造附加價值感，從中找到最有價值的潛在忠誠客戶，最終目標是希望每兩杯咖啡，就有一杯是來自熟客所購買，這項目標成功的背後靠的就是收集以會員為核心的大數據。

星巴克咖啡利用大數據將顧客找出最忠誠的顧客

7-2-3 提供優化購物體驗

面對消費市場的競爭日益激烈，品牌種類越來越多，大數據資料分析是企業成功迎向零售 4.0 的關鍵，行動思維轉移意味著行動裝置現在成了消費體驗的中心，大數據分析已經不只是對數據進行分析，而是要從資訊中找出企業未來網路行銷的契機，這些大量且多樣性的數據，一旦經過分析，針對顧客需要的意見，來全面提升消費者購物體驗。

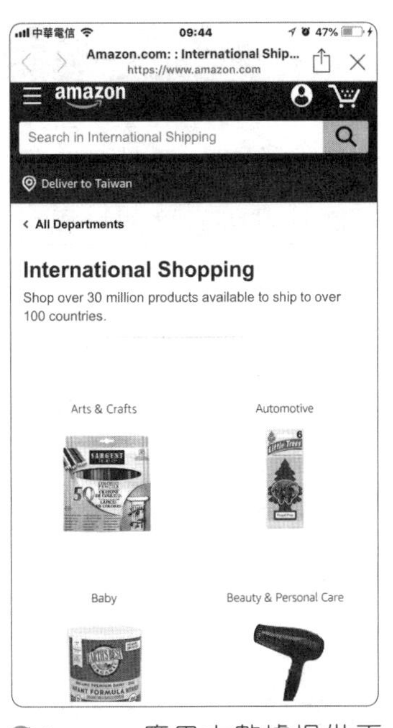

Amazon 應用大數據提供更優質購物體驗

網路時代讓消費者與店家間的互動行為更加頻繁，同時也讓消費者購物過程中愈來愈沒耐性，為了提供更優質的個人化購物體驗，Amazon 對於消費者使用行為的追蹤更是不遺餘力，利用超過 20 億用戶的大數據，盡可能地追蹤消費者在網站以及 App 上的一切行為，藉著分析大數據推薦給消費者他們真正想要買的商品，用以確保對顧客做個人化的推薦。

如果各位曾經有在 Amazon 購物的經驗，一開始就會看到一些沒來由的推薦名單，因為 Amazon 商城會根據客戶瀏覽的商品，從已建構的大數據庫中整理出曾經瀏覽該商品的所有人，然後會給這位新客戶一份建議清單，建議清單中會列出曾瀏覽這項商品的人也會同時瀏覽過哪些商品，由這份建議清單，新客戶可以快速作出購買的決定，讓他們與顧客之間的關係更加緊密，而這種大數據技術也確實為 Amazon 商城帶來更大量的商機與利潤。

7-3 人工智慧與智能行銷

在這個大數據蓬勃發展的年代，資料科學（Data Science）的狂潮不斷地推動著這個世界，如果要真正充分發揮資料價值，不能只光談大數據，人工智慧是絕對不能忽略的相關領域，我們可以很明顯地說，人工智慧、機器學習與深度學習是大數據的下一步。大數據給了人工智慧（Artificial Intelligence, AI）成長提供了前所未有的機遇與養分，也是未來科技發展的主流趨勢，更是零售業優化客戶體驗的最佳神器，藉助人工智慧在智能行銷方面的應用層面越來越廣，也容易取得更為人性化的分析。

TIPS 資料科學（Data Science）的用途是為企業組織解析大數據當中所蘊含的規律，就是研究從大量的結構性與非結構性資料中，透過資料科學分析其行為模式與關鍵影響因素，也就是在模擬決策模型，進而發掘隱藏在大數據資料背後的商機。

人工智慧的概念最早是由美國科學家 John McCarthy 於 1955 年提出，目標為使電腦具有類似人類學習解決複雜問題與展現思考等能力，舉凡模擬人類的聽、說、讀、寫、看、動作等的電腦技術，都被歸類為人工智慧的可能範圍。

人工智慧為現代產業帶來全新的革命

7-3-1 AI 行銷的未來發展

AI 的應用領域不僅展現在機器人、自駕車、智能服務等，更與行銷產業息息相關。根據美國最新研究機構的報告，2025 年人工智慧將會在行銷和銷售自動化方面，取得更人性化的表現，有 50 %的消費者希望在日常生活中使用 AI 和語音技術。事實上，網路行銷領域老早就是 AI 密集使用的行業，AI 被大量應用在分析大數據、優化行銷系統、精準描繪消費者輪廓等領域。AI 的作用就是消除資料孤島，主動吸取並把它轉換為結構化資料，從而提高經營效率，AI 能讓行銷人員掌握更多創造性要素，將會為品牌行銷者與消費者帶來新的對話契機，也就是讓品牌過去的「商品經營」理念，轉向「顧客服務」邏輯，能夠對目標客群的個人偏好與需求，帶來更深入的分析與洞察。

我們可以預期未來 AI 肯定將大幅改寫行銷產業，例如聊天機器人（chatbot）漸漸成為廣泛運用的新科技，利用聊天機器人不僅能夠節省人力資源，還能依照消費者的需要來客製化服務，極有可能會是改變未來銷售及客服模式的利器。

TaxiGo 利用 AI 聊天機器人提供計程車秒回服務

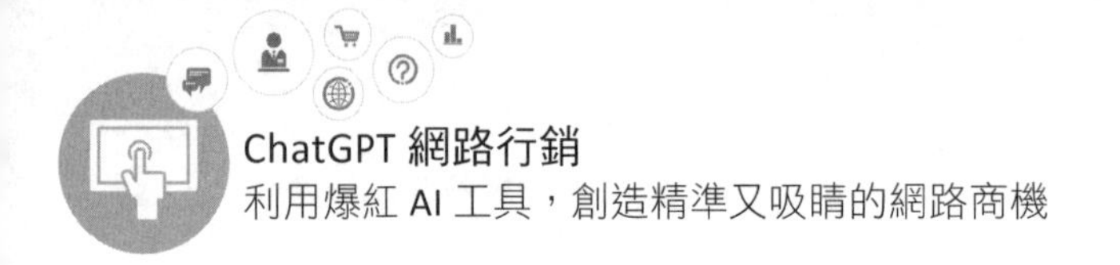

由於消費者行為的改變，行銷產業正面臨前所未見的重大變革，行銷自動化的快速進步已逐漸走向人工智慧的趨勢，人工智慧正在迅速滲透到幾乎現今每個行業，以人工智慧取代傳統人力進行各項業務已成趨勢，決定這些 AI 服務能不能獲得更好發揮的關鍵，除了得靠目前最熱門的機器學習（Machine Learning, ML）的研究，甚至得藉助深度學習（Deep Learning, DL）的技術，才能更容易透過 AI 解決行銷策略方面的問題與有更卓越的表現。

7-3-2 機器學習與行銷結合

我們知道 AI 最大的優勢在於「化繁為簡」，將複雜的大數據加以解析，AI 改變產業的能力已經是相當清楚，而且可以應用的範圍相當廣泛。機器學習（Machine Learning, ML）是大數據與 AI 發展相當重要的一環，通過演算法給予電腦大量的「訓練資料（Training Data）」，在大數據中找到規則，可以發掘多資料元變動因素之間的關聯性，進而自動學習並且做出預測，意即機器模仿人的行為，特性很適合將大量資料輸入後，讓電腦自行利用演算法找出其中的規律性，對機器學習的模型來説，用戶越頻繁使用，資料的量越大越有幫助，機器就可以學習的愈快，進而達到預測效果不斷提升的過程。

從網路行銷的策略與執行面來看，最容易應用機器學習的領域之一就是電腦視覺（Computer Version, CV）。CV 是一種研究如何使機器「看」的系統，讓機器具備與人類相同的視覺，以做為產品差異化與大幅提升系統智慧的手段。

透過機器學習來找出數位看板廣告最佳組合

例如國外許多大都市的街頭紛紛出現了一種具備 AI 功能的數位電子看板，會追蹤路過行人的舉動來與看板中的數位廣告產生互動效果，透過人臉辨識來偵測眾人臉上的表情，由 AI 來動態修正調整看板廣告所呈現的內容，即時把最能吸引大眾的廣告模式呈現給觀眾，並展現更有說服力的行銷創意效果。

網路行銷業者如果及時引進機器學習（ML），將可更準確預測個別用戶偏好，例如傳統零售未來勢必將面臨改革與智慧轉型，機器學習的應用也可以透過賣場中具備主動推播特性的 Beacon 裝置，商家只要在店內部署多個 Beacon 裝置，利用機器學習技術來對消費者進行觀察，一旦顧客進入訊號區域時，就能夠透過手機上 App，對不同顧客進行精準的「個人化習慣」分眾行銷，提供「最適性」服務的體驗，甚至還可

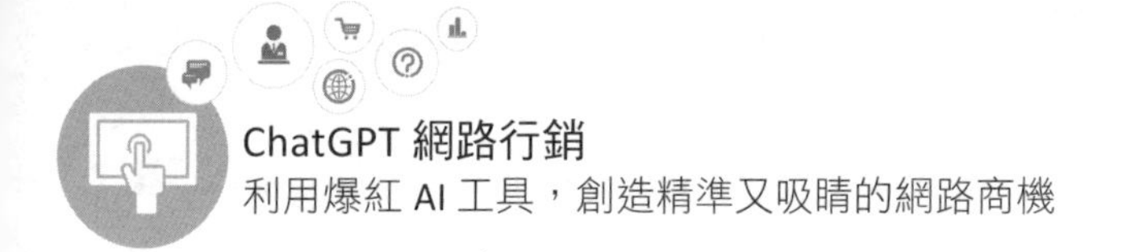

對於賣場配置、設計與存貨提供更精緻與個人化管理，不但能優化門市銷售，還可以提供更貼身的低成本行銷服務。

台中大遠百裝置 Beacon，提供消費者優惠推播

> **TIPS** Beacon 是種低功耗藍牙技術（Bluetooth Low Energy, BLE），藉由室內定位技術應用，可做為大數據平台的小型串接裝置，具有主動推播行銷應用特性，是連結店家與消費者的重要環節，只要手機安裝特定 App，透過藍芽接收到代碼便可觸發 App 做出對應動作，可以包括在室內導航、行動支付、百貨導覽、人流分析，及物品追蹤等進階感知應用。

7-3-3　神奇的深度學習

由於 AI 正在逐步改變網路行銷的遊戲規則，讓店家可以藉此接觸更多潛在消費者與市場，深度學習（Deep Learning, DL）算是 AI 的一個分支，也可以看成是具有層次性的機器學習法，更將 AI 推向類似人類學習模式的深度發展。深度學習是源自於類神經網路（Artificial Neural Network）模型，並且結合了神經網路架構與大量的運算資源，目的在於讓機器建立與模擬人腦進行學習的神經網路，以解釋大數據中圖像、聲音和文字等多元資料，例如可以代替人們進行一些日常的選擇和採買，或者在茫茫網路海中，獨立找出分眾消費的數據，甚至於可望協助病理學家迅速辨識癌細胞，乃至挖掘出可能導致疾病的遺傳因子，可以預測未來也將有更多深度學習的應用。

由於類神經網路具有高速運算、記憶、學習與容錯等能力，可以利用一組範例，透過神經網路模型建立出系統模型，讓類神經網路反覆學習，最為人津津樂道的深度學習應用，當屬 Google Deepmind 開發的 AI 圍棋程式 AlphaGo 接連大敗歐洲和南韓圍棋棋王，AlphaGo 的設計是大量的棋譜資料輸入，透過深度學習掌握更抽象的概念，讓 AlphaGo 學習下圍棋的方法，後來創下連勝 60 局的佳績。

AlphaGo 接連大敗歐洲和南韓圍棋棋王

透過深度學習的訓練，機器正在變得越來越聰明，不但會學習也會進行獨立思考，人工智慧的運用也更加廣泛，相較於機器學習，深度學習在網路行銷方面的應用，不但能解讀消費者及群體行為的歷史資料與動態改變，更可能預測消費者的潛在慾望與突發情況，能應對未知的情況，設法激發消費者的購物潛能，進而提相連度的更高未來購物可能推薦與更好的用戶體驗。

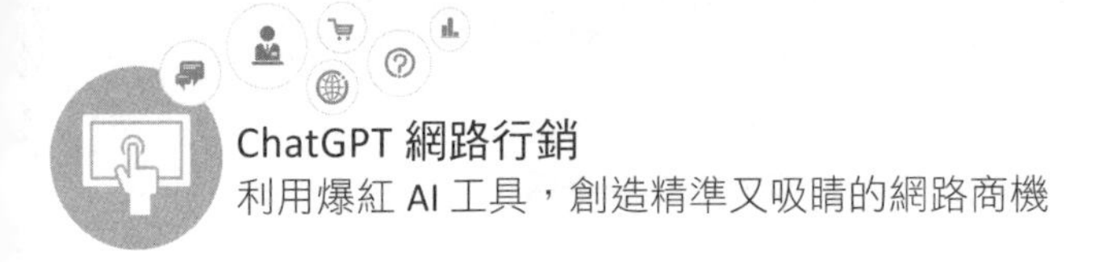

7-4 專題演練 - 實戰大數據與 Power BI

Power BI 是微軟在 2015 年 7 月推出的雲端產品，它是一套商務數據分析工具，可以結合各種資料來源，收集資料並整理成視覺化的分析圖表，對於評估及掌控現況有非常大的幫助，這些圖文並茂的報表，還有助於主管解讀資訊，並應用於進行商務時的決策判斷，讓我們不再只能依直覺及經驗做決策。

要利用 Power BI 進行大數據的分析，各位必須取得 Power BI，請先連上 Power BI 官網，網址為 https://powerbi.microsoft.com/zh-tw/，底下為 Power BI Desktop 桌面應用程式完整的下載與操作流程如下：

STEP 1

STEP 2

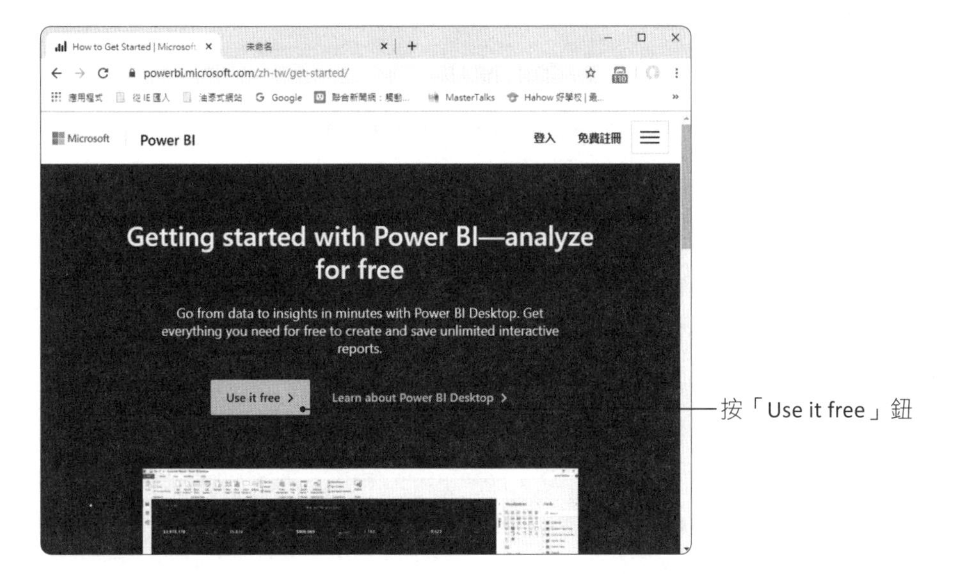
How to Get Started | Microsoft
powerbi.microsoft.com/zh-tw/get-started/
Microsoft
Power BI
登入
免費註冊
Getting started with Power BI—analyze for free
Go from data to insights in minutes with Power BI Desktop. Get everything you need for free to create and save unlimited interactive reports.
Use it free >
Learn about Power BI Desktop >
按「Use it free」鈕

STEP 3

Microsoft Store
首頁
遊戲
娛樂
生產力
超值優惠
搜尋
Power BI Desktop
Microsoft Corporation • 商務 > 資料與分析
分享
Power BI Desktop 讓您可隨時取得視覺效果分析，藉由這個強大的製作工具，您能建立互動式資料視覺效果和報表。
更多
普遍級
一般
免費
取得
新增至購物車
按「取得」鈕

STEP 4

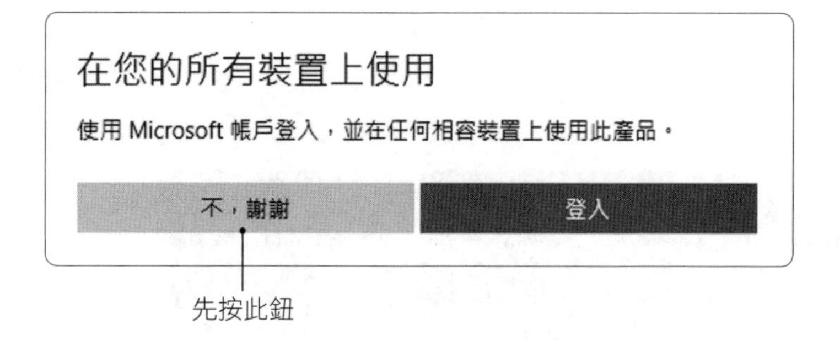

STEP 5

STEP 6

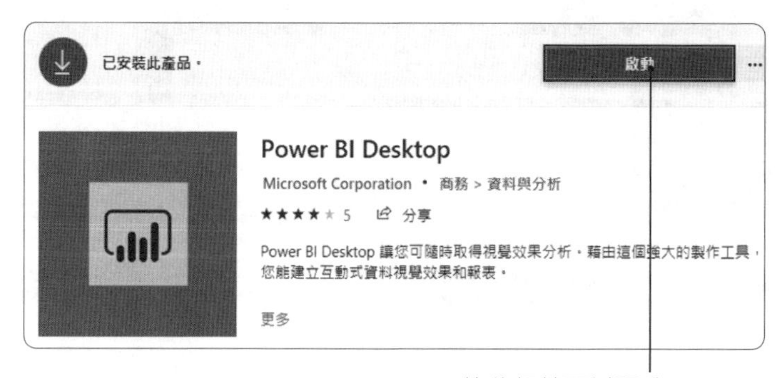

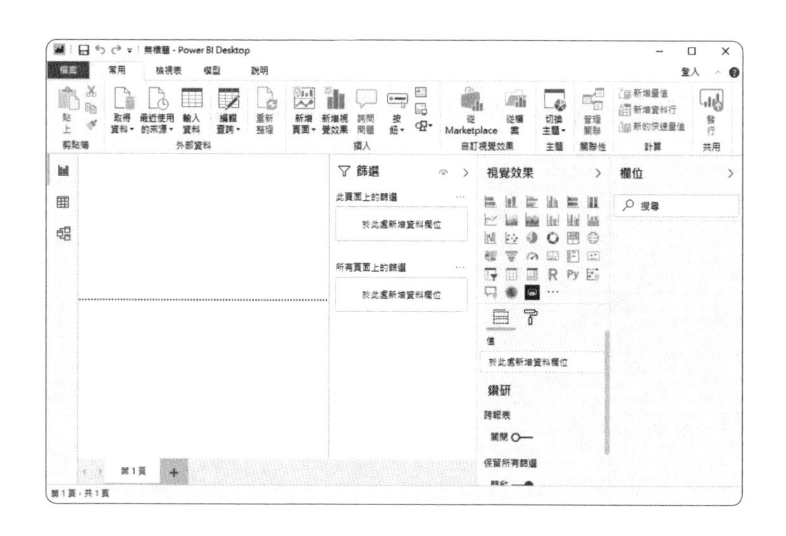

7-4-1　資料來源的取得

Power BI Desktop 可以取得的資料來源型態相當多元，包括 Access 資料庫、MySQL、Oracle、Excel 工作表、CSV、XML、JSON、線上資料庫、開放資料（Open Data）……等，由於資料來源管道相當多元，在建立視覺化圖表的工作之前，各位最好可以將資料先行進行整理與彙整。

> **TIPS** 開放資料（Open Data）是一種可以被自由使用和散佈的資料，這些資料不受著作權等相關法規及其他管理機制所限制，可以自行出版或是做其他的運用，雖然有些開放資料會要求使用者標示資料來源與所有人，但大部份政府資料的開放平台，是可以自由取得。

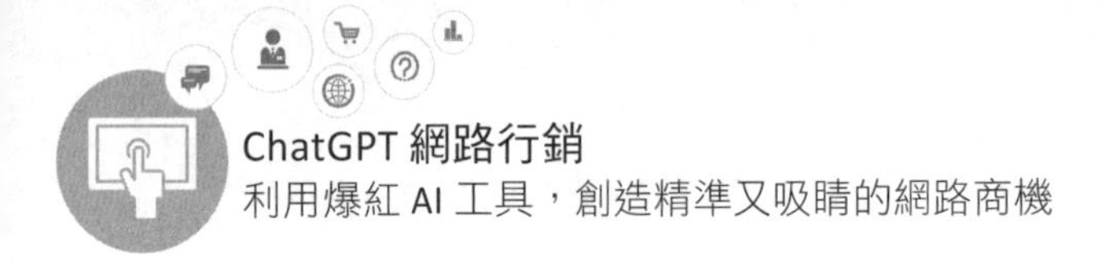

以下將示範如何結合 Power BI Desktop，實際將「金融機構基本資料查詢」，以美觀的視覺化資訊圖表進行分析。第一步整理出工作流程如下：

1.資料取得
2.資料匯入
3.資料整理
4.圖表展現與資訊分析

工作流程 1：資料取得

由於各開放平台下載資料的方式大同小異，接下來的專案就透過「政府資料開放平臺」http://data.gov.tw 來下載政府的開放資料。

下載頁面如下，提供了 CSV、XML 及 JSON 及三種檔案格式。

接下來我們將以 CSV 資料格式進行下載，步驟如下：

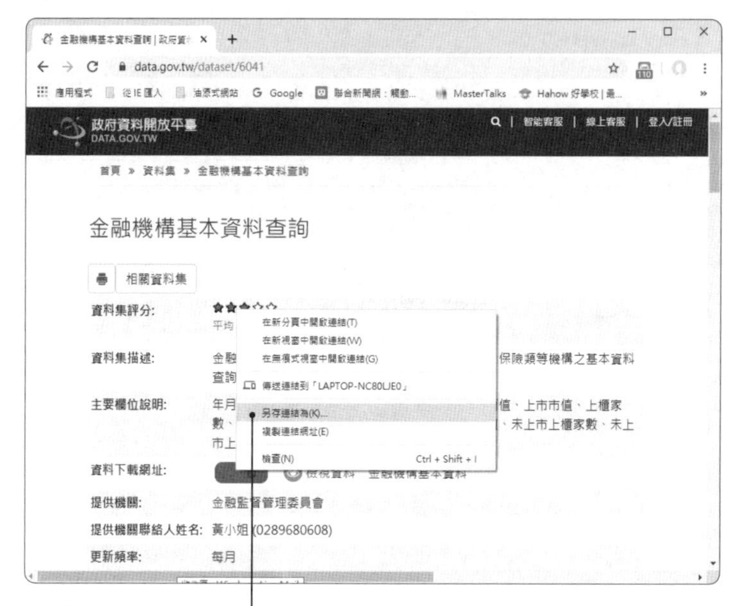

在「CSV」鈕按滑鼠右鍵，執行快顯功能表中「另存連結為」指令

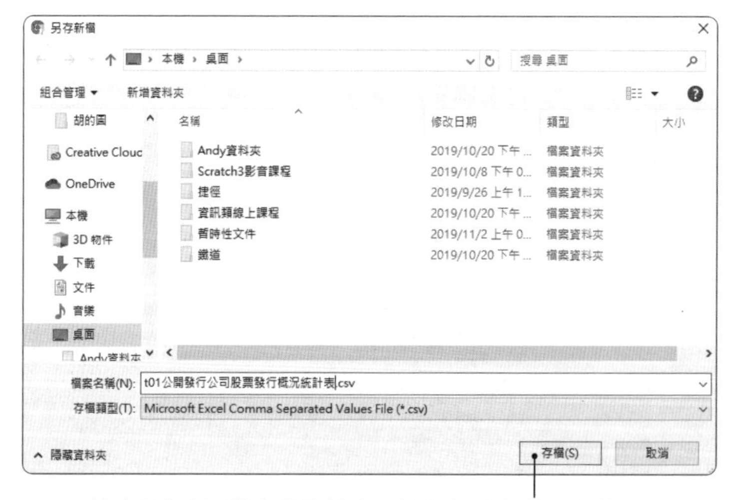

請自行指定要儲存的資料夾及檔案名稱後，按下存檔鈕即可。

工作流程 2：匯入資料

各位取得開放資料後，要記住儲存的位置，才可以讓 Power BI 在匯入時可以正常執行，以下為匯入資料的操作流程：

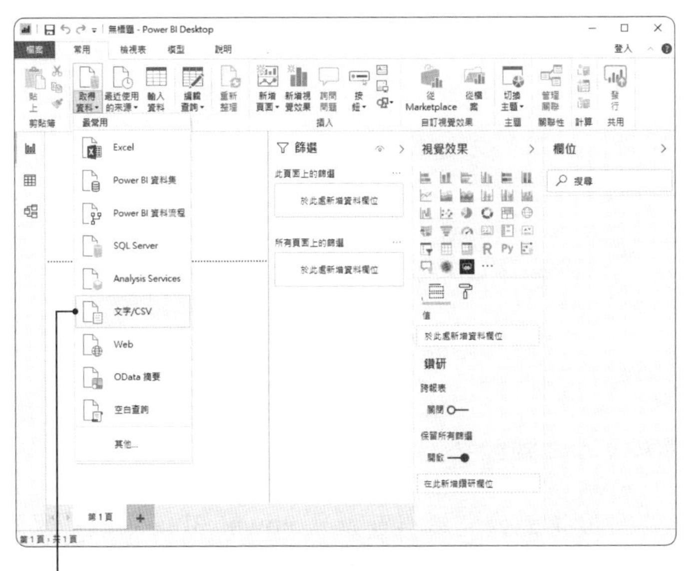

在主畫面執行「取得資料 / 文字 /CSV」指令

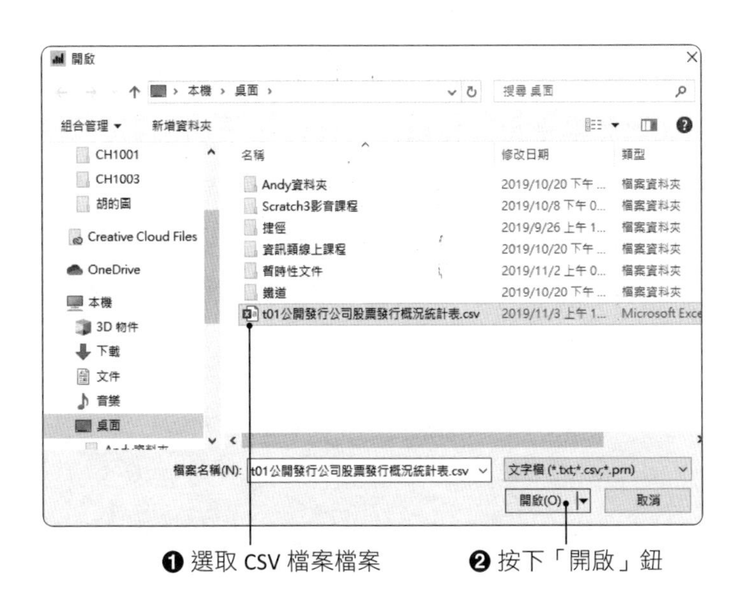

❶ 選取 CSV 檔案檔案　　❷ 按下「開啟」鈕

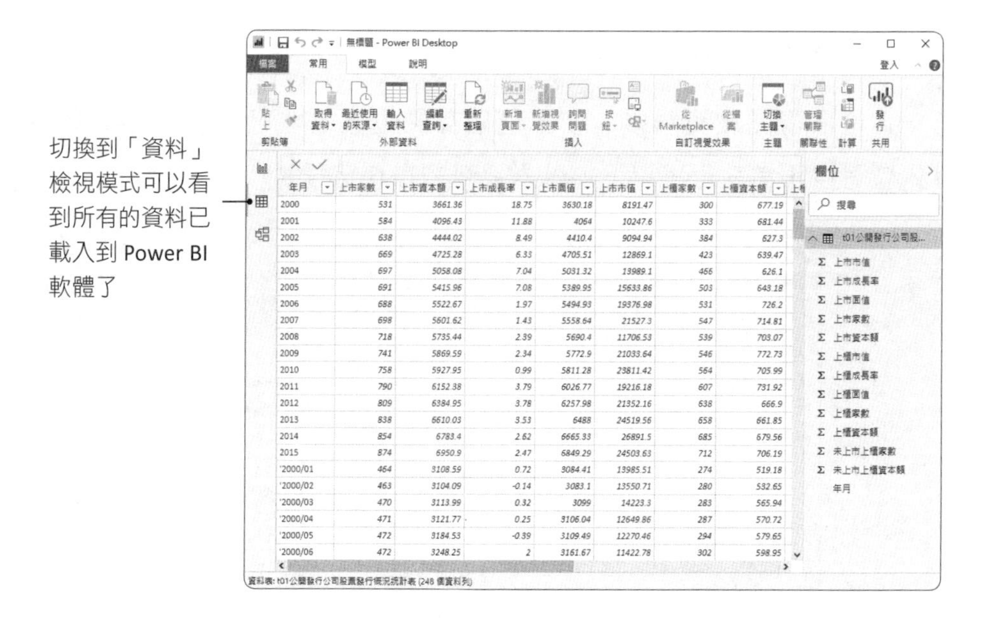

年月	上市家數	上市資本額	上市成長率	上市面值	上市市值	上櫃家數	上櫃資本額
2000	531	3661.36	18.75	3630.18	8191.47	300	677.19
2001	584	4096.43	11.88	4064	10247.6	333	681.44
2002	638	4444.02	8.49	4410.4	9094.94	384	627.3
2003	669	4725.28	6.33	4705.51	12869.1	423	639.47
2004	697	5058.08	7.04	5031.32	13989.1	466	626.1
2005	691	5415.96	7.08	5389.95	15633.86	503	643.18
2006	688	5522.67	1.97	5494.93	19376.98	531	726.2
2007	698	5601.62	1.43	5558.64	21527.3	547	714.81
2008	718	5735.44	2.39	5690.4	11706.53	539	703.07
2009	741	5869.59	2.34	5772.9	21033.64	546	772.73
2010	758	5927.95	0.99	5811.28	23811.42	564	705.99
2011	790	6152.38	3.79	6026.77	19216.18	607	731.92
2012	809	6384.95	3.78	6257.98	21352.16	638	666.9
2013	838	6610.03	3.53	6488	24519.56	658	661.85
2014	854	6783.4	2.62	6665.33	26891.5	685	679.56
2015	874	6950.9	2.47	6849.29	24503.63	712	706.19
'2000/01	464	3108.59	0.72	3084.41	13985.51	274	519.18
'2000/02	463	3104.09	-0.14	3083.1	13550.71	280	532.65
'2000/03	470	3113.99	0.32	3099	14223.3	283	565.94
'2000/04	471	3121.77	0.25	3106.04	12649.86	287	570.72
'2000/05	472	3184.53	-0.39	3109.49	12270.46	294	579.65
'2000/06	472	3248.25	2	3161.67	11422.78	302	598.95

工作流程 3：資料整理

從開放平台取得的公開資料在匯入 Power BI 後，接下來就可以透過 Power BI 的查詢編輯器進行資料整理。例如：指定第一個資料列為標頭、變更資料表名稱、移除不需要的資料行、變更資料行標題名稱……等，萬一各位所匯入的資料無法自動判別第一列的資料為資料表的標頭時，Power BI 軟體本身預設會以「Column」再加上流水號暫時作為其資料表的標頭，其實我們也可以透過查詢編輯器將資料表的第一列指定為標頭，當所下載的資料無法自動判別第一列為資料表的標頭，就可以參考接下來的「資訊小幫手 Tip」來將第一個資料列指定為標頭。

TIPS

如何指定第一個資料列為標頭，請看以下的步驟說明：

請在「常用」索引標籤執行此「編輯查詢」指令就可以進入查詢編輯器

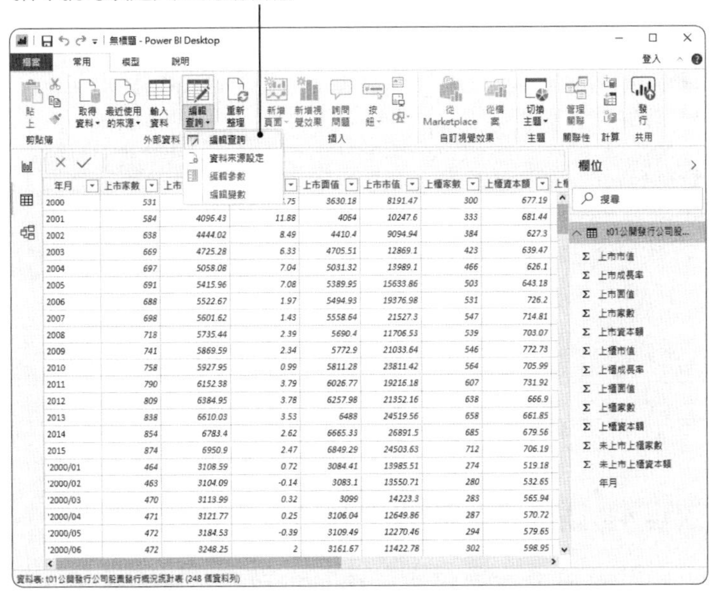

切換到「轉換」索引標籤　執行「使用第一個資料列作為標頭」指令

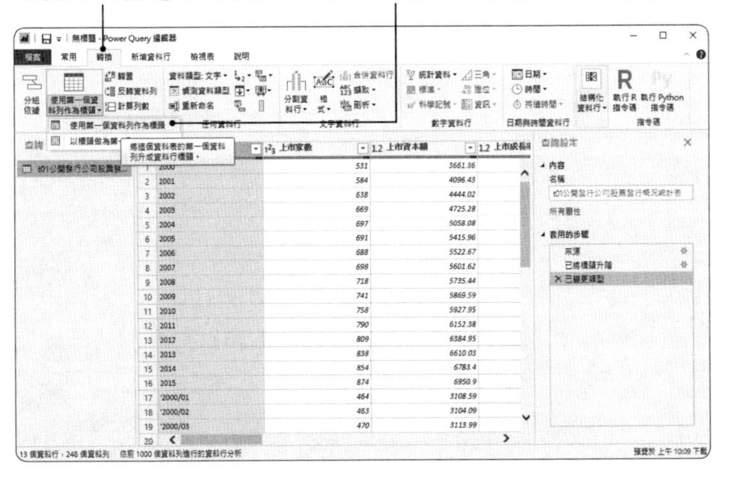

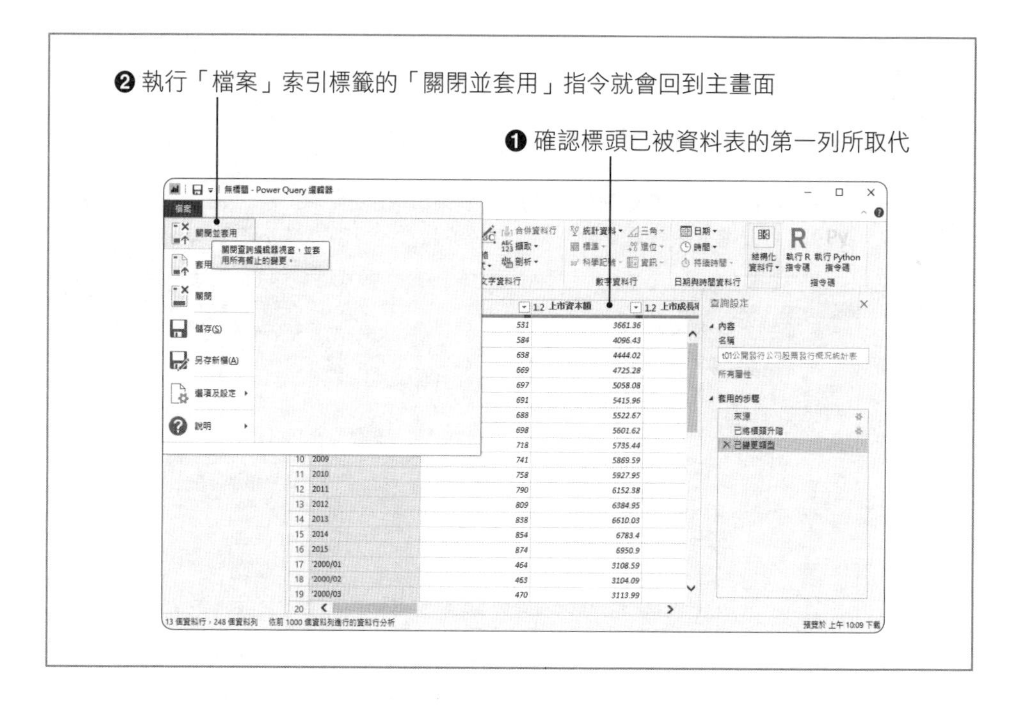

工作流程 4：圖表展現與資訊分析

所有的資料整理工作完畢後，接著就可以透過 Power BI 建立視覺效果，首先請切換到「資料」檢視模式，資料確定無誤後，就可以進行建立視覺效果的工作，接下來就來示範如何產生「群組直條圖」的圖表：

年月	上市家數	上市資本額	上市成長率	上市面值	上市市值	上櫃家數
2000	531	3661.36	18.75	3630.18	8191.47	300
2001	584	4096.43	11.88	4064	10247.6	333
2002	638	4444.02	8.49	4410.4	9094.94	384
2003	669	4725.28	6.33	4705.51	12869.1	423
2004	697	5058.08	7.04	5031.32	13989.1	466
2005	691	5415.96	7.08	5389.95	15633.86	503
2006	688	5522.67	1.97	5494.93	19376.98	531
2007	698	5601.62	1.43	5558.64	21527.3	547
2008	718	5735.44	2.39	5690.4	11706.53	539
2009	741	5869.59	2.34	5772.9	21033.64	546
2010	758	5927.95	0.99	5811.28	23811.42	564
2011	790	6152.38	3.79	6026.77	19216.18	607
2012	809	6384.95	3.78	6257.98	21352.16	638
2013	838	6610.03	3.53	6488	24519.56	658
2014	854	6783.4	2.62	6665.33	26891.5	685
2015	874	6950.9	2.47	6849.29	24503.63	712
'2000/01	464	3108.59	0.72	3084.41	13985.51	274
'2000/02	463	3104.09	-0.14	3083.1	13550.71	280
'2000/03	470	3113.99	0.32	3099	14223.3	283
'2000/04	471	3121.77	0.25	3106.04	12649.86	287

❶ 按下「報告」鈕　❸ 在「視覺效果」中選擇「群組直條圖」

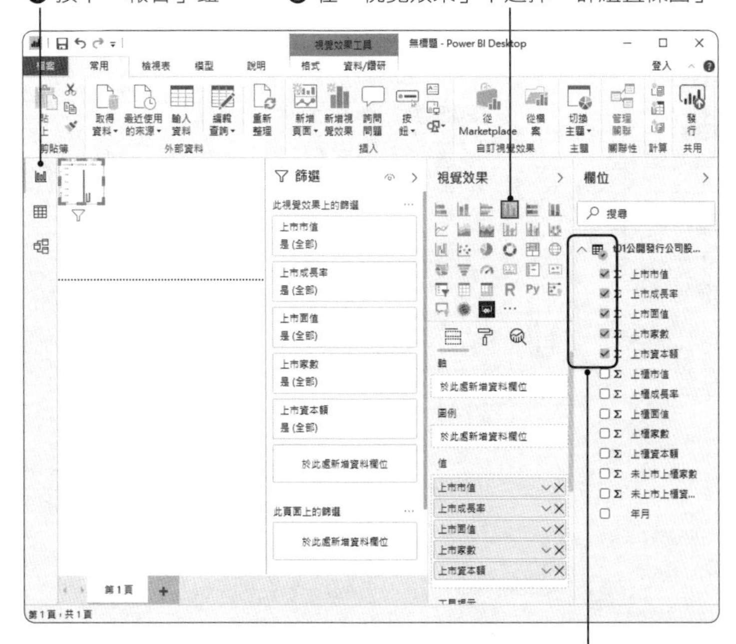

❷ 依序勾選要檢視的欄位

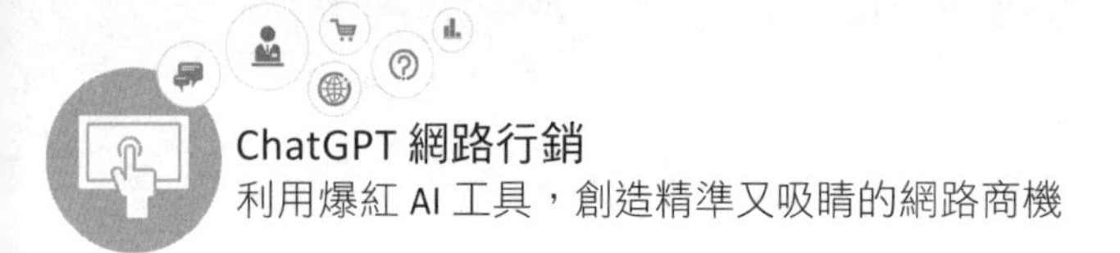

將滑鼠移到圖表物件的右下角，當游標呈雙箭鍵狀，拖曳可調整圖表大小

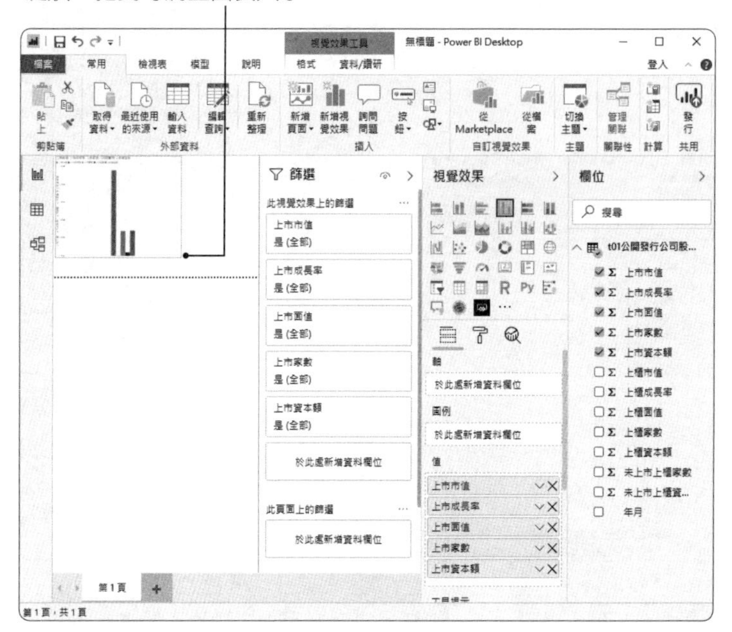

圖表內容更完整呈現了

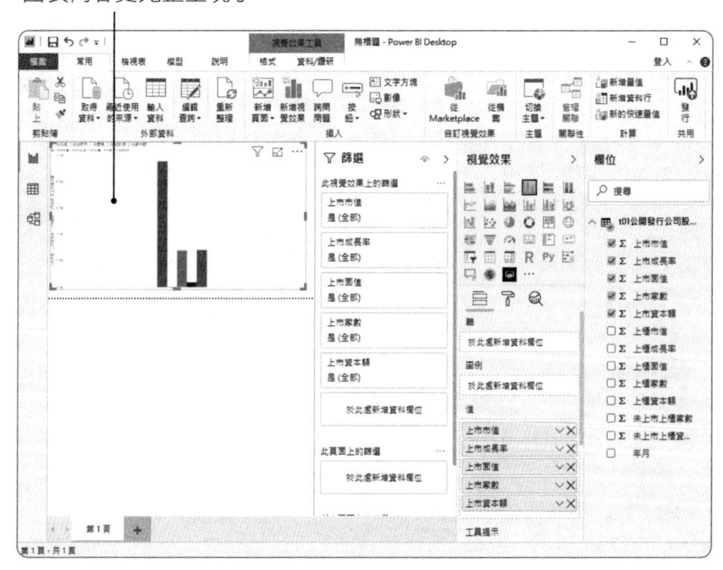

要了解某特定資訊，將滑鼠移到圖形上方就會顯示

如果變更圖表類型，例如改按「環圓圖」鈕，就馬上變更

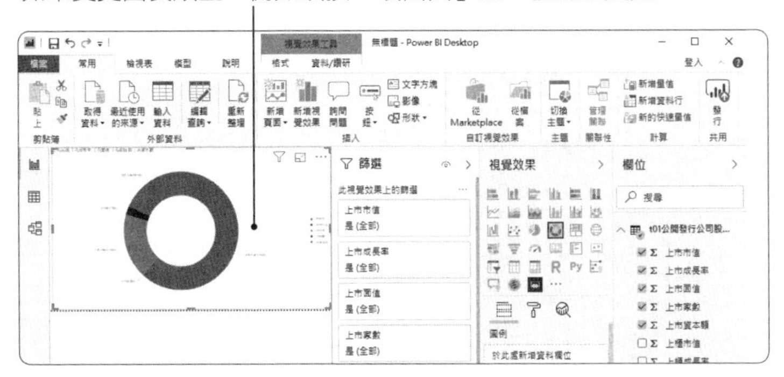

以上範例用最簡單的方式說明大數據的基礎應用方式，當然在大數據的領域還有許多更前端的應用技術。事實上，大數據的核心精神主要是要先辨別哪些資料才是真正有意義的資料來源，接著再透過一個可靠有效的資料分析工具或技術，才能真正萃取出有用的知識與資訊。

問題討論

1. 請簡述大數據及其特性。
2. 請問大數據行銷有哪些優點？
3. 請簡介 Beacon 與在行銷的應用。
4. 什麼是類神經網路（Artificial Neural Network）？
5. 什麼是電腦視覺？
6. 何謂資料科學（Data Science）？
7. 請簡介 Power BI。

8 網路行銷最強魔法師—ChatGPT

- 認識聊天機器人
- ChatGPT 初體驗
- ChatGPT 在行銷領域的應用
- 讓 ChatGPT 將 YouTube 影片轉成音檔（mp3）
- 活用 Gpt-4 撰寫網路行銷文案
- AI 寫 FB、IG、Google、短影片文案
- 利用 ChatGPT 發想行銷企劃案

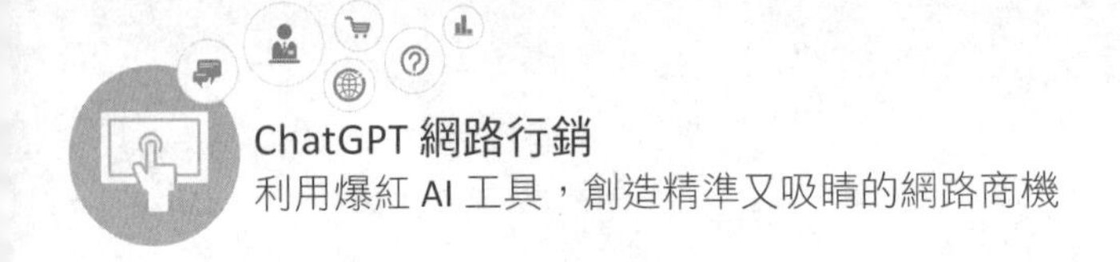

今年度最火紅的話題絕對離不開 ChatGPT，ChatGPT 引爆生成式 AI 革命，網路、社群上對於 ChatGPT 的討論已經沸沸揚揚。ChatGPT 是由 OpenAI 所開發的一款基於生成式 AI 的免費聊天機器人，擁有強大的自然語言生成能力，可以根據上下文進行對話，並進行多種應用，包括客戶服務、銷售、產品行銷等，問世短短 2 個月全球用戶即高達 1 億，超過抖音的用戶量。該技術是建立在深度學習（Deep Learning）和自然語言處理技術（Natural Language Processing, NLP）的基礎上。由於 ChatGPT 是以開放式網絡的大量數據進行訓練，使其能夠產生高度精確、自然流暢的對話回應，與人進行交互。如下圖所示：

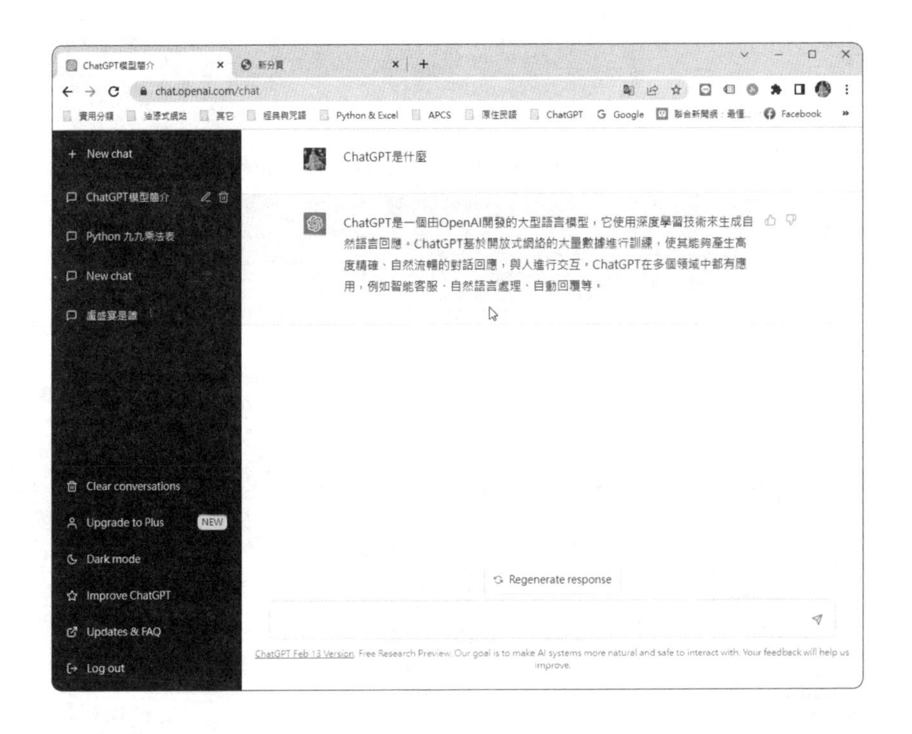

ChatGPT 能以一般人的對話方式與使用者互動，例如提供建議、寫作輔助、寫程式、寫文章、寫信、寫論文、劇本小說…等，而且所回答

的內容有模有樣，除了可以給予各種問題的建議，也可以幫忙寫作業或程式碼，例如下列二圖的回答內容：

然而 ChatGPT 的使用也取決於人類的使用心態，正確地使用 ChatGPT 可以創造不同的可能性，例如有些廣告主認為使用 AI 工具幫客戶做網路行銷企劃有「偷吃步」的嫌疑，但換個思考也能看成是產出過程中的助手，甚至可以讓行銷團隊的工作流程更順暢進行，達到意想不到的事半功倍效果。因為 ChatGPT 之所以強大，是它背後難以數計的資料庫，任何食衣住行育樂的各種生活問題或學科都可以問 ChatGPT，而 ChatGPT 也會以類似人類會寫出來的文字，給予相當到位的回答，與 ChatGPT 互動是一種雙向學習的過程，在用戶獲得想要資訊內容文本的過程中，ChatGPT 也在不斷地吸收與學習。ChatGPT 用途非常廣泛多元，根據國外報導，很多 Amazon 上的店家和品牌紛紛利用 ChatGPT 在進行網路行銷時，為他們的產品生成吸引人的標題和尋找宣傳方法，進而與廣大的目標受眾產生共鳴，從而提高客戶參與度和轉換率。

8-1 認識聊天機器人

人工智慧行銷從本世紀以來，一直都是店家或品牌尋求擴大影響力和與客戶互動的強大工具，過去企業為了與消費者互動，需聘請專人全天候在電話或通訊平台前待命，不僅耗費了人力成本，也無法妥善地處理龐大的客戶量與資訊，而聊天機器人（Chatbot）已是目前許多店家客服的創意新玩法，背後的核心技術即是以自然語言處理中的 GPT（Generative Pre-Trained Transformer, GPT）模型為主，利用電腦模擬與使用者互動對話，採用由語音或文字進行交談的電腦程式，並讓用戶體驗像與真人一樣的對話。聊天機器人能夠全天候地提供即時服務，並可自設不同的流程來達到想要的目的，協助企業輕鬆獲取第一手消費者偏好資訊，有助於公司精準行銷、強化顧客體驗與個人化的服務，這對許多粉絲專頁的經營者或是想增加客戶名單的行銷人員來說相當適用。

AI 電話客服也是自然語言的應用之一

圖片來源：https://www.digiwin.com/tw/blog/5/index/2578.html

TIPS 電腦科學家通常將人類的語言稱為自然語言 NL（Natural Language），例如中文、英文、日文、韓文、泰文等，這也使得自然語言處理（Natural Language Processing, NLP）範圍非常廣泛，所謂 NLP 就是讓電腦擁有理解人類語言的能力，亦即藉由大量的文本資料搭配音訊數據，並透過複雜的數學聲學模型（Acoustic Model）及演算法來讓機器去認知、理解、分類並運用人類日常語言的技術。

GPT 是「生成型預訓練變換模型（Generative Pre-trained Transformer）」的縮寫，是一種語言模型，可以執行非常複雜的任務，會根據輸入的問題自動生成答案，並具有編寫和除錯電腦程式的能力，如回覆問題、生成文章和程式碼，或者翻譯文章內容等。

8-1-1　聊天機器人的種類

以往店家或品牌進行行銷推廣時，必須大費周章取得用戶的電子郵件，不但耗費成本，而且郵件的開信率低，而聊天機器人的應用方式多元、效果容易展現，可以直觀且方便地透過互動貼標來收集消費者第一方數據，直接幫你獲取客戶的資料，例如：姓名、性別、年齡…等臉書所允許的公開資料，驅動更具效力的消費者回饋。

臉書的聊天機器人就是一種自然語言的典型應用

聊天機器人共有兩種主要類型：一種是以工作目的為導向，這類聊天機器人是專注於執行一項功能的單一用途程式，例如 LINE 的自動訊息回覆。

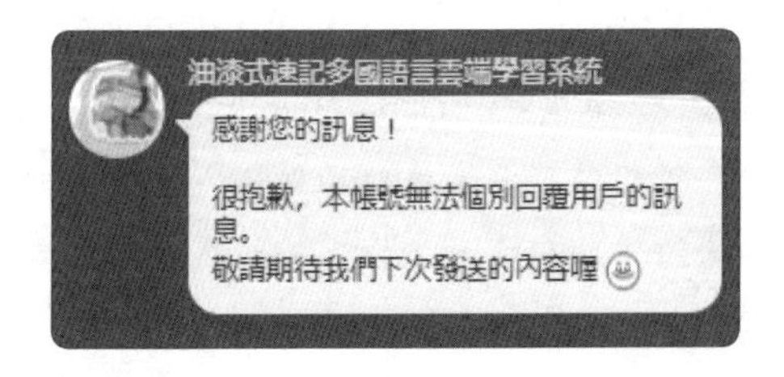

另外一種聊天機器人則是資料驅動的模式，能具備預測性的回答能力，例如 Apple 的 Siri。

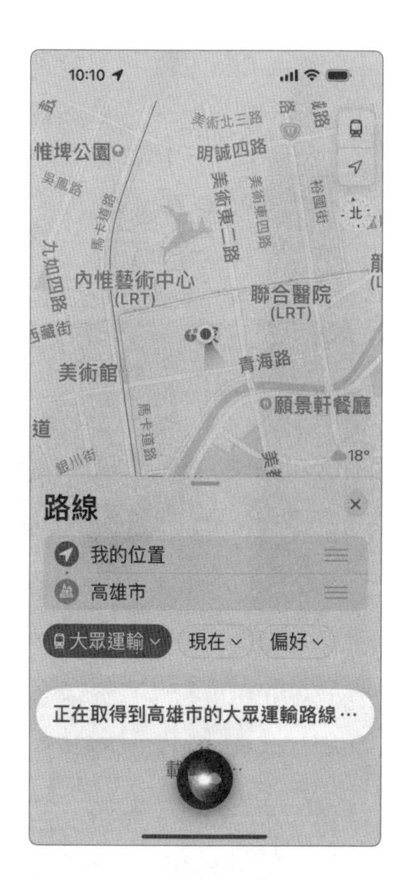

至於在臉書粉絲專頁或 LINE 常見包含留言自動回覆、聊天或私訊互動等各種類型的機器人，也是可以利用 NLP 分析方式進行打造，亦即聊天機器人是一種自動的問答系統，它會模仿人的語言習慣，也可以和你「正常聊天」，就像人與人的聊天互動，而 NLP 方式可讓聊天機器人根據訪客輸入的留言或私訊，以自動回覆的方式與訪客進行對話，也會成為企業豐富消費者體驗的強大工具。

8-2 ChatGPT 初體驗

從技術的角度來看，ChatGPT 是根據從網路上獲取的大量文本樣本進行機器人工智慧的訓練，與一般聊天機器人的相異之處，在於 ChatGPT 有豐富的知識庫，以及強大的自然語言處理能力，使得 ChatGPT 能夠充分理解並自然地回應訊息。國外許多專家都一致認為 ChatGPT 聊天機器人比 Apple Siri 語音助理或 Google 助理更聰明，當用戶不斷以問答的方式和 ChatGPT 進行互動對話，聊天機器人就會根據問題進行相對應的回答，並提升這個 AI 的邏輯與智慧。

登入 ChatGPT 網站註冊的過程雖然是全英文介面，但是註冊後在與 ChatGPT 聊天機器人互動發問時，是可以使用中文來輸入，而獲得回答內容的專業性也不失水平，甚至不亞於人類的回答內容。

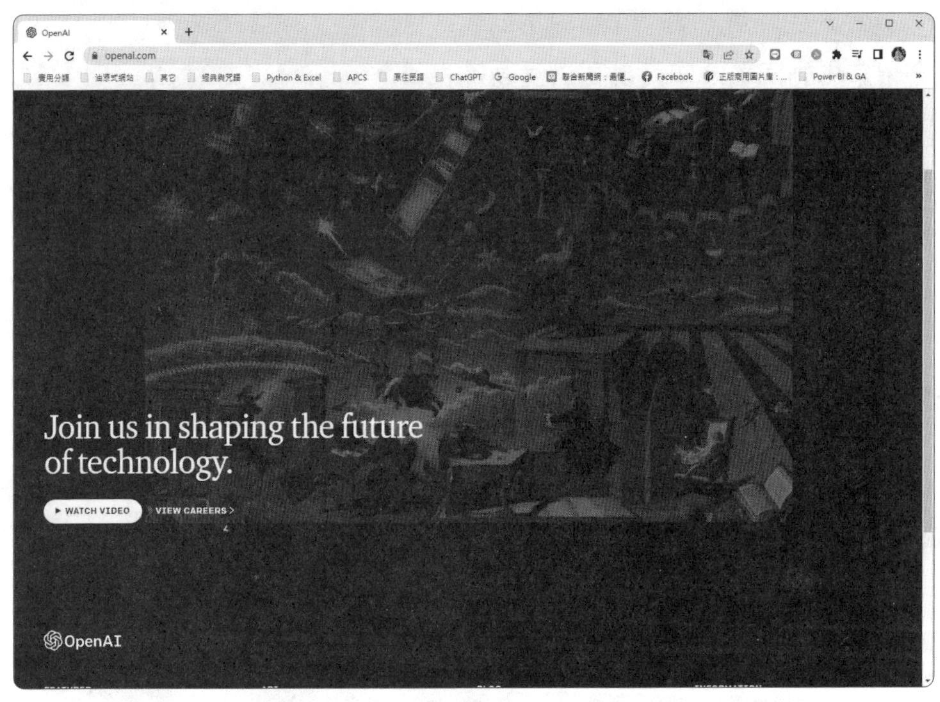

OpenAI 官網：https://openai.com/

目前 ChatGPT 可以辨識中文、英文、日文或西班牙等多國語言，透過人性化的回應方式來回答各種問題，包括各類專業技術領域或學科的問題，可以說是樣樣精通的百科全書，不過 ChatGPT 的資料來源並非 100% 正確，為了得到更準確的答案，當詢問 ChatGPT 時，應避免使用模糊的詞語或縮寫。「問對問題」不僅能夠幫助用戶獲得更好的回答，ChatGPT 也會藉此不斷精進優化，AI 工具的魅力就在於它的學習能力及彈性，尤其目前的 ChatGPT 版本已經可以累積與儲存學習紀錄。切記！

清晰具體的提問才是與 ChatGPT 的最佳互動。如果想要知道更多的內容，除了提供夠多的訊息外，就是具備足夠的細節和上下文。

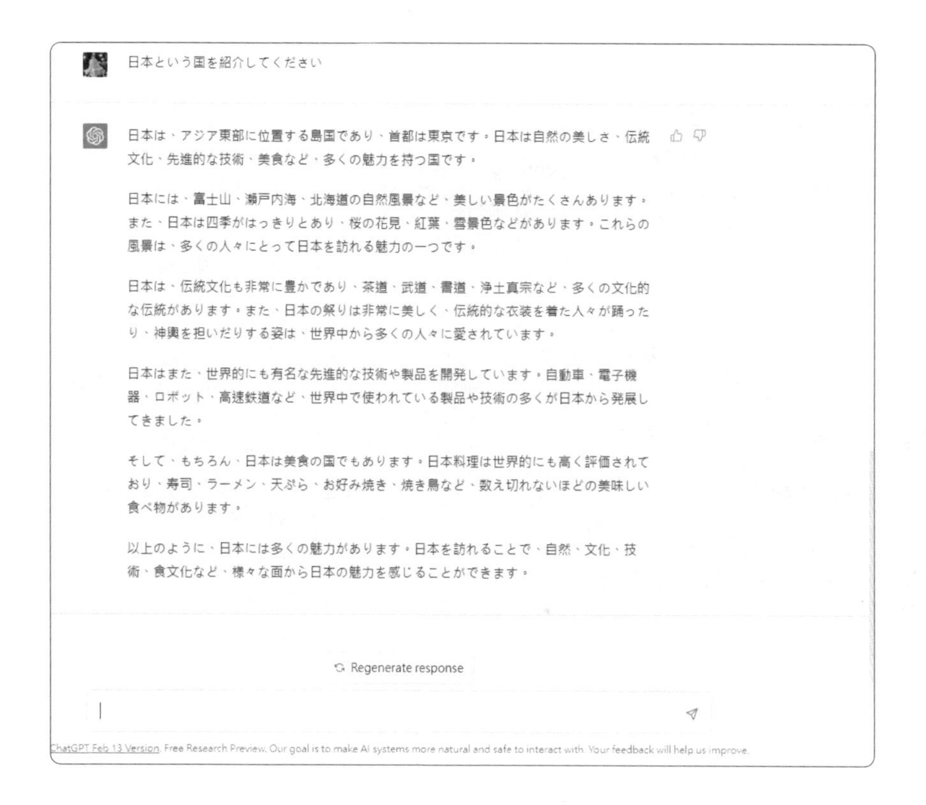

8-2-1 註冊免費 ChatGPT 帳號

首先示範如何註冊免費的 ChatGPT 帳號，請先至 ChatGPT 官網（https://chat.openai.com/），沒有帳號的使用者，可以直接點選如下圖中的「Sign up」按鈕以註冊免費的 ChatGPT 帳號：

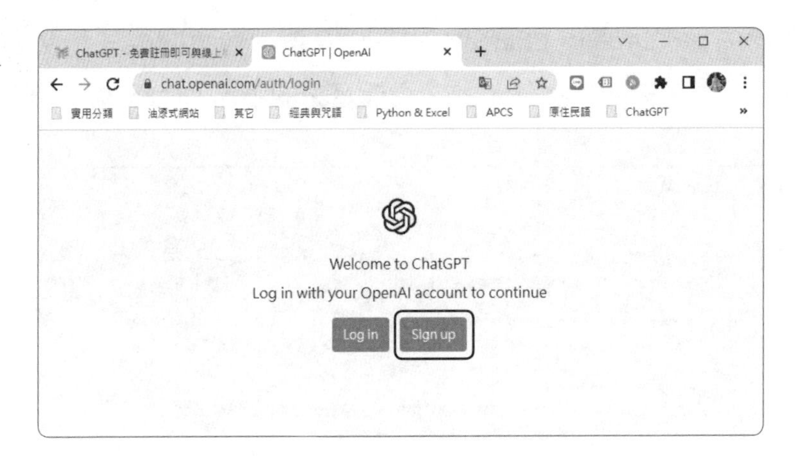

接著輸入 Email，或透過已有的 Google 帳號、Microsoft 帳號進行註冊登入。此處我們以輸入 Email 的方式來建立帳號，如下圖所示，請在文字輸入方塊中輸入要註冊的電子郵件，輸入完畢後，按下「Continue」鈕。

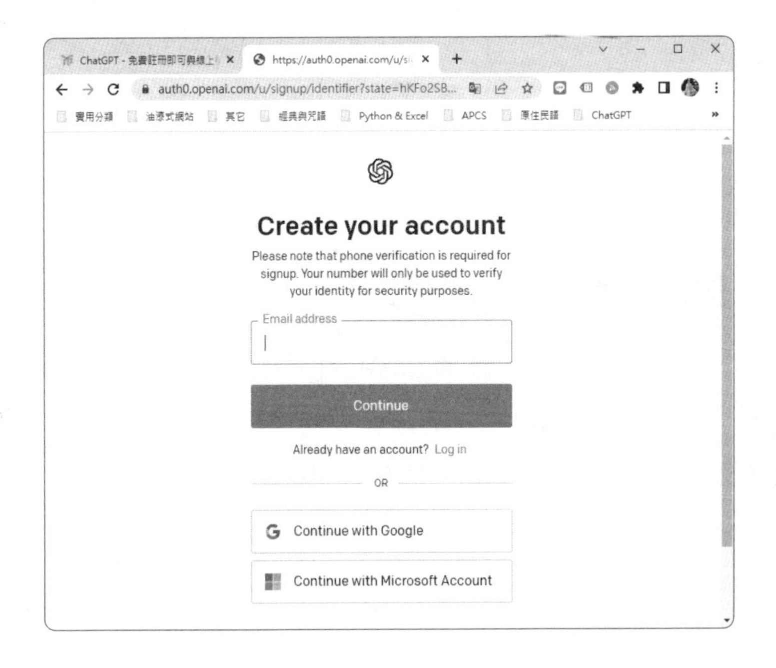

接著系統會要求輸入一組至少 8 個字元的密碼作為這個帳號的註冊密碼。

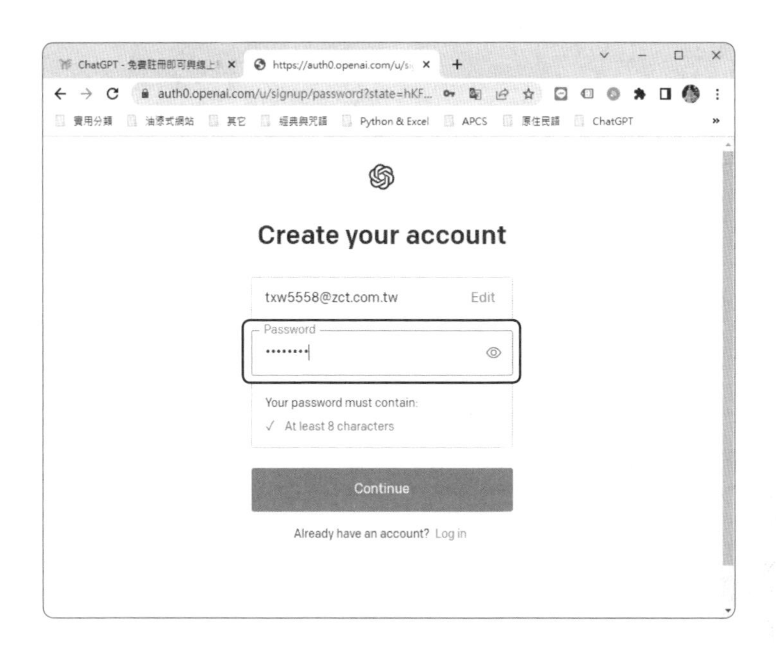

接著按下「Continue」鈕，會出現如下圖的「Verify your email」的視窗。

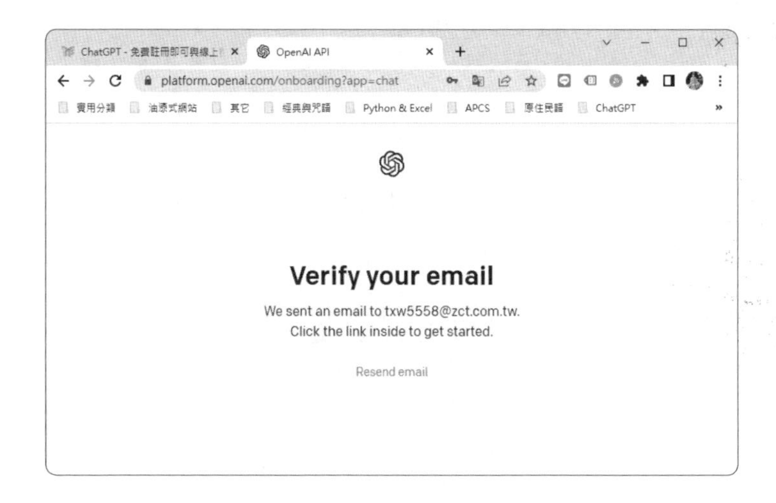

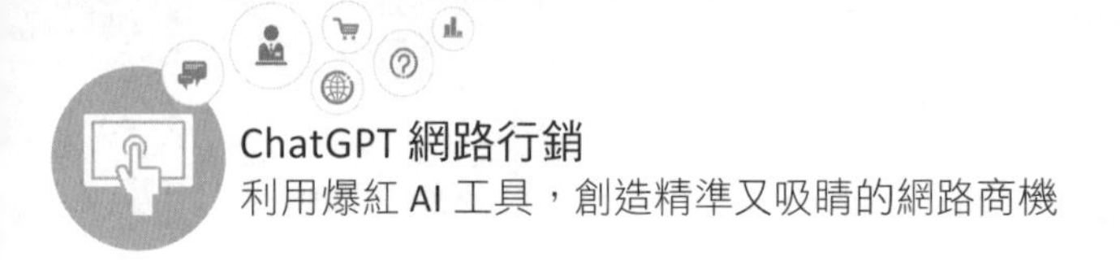

接著請打開自己收發郵件的程式，將收到如下圖的「Verify your email address」的電子郵件。請按下「Verify email address」鈕：

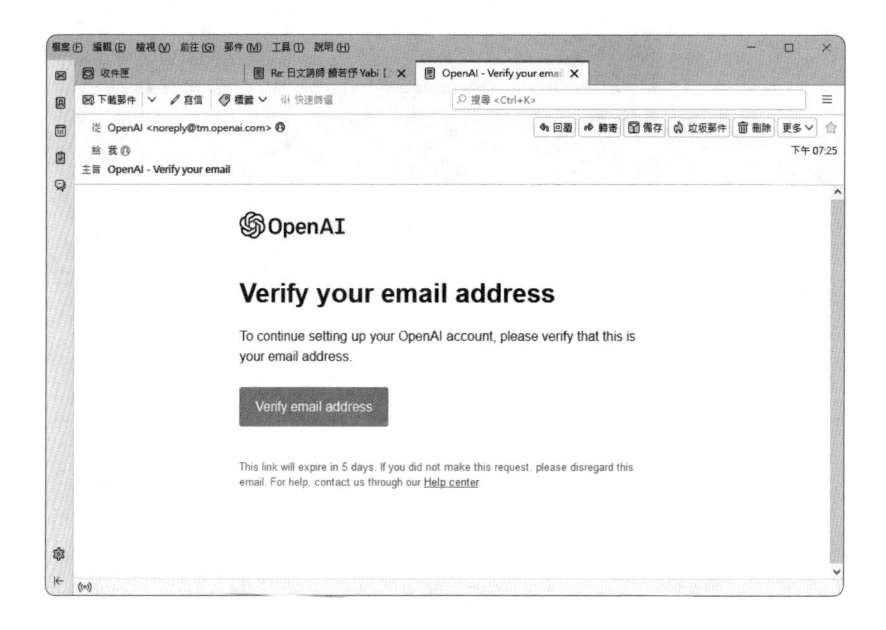

接著進入到輸入姓名的步驟。請注意，如果你是透過 Google 帳號或 Microsoft 帳號快速註冊登入，則會直接進入到輸入姓名的畫面：

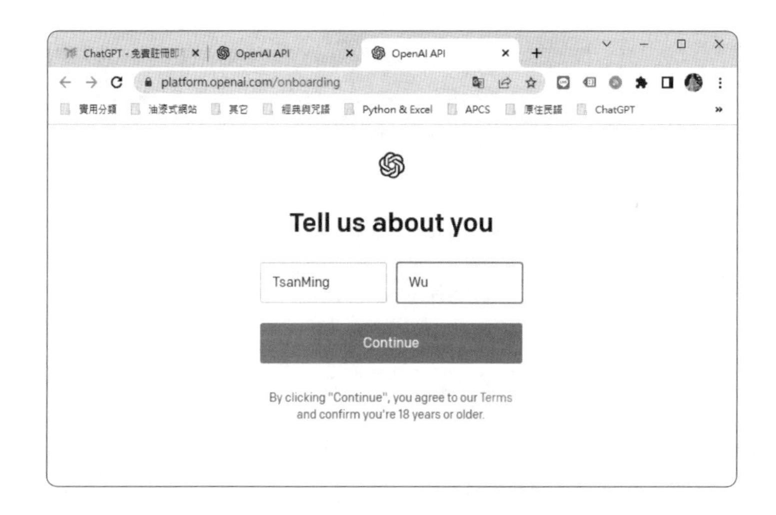

輸入完姓名後，再按下「Continue」鈕，即會要求輸入你個人的電話號碼進行身分驗證，這是非常重要的步驟，因為沒有通過身分驗證就無法使用 ChatGPT。請注意，輸入行動電話時，請直接輸入行動電話後面的數字，例如你的電話是「0931222888」，只要輸入「931222888」即可，輸入完畢後，按下「Send code」鈕。

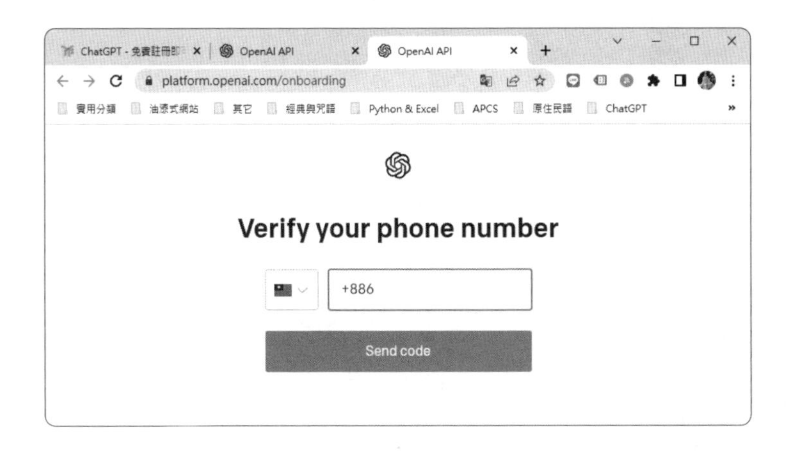

幾秒鐘後將會收到官方系統發送到指定號碼的簡訊，該簡訊會顯示 6 碼的數字。

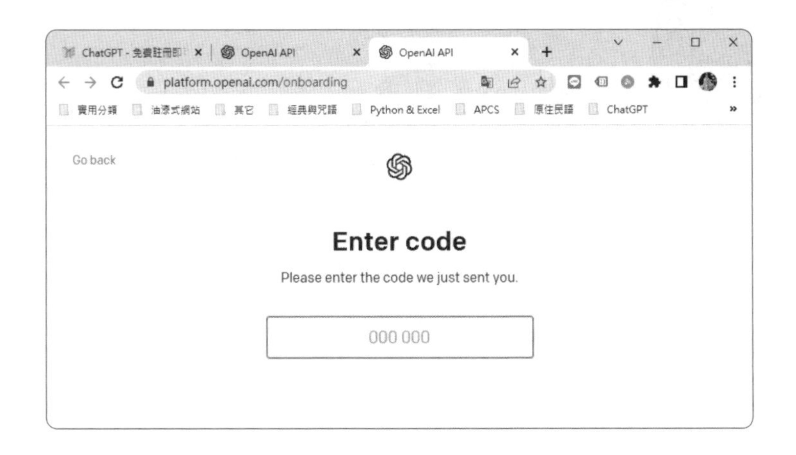

待輸入手機所收到的 6 碼驗證碼後，就可以正式啟用 ChatGPT。登入 ChatGPT 之後，會看到如下圖的畫面，當中可以找到許多和 ChatGPT 進行對話的真實例子，也可以了解使用 ChatGPT 有哪些限制。

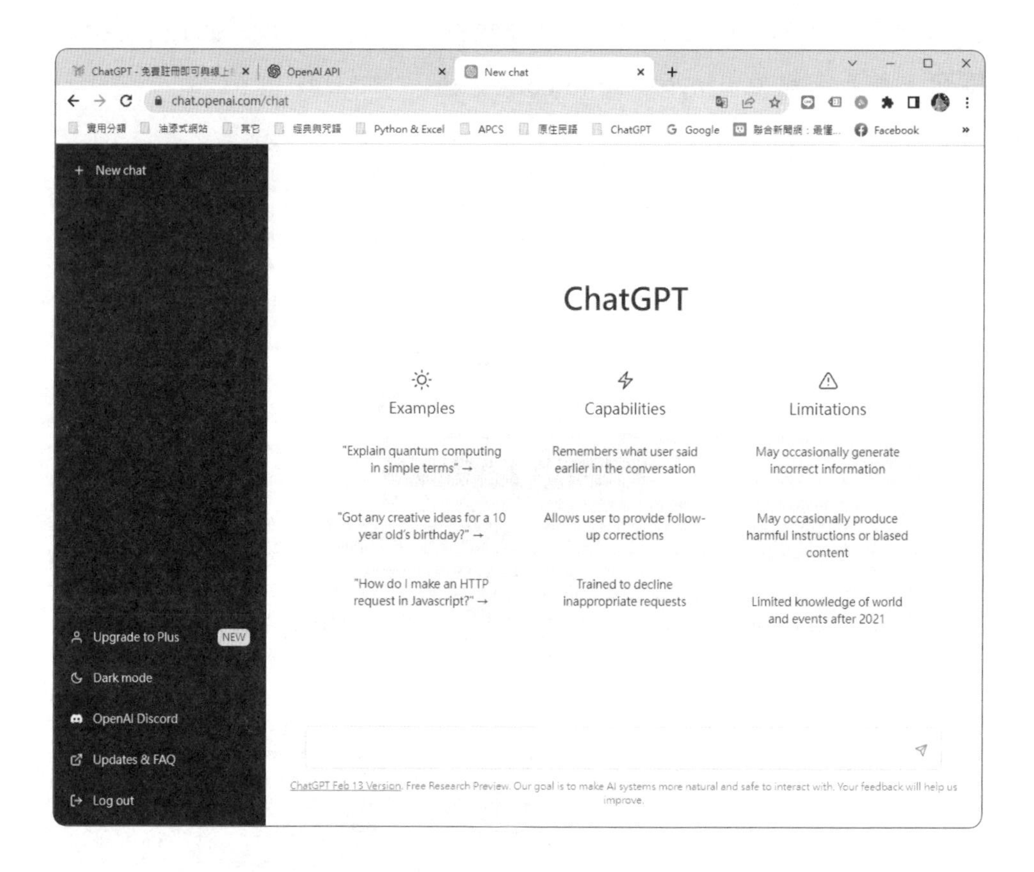

8-2-2 更換新的機器人

你可以藉由問答的方式，持續地和 ChatGPT 對話。而若想要結束這個機器人，可以點選左側的「New chat」，即會重新回到起始畫面，並開啟新的訓練模型，此時輸入同一個題目，得到的結果可能會不一樣。

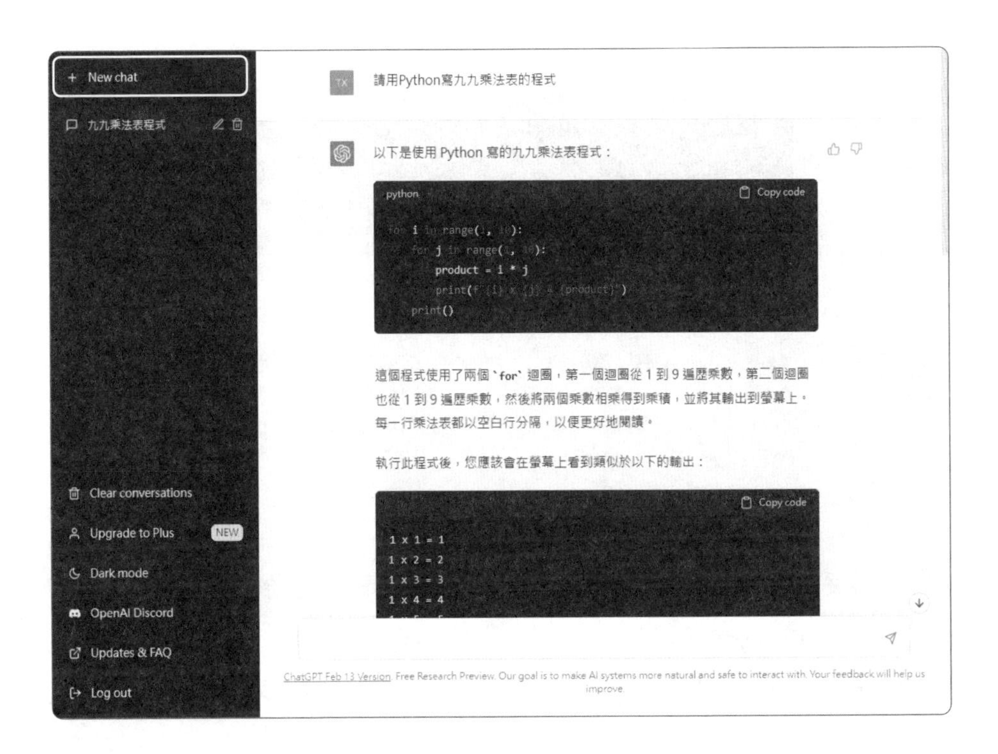

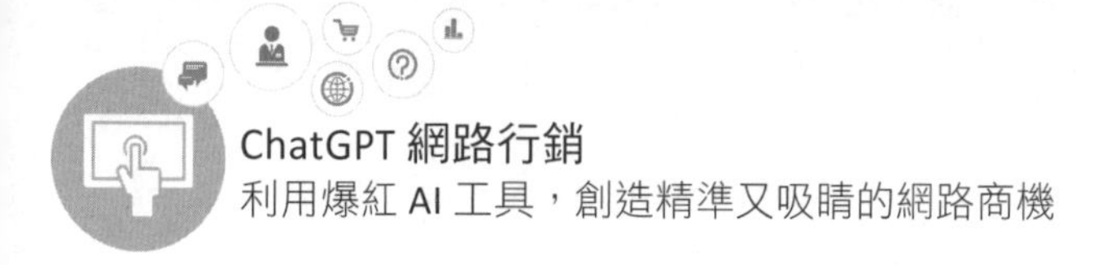

如下圖所示，輸入「請用 Python 寫九九乘法表的程式」，按下「Enter」鍵向 ChatGPT 機器人詢問，就可以得到不同的回答結果：

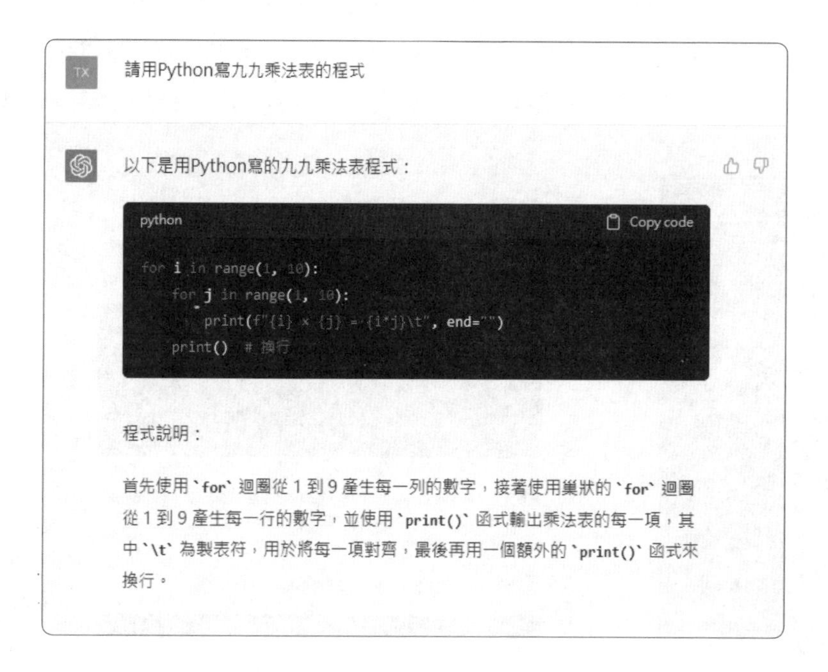

若要取得這支程式碼，可以按下回答視窗右上角的「Copy code」鈕，即可將 ChatGPT 所幫忙撰寫的程式，複製貼上到 Python 的 IDLE 程式碼編輯器，如下圖所示為此一新的程式在 Python 的執行結果。

```
Python 3.11.0 (main, Oct 24 2022, 18:26:48) [MSC v.1933 64 bit (AMD64)] on win32
Type "help", "copyright", "credits" or "license()" for more information.

=========== RESTART: C:/Users/User/Desktop/博碩_CGPT/範例檔/99table-1.py ===========
1 x 1 = 1	1 x 2 = 2	1 x 3 = 3	1 x 4 = 4	1 x 5 = 5	1 x 6 = 6	1 x 7 = 7	1 x 8 = 8	1 x 9 = 9
2 x 1 = 2	2 x 2 = 4	2 x 3 = 6	2 x 4 = 8	2 x 5 = 10	2 x 6 = 12	2 x 7 = 14	2 x 8 = 16	2 x 9 = 18
3 x 1 = 3	3 x 2 = 6	3 x 3 = 9	3 x 4 = 12	3 x 5 = 15	3 x 6 = 18	3 x 7 = 21	3 x 8 = 24	3 x 9 = 27
4 x 1 = 4	4 x 2 = 8	4 x 3 = 12	4 x 4 = 16	4 x 5 = 20	4 x 6 = 24	4 x 7 = 28	4 x 8 = 32	4 x 9 = 36
5 x 1 = 5	5 x 2 = 10	5 x 3 = 15	5 x 4 = 20	5 x 5 = 25	5 x 6 = 30	5 x 7 = 35	5 x 8 = 40	5 x 9 = 45
6 x 1 = 6	6 x 2 = 12	6 x 3 = 18	6 x 4 = 24	6 x 5 = 30	6 x 6 = 36	6 x 7 = 42	6 x 8 = 48	6 x 9 = 54
7 x 1 = 7	7 x 2 = 14	7 x 3 = 21	7 x 4 = 28	7 x 5 = 35	7 x 6 = 42	7 x 7 = 49	7 x 8 = 56	7 x 9 = 63
8 x 1 = 8	8 x 2 = 16	8 x 3 = 24	8 x 4 = 32	8 x 5 = 40	8 x 6 = 48	8 x 7 = 56	8 x 8 = 64	8 x 9 = 72
9 x 1 = 9	9 x 2 = 18	9 x 3 = 27	9 x 4 = 36	9 x 5 = 45	9 x 6 = 54	9 x 7 = 63	9 x 8 = 72	9 x 9 = 81
```

其實也可以透過同一個機器人不斷地向他提問同一個問題，他會根據前面所提供的問題與回答，轉換另一種角度與方式來回應你原本的問題，就可以得到不同的回答結果，例如下圖即是另外一種九九乘法表的輸出外觀：

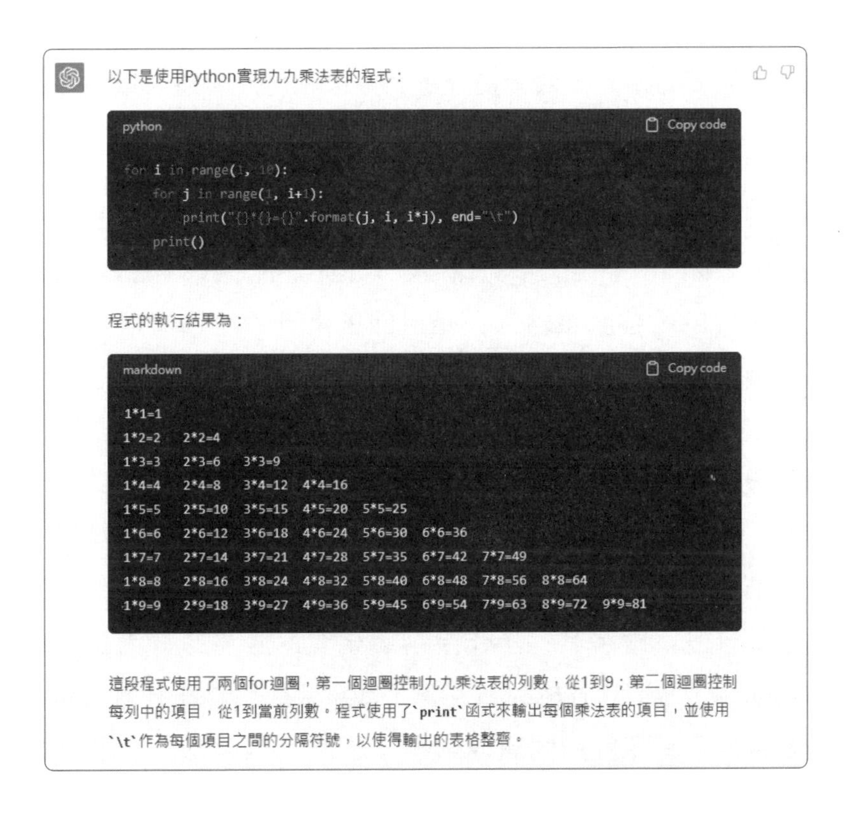

8-3 ChatGPT 在行銷領域的應用

ChatGPT 是目前科技整合的極致，繼承了幾十年來資訊科技的精華。在生成式 AI 蓬勃發展的階段，ChatGPT 擁有強大的自然語言生成及學習能力，更具備強大的資訊彙整功能，任何問題都可以尋找適當的

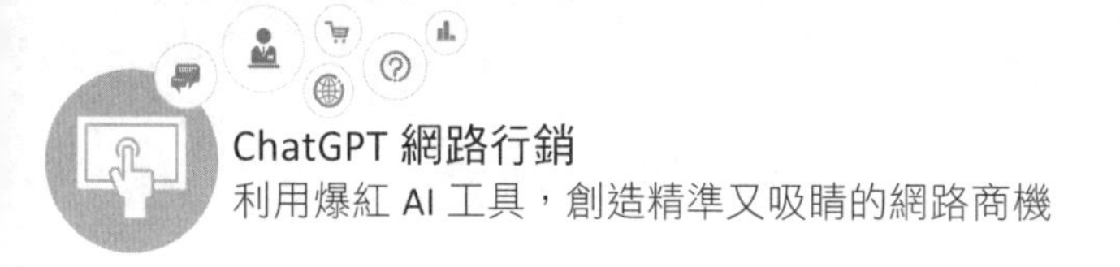

工具協助，加入自己的日常生活中，並且快速得到解答。當今沒有一個品牌會忽視數位行銷的威力，而 ChatGPT 更是對電商文案撰寫有極大幫助，可用於品牌官網或社群媒體，成為眾多媒體創造聲量的武器，產製出更多優質內容、線上客服、智慧推薦、商品詢價等服務，ChatGPT 正以各種方式快速融入我們的日常生活與數位行銷領域，也逐漸讓許多廣告主有追逐流量的壓力，大幅提升行銷效果和用戶體驗。以下先為各位介紹目前耳熟能詳的應用範圍：

- **AI 客服**：ChatGPT 在客服行業具有非常大的應用潛力，品牌商家可以使用 ChatGPT 開發聊天機器人，對於知名企業或品牌，ChatGPT 可以擔任自動客服機器人，藉以回答常見的客戶問題，並提供有關購買、退貨和其他查詢的服務，達到節省成本來創造網路行銷機會以優化客戶體驗，協助行銷與客服人員提供更加自然且精準的回覆，能有效引導消費者完成購買流程，提高客戶關係管理的效率（CRM），使業績提升成交量，也建立起消費者資料庫，利於日後推播個人化廣告與產品。雖然 ChatGPT 可以成為有價值的附加工具，但不應將其完全作為客製化客戶服務的替代品，畢竟相比 ChatGPT 客觀理性的冰冷回答，真實人員服務能針對「顧客的需求」展現具有溫度的同理與貼心，是 AI 客服無法完全取代真人的關鍵。

緯創資通推出 ChatGPT 客服機器人

- **語言翻譯**：ChatGPT 可以幫助我們進行不同語言之間的翻譯，對於需要大量人工翻譯的跨境電商產業而言，ChatGPT 可以應用於語系翻譯和自動調整產品描述與說明，正確率也比一般人常用的 Google 翻譯高上許多，使得不同語言之間的溝通變得更加容易和順暢，並且大大減少翻譯人力成本，為用戶帶來更好的閱讀體驗。

Please introduce U.S.A.

The United States of America, commonly referred to as the United States or the USA, is a federal republic composed of 50 states, a federal district (Washington, D.C.), five major self-governing territories, and various possessions. It is the third largest country in the world by land area and the third most populous country, with a population of over 331 million people.

The USA is a highly developed country with a diversified economy and is considered to be one of the most powerful countries in the world. Its economy is the largest in the world, with a highly developed service sector, a large manufacturing base, and abundant natural resources. The USA is a founding member of the United Nations, World Bank, International Monetary Fund, and World Trade Organization.

The country is known for its cultural diversity, with a population composed of people from all over the world. The USA is also home to many iconic landmarks and destinations, such as the Statue of Liberty, the Grand Canyon, Hollywood, the Golden Gate Bridge, and the White House, among others. Its diverse and influential popular culture has had a major impact on the world, with American music, movies, and TV shows being popular across the globe.

The USA is a constitutional federal democracy, with a government composed of three branches: the executive, legislative, and judicial branches. The country has a long history of political and social activism, including movements for civil rights, women's rights, LGBTQ rights, and environmentalism.

如上圖所示，只要輸入類似「請將我剛才問的問題的英文的回答內容翻譯成中文」，ChatGPT 就會將上圖中的英文回答內容翻譯成中文，請參考下圖：

請將我剛才問的問題的英文的回答內容翻譯成中文

好的，以下是對於美國（U.S.A.）的英文回答的翻譯：

美利堅合眾國（United States of America），簡稱美國（United States或USA），是一個聯邦共和國，由50個州、一個聯邦區（華盛頓特區）、五個自治領土和各種屬地組成。美國是世界上第三大的國家，其土地面積和人口數都居世界第三位，擁有超過3.31億人口。

美國是一個高度發達的國家，擁有多元化的經濟體系，被認為是世界上最強大的國家之一。其經濟體系是全球最大的，擁有高度發達的服務業和龐大的製造業基礎，並擁有豐富的自然資源。美國是聯合國、世界銀行、國際貨幣基金組織和世界貿易組織的創始成員。

美國因其文化多樣性而著名，其人口來自世界各地。美國也擁有許多標誌性的地標和旅遊勝地，如自由女神像、大峽谷、好萊塢、金門大橋和白宮等。其多元且有影響力的流行文化對全球產生了巨大影響，美國的音樂、電影和電視節目在全球都很受歡迎。

美國是一個憲法聯邦民主國家，政府由三個部門組成：行政、立法和司法。該國具有悠久的政治和社會行動的歷史，包括民權運動、婦女權利、LGBTQ權利和環保主義等運動。

- **行銷內容創作**：隨著 AI 技術的提升，文字和影像已可透過 AI 產生，由於網路行銷的模式愈來愈多，為了提高消費者體驗，店家必須對商品訊息做出清晰明確的描述，使得快速產出素材與文案的壓力愈來愈大，由於 ChatGPT 的核心應用就是文書處理，故可應用於自動生成商品描述與產品介紹，尤其是電商產業，文字內容基本上就是主要的銷售和營銷方式，因此掌握 ChatGPT，就可以大幅為店家和品牌分擔網路行銷活動的文字工作量，進一步提高電商平台的營收。

例如在產品描述的部分，ChatGPT 可以根據客戶的喜好、交易行為、興趣、偏好、和需求，幫助行銷團隊確定目標受眾，並在不到 5 秒內生成更符合受眾的產品文案以提高消費者關注度，甚至協助大量生成創意雛形，開發對應的市場行銷活動方案、符合社群平台所需的貼文與撰寫 YouTube 影片腳本，進而增加廣告的點擊率和轉換率，更具備自動摘要的功能，可將長文摘要出文章重點：

請以至少600字介紹台灣

台灣是一個美麗的島嶼，位於東亞的中心地帶，北臨東海，東鄰太平洋，西接台灣海峽，南隔巴士海峽與菲律賓相望。台灣地理位置獨特，緯度介於北緯20°45'~25°56'之間，面積約有36,000平方公里，是世界上第38大的國家。

台灣擁有豐富的人文歷史，是一個多元文化的國家。先民們在台灣島上居住已有萬餘年歷史，歷經荷蘭、西班牙、清朝、日治時期等不同的政權統治，每個時期都留下了獨特的文化遺產，使得台灣文化綜合了多種不同文化的元素。

台灣的氣候溫和，四季分明，植被豐富，有各種不同的自然風光，如高山、海岸、溪流、森林、湖泊等等。其中，太魯閣、日月潭、阿里山等地區是著名的旅遊勝地，吸引了大量國內外遊客前來旅遊。

此外，台灣也是一個經濟發達的國家。自20世紀80年代開始，台灣的經濟快速發展，成為了亞洲四小龍之一。現在，台灣擁有高度發達的科技產業、製造業、金融業等，也是全球最大的積體電路製造商之一。台灣的經濟成就得益於政府的積極政策，也得益於勤奮的台灣人民。

台灣的人民熱情好客，友善而有禮。華人文化中講究的"以人為本"和"和氣生財"在台灣得到了充分體現。台灣的飲食文化豐富多彩，有許多美食是讓人流連忘返的，如台北的小吃、台南的小吃、台中的豆花、嘉義的瘦肉粥等等。此外，台灣也是茶葉生產和茶文化的重要地區，台灣茶

各位只要輸入類似「請將我剛才問的問題的回答內容摘要重點」，就會將上圖中的回答內容條列摘要重點，請參考下圖：

請將我剛才問的問題的回答內容摘要重點

摘要重點：

- 台灣位於東亞中心地帶，緯度介於北緯20°45'~25°56'之間，面積約有36,000平方公里，是世界上第38大的國家。
- 台灣有豐富的人文歷史和多元文化，歷經荷蘭、西班牙、清朝、日治時期等不同的政權統治，每個時期都留下了獨特的文化遺產，使得台灣文化綜合了多種不同文化的元素。
- 台灣的氣候溫和，四季分明，植被豐富，有各種不同的自然風光，如高山、海岸、溪流、森林、湖泊等等。太魯閣、日月潭、阿里山等地區是著名的旅遊勝地。
- 台灣是一個經濟發達的國家，擁有高度發達的科技產業、製造業、金融業等，也是全球最大的積體電路製造商之一。台灣的經濟成就得益於政府的積極政策，也得益於勤奮的台灣人民。
- 台灣人民熱情好客，友善而有禮。台灣的飲食文化豐富多彩，有許多美食是讓人流連忘返的。台灣也是茶葉生產和茶文化的重要地區。

8-3-1 發想廣告郵件與官方電子報

電子郵件行銷（Email Marketing）與電子報行銷（Email Direct Marketing）是許多企業慣用的行銷手法，由於費用相對低廉，加上可以追蹤，大大地節省行銷時間及提高成交率。ChatGPT 能為店家自動發想與生成電子郵件與電子報回信內容，只要下對指令，把你的行銷需求告訴 ChatGPT，輸入推廣的對象，需要促銷的產品，以及預期達到的目的，就能自動產出一封符合指定情境、信件內容的官方郵件與電子報，除了提高品牌知名度以外，也更加連結與消費者之間的關係。

請幫忙寫一封商品推薦的官方電子郵件，商品資訊如下：

油漆式速記多國語言雲端學習系統（https://pmm.zct.com.tw/zct_add/）這套系統是利用本公司獨家發明的油漆式速記法原理所建構完成，配合教育部的全英語授課（English as a Medium of Instruction, EMI）與國際教育政策，內容包含了國內外十幾種著名的英語檢定與 20 種第二外語相關檢定（日、韓、德、西、法、越、泰、印尼等），近期也將推出本土語學習系統（臺語、手語、客家語、原住民語），目前已開放六大類試用版本。

- 研發公司：榮欽科技股份有限公司
- 公司官網：www.zct.com.tw
- 業務代表：吳燦銘先生

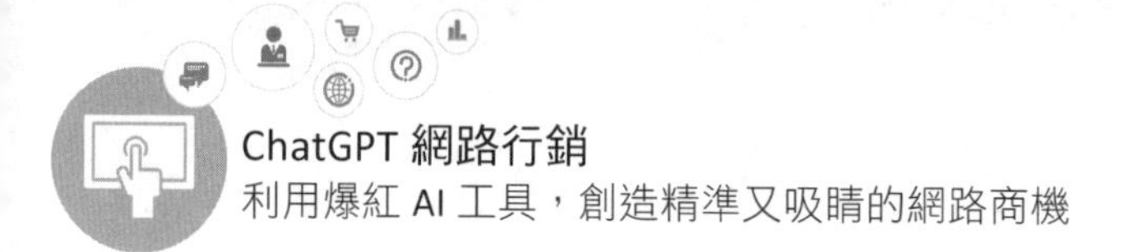

ChatGPT 回答

請幫忙寫一封商品推薦的官方電子郵件，商品資訊如下：
油漆式速記多國語言雲端學習系統(https://pmm.zct.com.tw/zct_add/))這套系統是利用本公司獨家發明的油漆式速記法原理所建構完成，配合教育部的全英語授課(English as a Medium of Instruction, EMI)與國際教育政策，內容包含了國內外十幾種著名的英語檢定與20種第二外語相關檢定(日、韓、德、西、法、越、泰、印尼等)，近期也將推出本土語學習系統(臺語、手語、客家語、原住民語)，目前已開放六大類試用版本。
研發公司：榮欽科技股份有限公司
公司官網：www.zct.com.tw
業務代表：吳燦銘先生

尊敬的客戶您好，

感謝您對榮欽科技股份有限公司的油漆式速記多國語言雲端學習系統感興趣。我們的系統是利用本公司獨家發明的油漆式速記法原理所建構完成，配合教育部的全英語授課(English as a Medium of Instruction, EMI)與國際教育政策，內容包含了國內外十幾種著名的英語檢定與20種第二外語相關檢定(日、韓、德、西、法、越、泰、印尼等)，並且近期也將推出本土語學習系統(臺語、手語、客家語、原住民語)，目前已開放六大類試用版本。

我們相信這套系統能夠有效地協助您學習語言，無論是在工作、旅遊或學術方面。使用我們的系統，您可以學習並且熟練掌握不同的語言，進而擴大您的國際視野。

如果您對我們的產品有任何問題或者需要進一步的資訊，請聯繫我們的業務代表吳燦銘先生，他將竭誠為您服務。

謝謝您對我們產品的關注，期待您的回應。

此致
敬禮

榮欽科技股份有限公司

8-3-2 生成社群與部落格標題與貼文

當品牌有經營 Facebook 或 IG 等社群時，總會需要寫一些貼文來做行銷，畢竟不會有人想追蹤一個沒有內容的粉專，因此好的貼文內容扮演著最重要的網路行銷角色，甚至粉絲都會主動幫忙推播與傳達。社群上發佈貼文的目的當然是希望讓越多人看到越好，一張平凡的相片，若能搭配標題訂定，設身處地為用戶著想，了解他們喜歡聽什麼、看什麼，或是需要什麼，那麼一定能成為魅力十足的貼文進而引起共鳴。在此，ChatGPT 能幫助絞盡腦汁的小編，讓它完美化身你的免費行銷專員，只要輸入正確店家名稱、文章關鍵字、活動主題、呈現的風格，甚至一些特別需求，例如在指令加上字數和語氣的要求等，就會自動產生對應的文章，快速生成符合各種平台所需的標題與貼文。

提問

請寫出十個較會引人感興趣的關於林書豪（Jeremy Lin）的 Instagram post 標題

ChatGPT 回答

請寫出十個較會引人感興趣的關於林書豪(Jeremy Lin)的Instagram post標題

1. "我的首次CBA之旅：這裡是我新的家！CN"
2. "練球不只是在場上：我如何鍛鍊自己的心態和身體素質"
3. "承諾是誓言，不是藉口：為什麼我選擇加入北京首鋼籃球隊CN"
4. "每一個失敗都是一個機會：回顧我在NBA的職業生涯"
5. "來自紐約的祝福：感謝所有支持我的人 #NewYorkForever"
6. "我在CBA的第一個週年紀念：這是一個不可思議的經歷CN"
7. "籃球是一個團隊運動：如何與我的隊友們建立更好的默契"
8. "從運動員到企業家：我如何為我的未來做好準備"
9. "做一個有影響力的領袖：我如何在場上和場下影響我的粉絲和支持者"
10. "成功不是最終目標：如何保持對籃球和生活的熱情和動力"

提問

請寫出“每一個失敗都是一個機會：回顧我在 NBA 的職業生涯🏀👊”的 Instagram post 貼文

ChatGPT 回答

請寫出"每一個失敗都是一個機會：回顧我在NBA的職業生涯🏀👊"的Instagram post內文

大家好，今天我想談談我在NBA的職業生涯。作為一個職業籃球運動員，我經歷了許多高低起伏，也經歷了很多失敗。但是我始終相信，每一個失敗都是一個機會。

當我第一次進入NBA時，我曾被視為一個不夠優秀的球員。我被忽略了，沒有被選中，也沒有得到太多的關注。但這些挫折並沒有讓我放棄。相反地，我更加堅定了自己的信念，認為只要努力，我就能夠在NBA中立足。

在NBA的生涯中，我經歷了很多失敗。有的是因為自己的技術不夠好，有的是因為缺乏經驗和智慧。但是我並不會被這些失敗打敗。相反地，我會從中吸取教訓，努力變得更好。

我的NBA生涯並不是一帆風順的。我經歷過許多困難和挫折。但是我從中學到了很多東西，也因此變得更加堅強和堅定。我的職業生涯給了我很多機會去成長和發展，讓我能夠在籃球場上展現自己的技術和才華。

我希望我能夠在自己的職業生涯中，繼續成長和進步。我會繼續對自己的技術和才華保持挑戰和追求，因為我相信每一個失敗都是一個機會。謝謝大家的支持和關注，讓我能夠在籃球場上發光發熱！

對話範例：生成部落格文章

提問

請寫出十個值得推薦高雄旅遊景點的部落格文章標題

ChatGPT 回答

請寫出十個值得推薦高雄旅遊景點的部落格文章標題

1. 「在城市中尋找自然：高雄最美公園推薦」
2. 「高雄必訪的五大文化景點」
3. 「探訪高雄最受歡迎的夜市美食」
4. 「別有洞天的高雄老街：鹽埕區探索之旅」
5. 「高雄必去的五大海灘，夏日好去處！」
6. 「品味高雄的特色小吃：旗津島上的美食之旅」
7. 「高雄必遊的四大主題公園，好玩好拍照！」
8. 「漫步高雄的後花園：旗津後勁湖風景區」
9. 「高雄必去的三大歷史建築，見證城市的發展」
10. 「從港口走入歷史：高雄港區文化之旅」

提問

請寫一篇上面標題「高雄必訪的五大文化景點」的部落格文章

ChatGPT 回答

請寫一篇上面標題「高雄必訪的五大文化景點」的部落格文章

高雄作為台灣南部的重要城市，不僅擁有豐富的自然景觀，還有著許多文化景點值得探訪。在這篇部落格中，我們要介紹高雄必訪的五大文化景點。

1. 高雄鳳山文化園區
   位於鳳山區的高雄文化園區，是由鳳山糖廠改建而成，保存了許多懷舊風格的建築，也展示了當地的歷史文化。遊客可以在這裡欣賞到許多藝術展覽，也可以參加各種文化活動。

2. 高雄市立歷史博物館

   高雄市立歷史博物館位於鼓山區，是一座專門收藏高雄市歷史文物的博物館。博物館內收藏了大量的古文物、照片、文獻等，展示了高雄市的歷史和文化發展。

3. 高雄市立美術館

   高雄市立美術館是一座現代藝術博物館，位於左營區，館內收藏了豐富的現代藝術作品，還經常舉辦各種主題展覽，吸引了眾多藝術愛好者前來參觀。

4. 旗津海上風景區

   旗津是高雄著名的觀光勝地之一，位於旗津區的海上風景區是遊客必訪的景點之一。遊客可以搭乘渡輪前往旗津，欣賞到美麗的海景和潔白的沙灘，還可以品嚐當地的海鮮美食。

5. 美麗島捷運站

   美麗島捷運站是高雄的地標建築之一，位於前鎮區，是高雄捷運紅線的轉運站。這座建築以其獨特的造型和豐富的藝術裝飾聞名，遊客可以在這裡拍照留念，也可以欣賞到許多藝術作品。

以上是高雄必訪的五大文化景點，每個景點都有其

提問

請繼續

ChatGPT 回答

請繼續

4. 高雄市立美術館

   高雄市立美術館位於高雄市鳳山區，建築外觀獨特，是一座現代風格的大型文化藝術建築，設計者是知名建築師周銘發。美術館內收藏著眾多珍貴的文化藝術品，包括中國古代青銅器、陶瓷、書畫等。另外，美術館也會不定期舉辦各種展覽，吸引著許多國內外的藝術愛好者前來參觀。

5. 高雄市立圖書館

   高雄市立圖書館位於高雄市苓雅區，是一座現代化的大型圖書館。圖書館內擁有豐富的圖書資源和電子資源，提供各種閱讀和學習場所，是高雄市民的重要學習場所之一。此外，圖書館也會舉辦各種文化活動，例如講座、展覽、讀書會等，深受市民喜愛。

以上就是高雄必訪的五大文化景點，每個景點都有其獨特的文化內涵，讓人感受到不同的藝術魅力。如果你想要深入了解高雄的文化風情，不妨安排一天時間來探訪這五大景點，相信一定會留下難忘的回憶。

8-3-3 速覽 YouTube 影片摘要（YouTube Summary with ChatGPT）

「他山之石，可以攻錯！」當行銷團隊想要參考國外其他同業的網站或網路行銷影片技巧時，ChatGPT 能幫助快速產生像是新聞、網站、YouTube 影片摘要、網頁文章等的摘要內容，例如免費的「YouTube Summary with ChatGPT」的 Chrome 擴充功能，可讓您透過 ChatGPT AI 技術快速觀看 YouTube 影片的摘要，節省觀看影片的大量時間，加速學習。

首先請在「chrome 線上應用程式商店」輸入關鍵字「YouTube Summary with ChatGPT」，接著點選「YouTube Summary with ChatGPT」擴充功能：

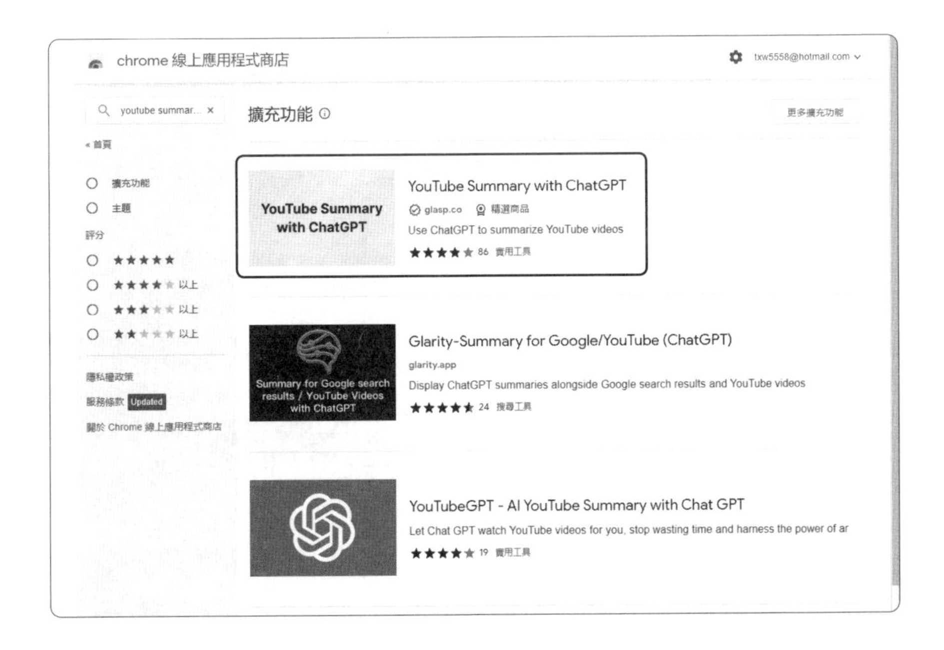

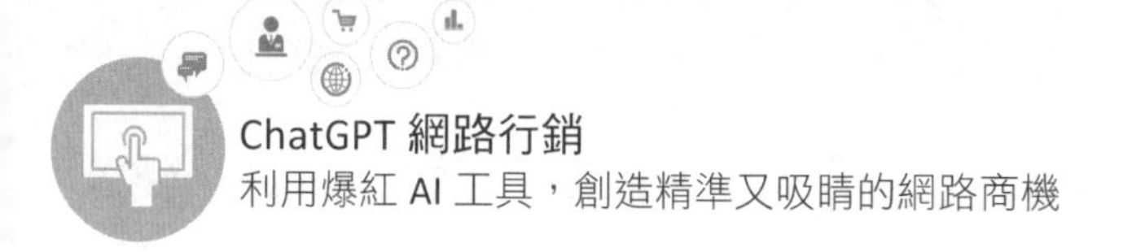

接著會出現如下圖畫面，請按下「加到 Chrome」鈕：

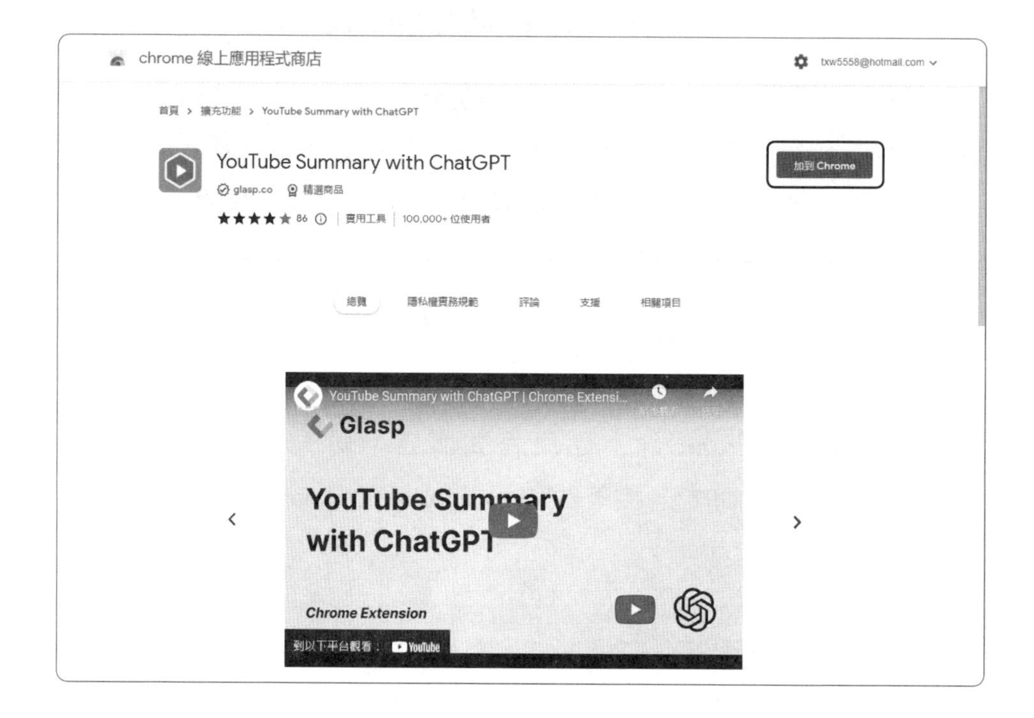

出現下圖視窗後，再按「新增擴充功能」鈕：

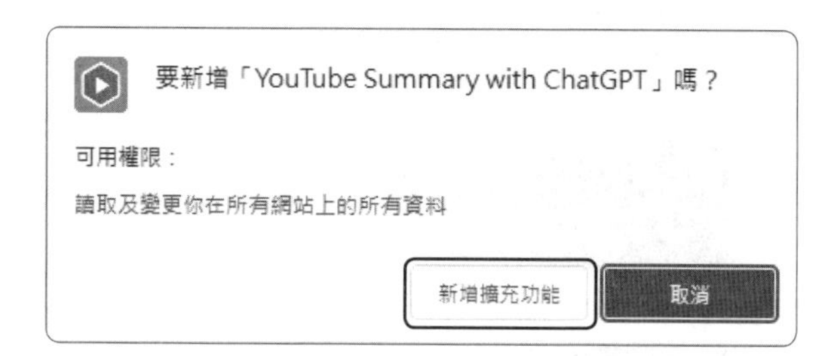

完成安裝後，各位可以先看一下有關「YouTube Summary with ChatGPT」擴充功能的影片介紹，就可以大概知道這個外掛程式的主要功能及使用方式：

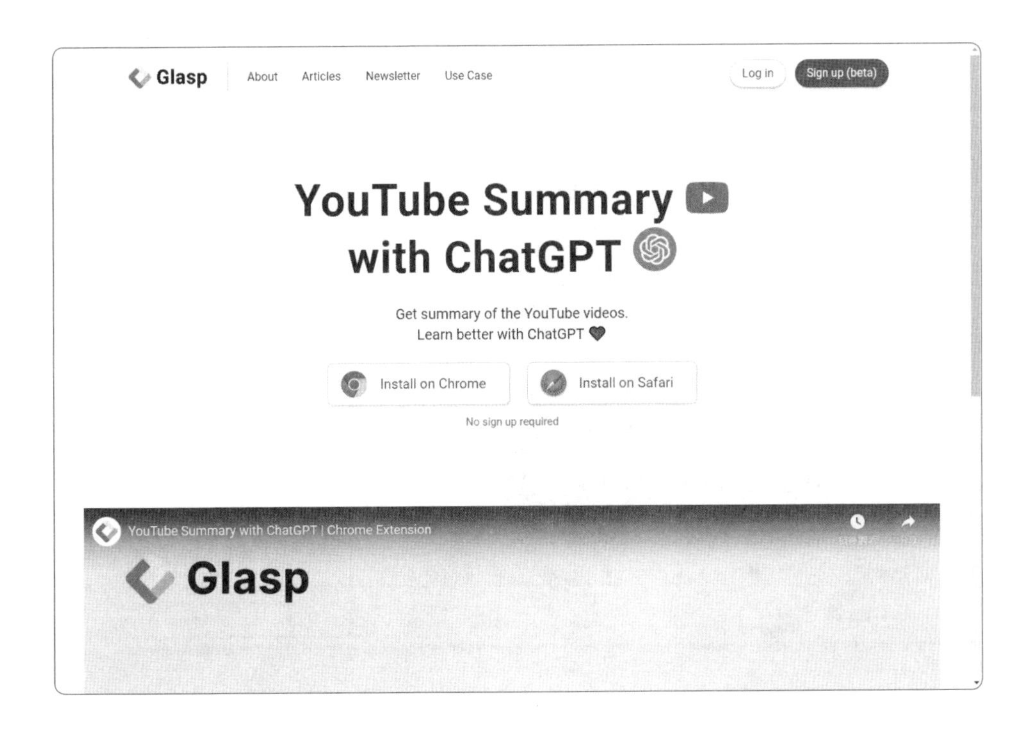

接著示範如何利用這項外掛程式的功能。首先請連上 YouTube 觀看想要快速摘要了解的影片，接著按「YouTube Summary with ChatGPT」擴充功能右方的展開鈕：

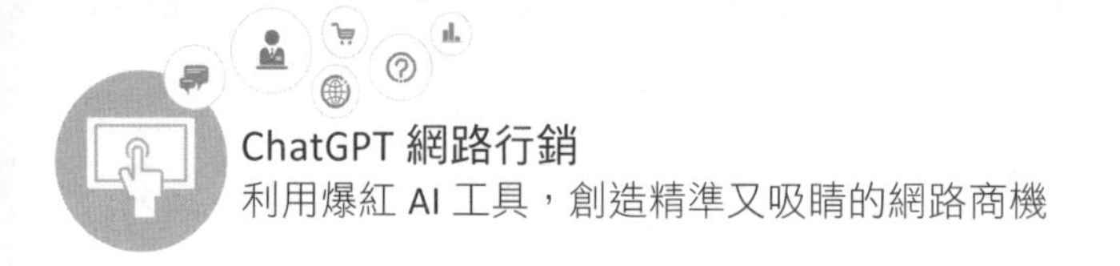

隨即看到這支影片（youtube.com/watch?v=s6g68rXh0go）的摘要說明，如下圖所示：

在上圖中可以看到一個工具列 ，由左到右的功能分別為「View AI Summary」、「Jump to Current Time」、「Copy Transcript (Plain Text)」三項功能。其中「View AI Summary」鈕會啟動 ChatGPT 來查看該影片的摘要功能，如下圖所示：

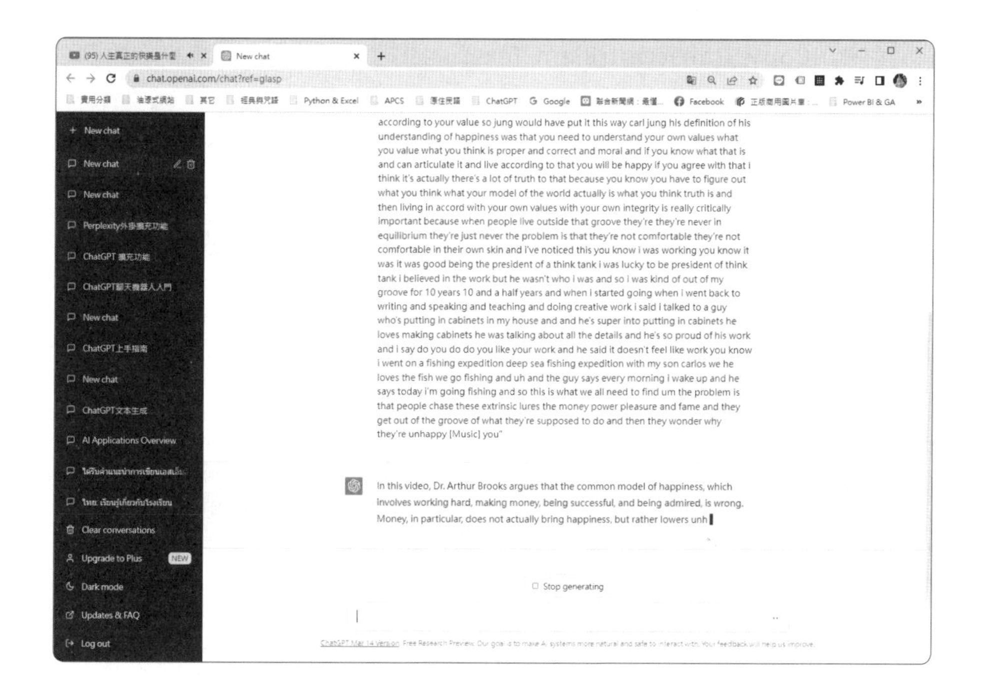

其中「Jump to Current Time」鈕則會直接跳到目前影片播放位置的摘要文字說明，如下圖所示：

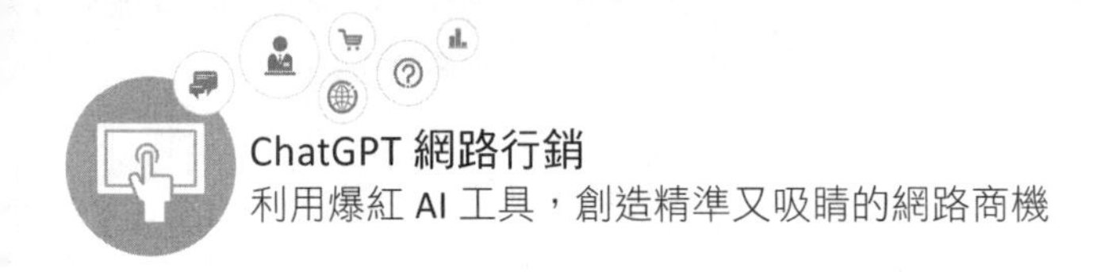

其中「Copy Transcript(Plain Text)」鈕則可複製摘要說明的純文字檔，可以依自己的需求貼到指定的文字編輯器來加以應用。例如下圖為摘要文字內容貼到 Word 文書處理軟體的畫面。

其實 YouTube Summary with ChatGPT 的原理就是將 YouTube 影片字幕提供給 ChatGPT，而 ChatGPT 就根據此字幕內容，快速摘要出這支影片的主要重點。而在方框旁有一個複製的按鈕，將文字丟入 ChatGPT，ChatGPT 就會幫我們摘要一段英文。如下圖所示：

In this video, Dr. Arthur Brooks, a Harvard professor, discusses the misconception that many people have about happiness. He argues that the common model of satisfaction, which suggests that working hard, making money, being successful, admired, and envied will lead to happiness, is wrong.

Dr. Brooks explains that research shows that money does not actually bring happiness. Instead, it may only lower unhappiness temporarily. People often mistake lower unhappiness for higher happiness and believe that more money will make them happier. However, this is not the case.

According to Dr. Brooks, true happiness comes from being in the zone of what you love to do and what you appreciate most in life. It has to do with being in line with your own values and living according to your own integrity. He quotes Carl Jung, who believed that to be happy, you need to understand your own values and live according to them.

Dr. Brooks encourages people to find what they truly love to do and to pursue that, rather than chasing extrinsic lures like money, power, pleasure, and fame. He believes that people who live outside their groove and do not follow their own values are never in equilibrium and are never truly comfortable in their own skin.

Overall, Dr. Brooks argues that true happiness comes from being true to yourself and doing what you love, rather than from external factors like money or status.

接著再輸入「請將上述英文翻譯成繁體中文」，就可以得到翻譯的成果：

請將上述英文翻譯成繁體中文

在這段影片中，哈佛大學教授阿瑟·布魯克斯談到了關於快樂的一個常見誤解。他認為常見的滿足模式是錯誤的，這種模式告訴你要努力工作、賺錢、成功、受人敬仰、被人羨慕、存錢、然後開心地死去。然而，這是錯誤的。除了金錢，研究顯示金錢並不能帶來真正的快樂。金錢能夠暫時降低不快感，但快樂和不快樂是不同的體驗，並不是相反的。

人們常常把不快感誤認為快樂，認為越賺錢越幸福。但事實並非如此。布魯克斯教授指出，真正的快樂來自於做自己真正喜愛和欣賞的事情。當你與自己的價值觀相符合，按照自己的價值觀生活時，你才會真正快樂。卡爾·榮格曾這樣解釋快樂：你需要了解自己的價值觀，了解自己認為什麼是正確的、道德的，如果你知道這些並能表達出來，按照這些價值觀生活，你就會快樂。

如果你同意這種觀點，那麼布魯克斯教授認為這是有很多道理的，因為你需要找到自己的世界觀，知道自己認為什麼是真理，然後按照自己的價值觀、自己的正直生活。當人們生活在這個軌道之外時，他們永遠不會達到平衡，他們永遠不會真正感到自在。因此，布魯克斯教授鼓勵人們找到自己真正喜愛的事情，而不是追逐金錢、權力、享樂和名望等外在誘惑。他認為，那些生活在軌道之外、沒有按照自己的價值觀生活的人，永遠無法真正感到舒適自在。

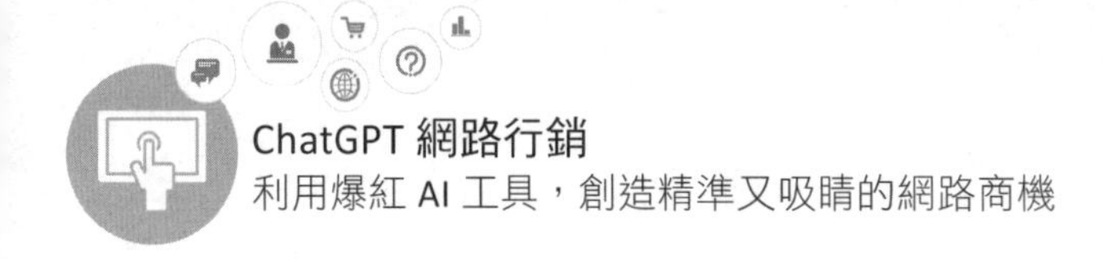

如果有 New Bing 的權限，則可直接使用 New Bing 上面的問答引擎，輸入「請幫我摘要這個網址影片：https://www.youtube.com/watch?v=s6g68rXh0go」，若輸入 YouTube 上瀏覽器的網址沒有成功，則建議影片的網址改放 YouTube 上面分享的短網址，例如：「請幫我摘要這個網址影片：https://youtu.be/s6g68rXh0go」，也能得到這個影片的摘要。

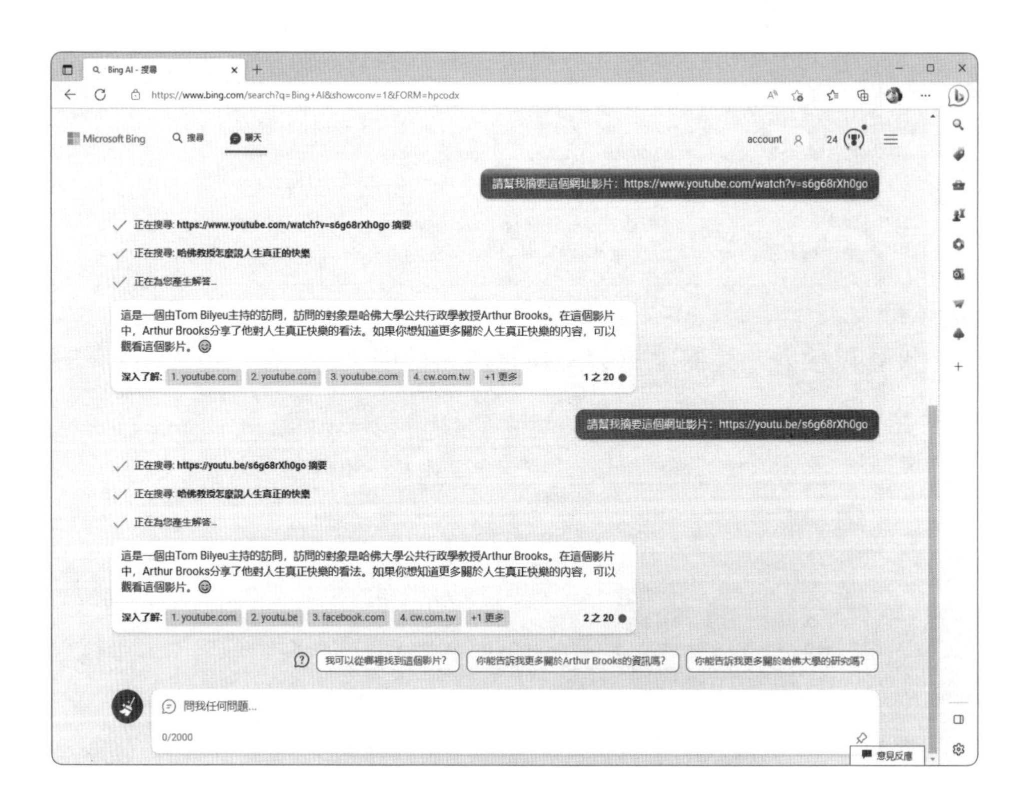

8-4 讓 ChatGPT 將 YouTube 影片轉成音檔（mp3）

我們可以利用與 ChatGPT 對話，請他協助寫一支 Python 程式，教您如何將指定網址的 YouTube 影片轉成音檔（mp3）。

8-4-1 請 ChatGPT 寫程式

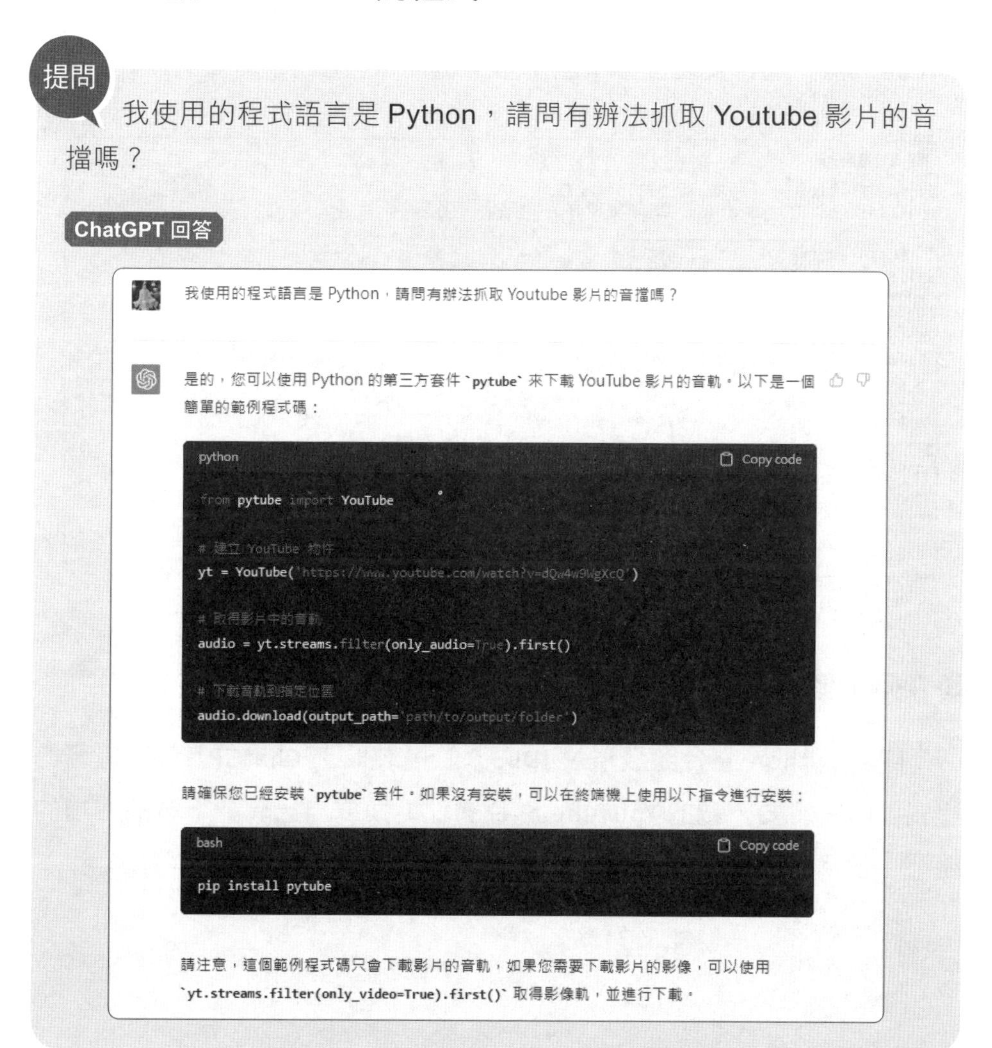

從上述 ChatGPT 的回答畫面中得知，ChatGPT 也提到這個範例程式碼只會下載影片的音軌，如果需要下載影片的影像，可以使用 yt.streams.filter(only_video=True).first() 取得影像軌，並進行下載。

8-4-2 安裝 pytube 套件

為了順利下載音軌或影像軌，請確保您已經安裝 pytube 套件。如果沒有安裝，請在「命令提示字元」的終端機，輸入「pip install pytube」指令進行安裝。如下圖所示：

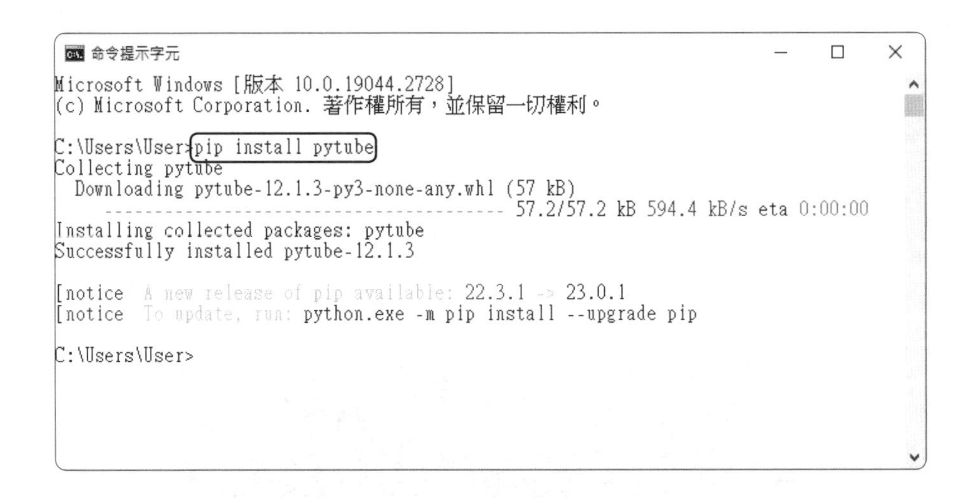

8-4-3 修改影片網址及儲存路徑

開啟 python 整合開發環境 IDLE，並複製貼上 ChatGPT 幫忙撰寫的程式，同時將要下載的 YouTube 影片網址更換成自己想要下載的音檔的網址，並修改程式中的儲存路徑，例如本例中的 'D:\music' 資料夾。

ytdownload.py - C:/Users/User/Desktop/博碩_ChatGPT/範例檔/ytdownload.py (3.11.0)

File Edit Format Run Options Window Help

```
from pytube import YouTube

# 建立 YouTube 物件
yt = YouTube('https://www.youtube.com/watch?v=BA8cD6G8zEA&t=25s')

# 取得影片中的音軌
audio = yt.streams.filter(only_audio=True).first()

# 下載音軌到指定位置
audio.download(output_path='D:\music')
```

Ln: 11 Col: 0

一定要確保 D 硬碟中的 music 資料夾已建立好，如果還沒建立此資料夾，請先於 D 硬碟按滑鼠右鍵，從快顯功能表中新建資料夾。如下圖所示：

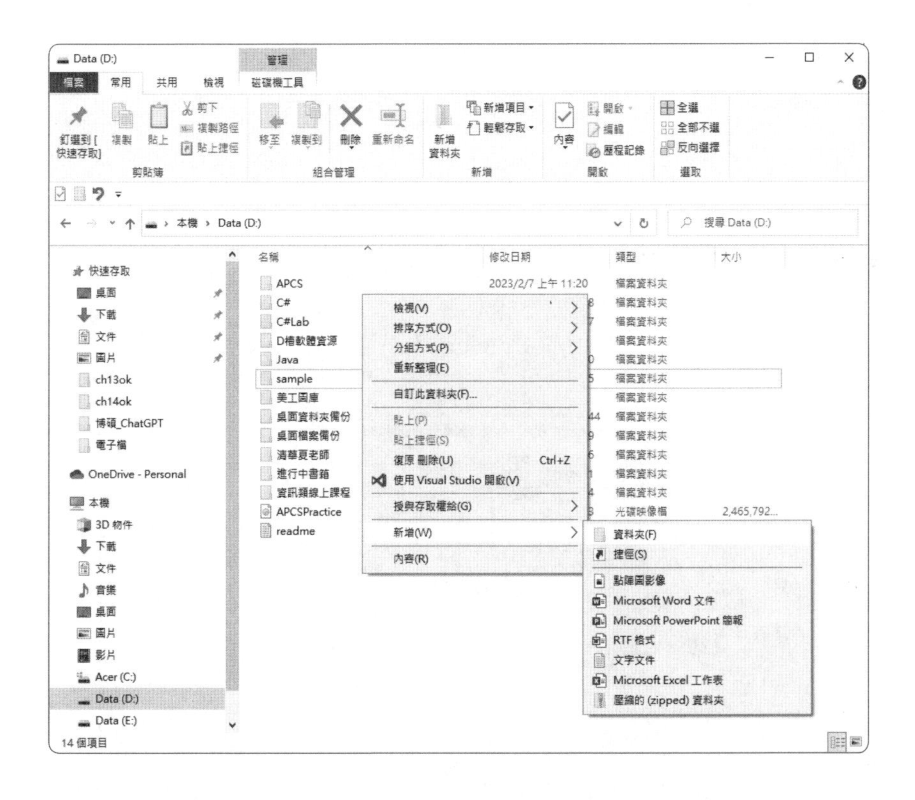

建立好資料夾之後，可以看出目前的資料夾是空的，沒有任何檔案。如下圖所示：

8-4-4 執行與下載影片音檔（mp3）

接著在 IDLE 執行「Run/Run Module」指令：

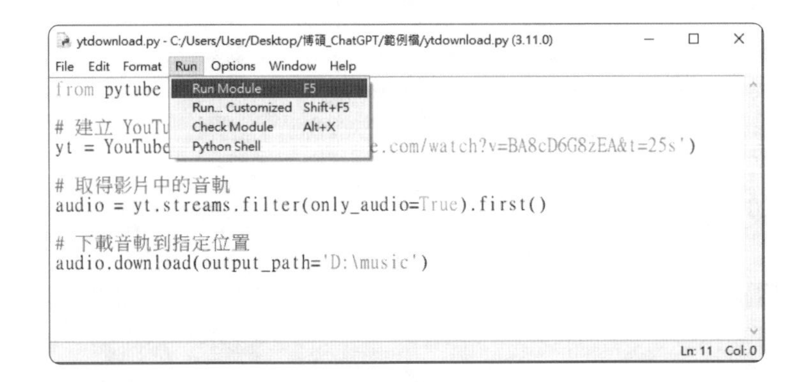

程式執行完成後，如果沒有任何錯誤，就會出現如下圖的程式執行結束的畫面：

```
IDLE Shell 3.11.0
File  Edit  Shell  Debug  Options  Window  Help
    Python 3.11.0 (main, Oct 24 2022, 18:26:48) [MSC v.1933 64 bit (AMD64)] on win32
    Type "help", "copyright", "credits" or "license()" for more information.
>>>
    ========== RESTART: C:/Users/User/Desktop/博碩_ChatGPT/範例檔/ytdownload.py =========
>>> |
                                                                      Ln: 5  Col: 0
```

此時再開啟位於 D 硬碟的「music」資料夾，就可以看到已成功下載該 YouTube 網址的影片轉成音檔（mp3）。如下圖：

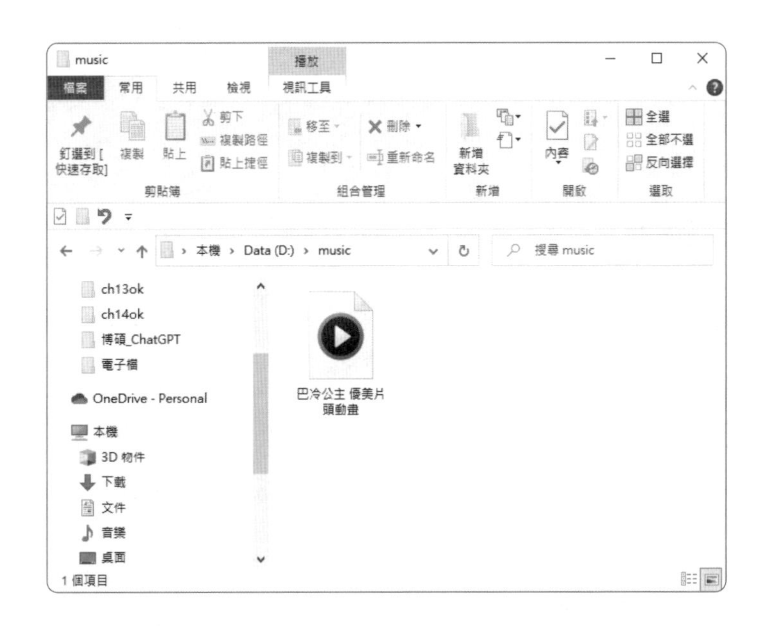

點選該音檔圖示，就會啟動各位電腦系統的媒體播放器來聆聽美妙的音樂。

請注意，不要未經授權下載有版權保護的影片喔！

8-5 活用 GPT-4 撰寫網路行銷文案

本節要介紹如何利用 ChatGPT 發想產品特點、關鍵字與標題，並使用 ChatGPT 撰寫 FB、IG、Google、短影片文案，以及如何利用 ChatGPT 發想行銷企劃案。例如在向客戶提案前需要先準備 6 個創意，可以先把一些關鍵字詞丟進 ChatGPT，團隊再從其中挑選合適的意見進行修改或增刪，因為 ChatGPT 畢竟是 AI，所生產出來的內容，尚無法 100% 符合店家行銷思維的完整答案。

接下來的例子是採用微軟 Edge 瀏覽器內建的新 Bing（New Bing）搜尋引擎是來示範如何活用 GPT-4 撰寫「油漆式速記多國語言雲端學習系統」的行銷文案。

圖片來源：https://pmm.zct.com.tw/zct_add/

8-5-1　利用 ChatGPT 發想產品特點、關鍵字與標題

現代的商業社會中，創新和行銷是推動業務增長的核心，如何讓產品在競爭激烈的市場中脫穎而出，是每一個企業都面臨的挑戰。本小節將介紹如何利用 ChatGPT 來挖掘產品賣點的關鍵字，推薦適合的行銷文案標題，並提供一些有用的技巧和建議。讓您的產品更加吸引眼球，促進銷售增長。

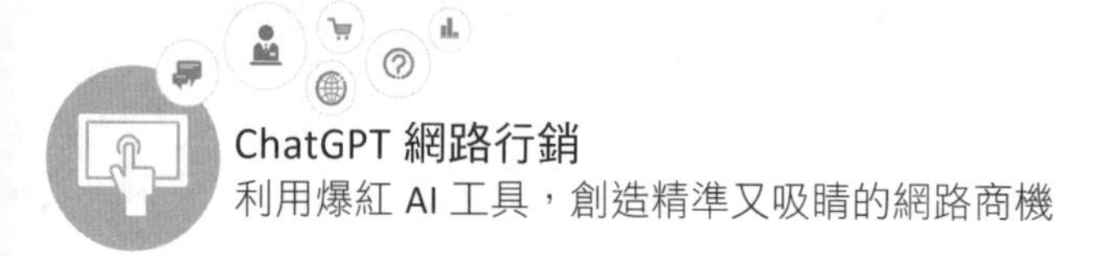

請教 ChatGPT 行銷產品的摘要特點

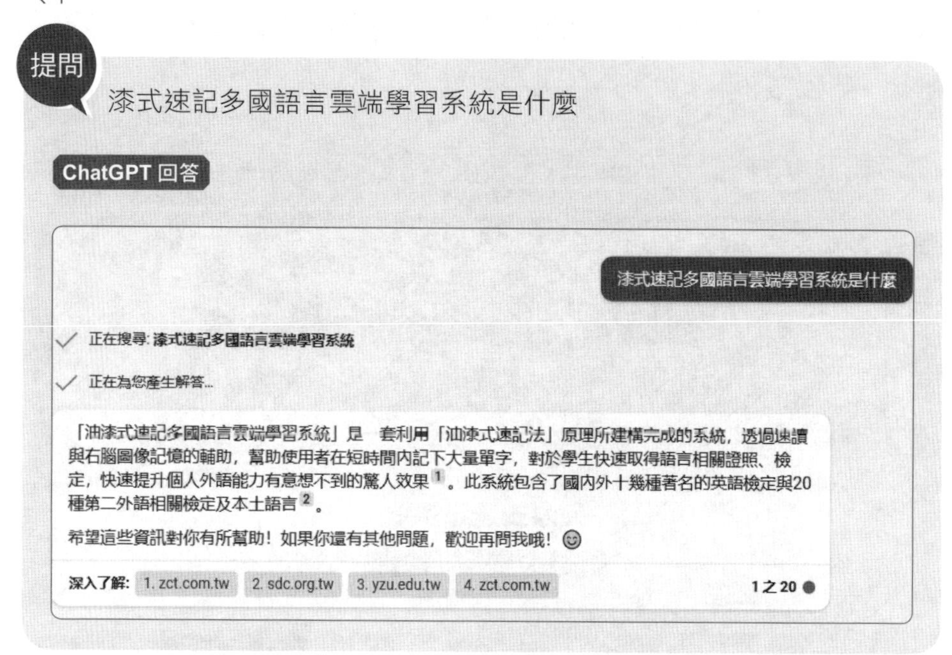

找出賣點的關鍵字

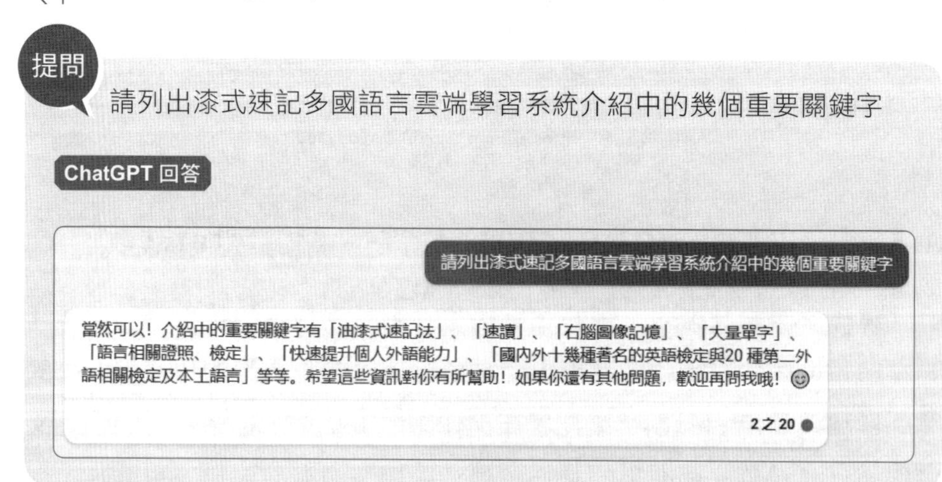

推薦行銷文案標題

提問

我想寫一篇行銷文案，請列出針對上述幾個重要關鍵字重點，列出 5 個行銷文案的標題

ChatGPT 回答

我想寫一篇行銷文案,請列出針對上述幾個重要關鍵字重點,列出5個行銷文案的標題

當然可以！以下是我為您準備的5個行銷文案標題：

1. 用「油漆式速記法」，快速提升你的外語能力！
2. 油漆式速記多國語言雲端學習系統，讓你輕鬆應對各種語言檢定！
3. 油漆式速記多國語言雲端學習系統，讓你在短時間內記下大量單字！
4. 油漆式速記多國語言雲端學習系統，讓你的學習更有效率！
5. 油漆式速記多國語言雲端學習系統，讓你的學習更有成效！

希望這些標題能夠幫助到您！如果您還有其他問題，歡迎再問我哦！😊

3之20

8-6 AI 寫 FB、IG、Google、短影片文案

撰寫引人入勝的社群媒體文案和廣告文案，絕對是吸引目標客戶注意力，提高產品知名度和銷售量的重要行銷方式。本節將介紹如何使用 ChatGPT 來協助撰寫不同社群平台的行銷文案和腳本，例如 FB、IG、Google 平台的網路行銷與廣告文案，以及短影片腳本和演講推廣的流程大綱，並提供有用的技巧和建議。

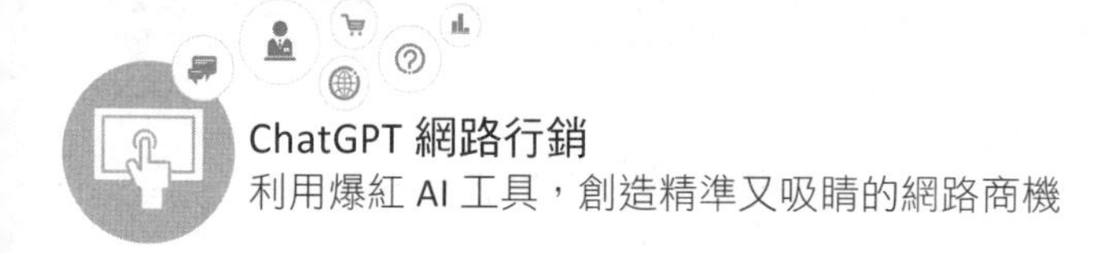

8-6-1 撰寫 FACEBOOK 網路行銷文案

提問

請針對“油漆式速記多國語言雲端學習系統，讓你在短時間內記下大量單字！”這個標題寫一篇適合 Facebook 平台的網路行銷文案

- 字數：200 字以內
- 廣告目標：吸引有大量背單字需求的使用者
- 文案風格：專業

ChatGPT 回答

請針對"油漆式速記多國語言雲端學習系統，讓你在短時間內記下大量單字！"這個標題寫一篇適合Facebook平台的社群行銷文案 字數：200字以內 廣告目標：吸引有大量背單字需求的使用者 文案風格：專業

當然可以！以下是我為您準備的Facebook社群行銷文案：

「油漆式速記多國語言雲端學習系統」，讓你在短時間內記下大量單字！如果你正在準備各種語言檢定，或是想要快速提升自己的外語能力，那麼這個系統絕對是你不可錯過的好幫手！利用「油漆式速記法」原理所建構完成的系統，透過速讀與右腦圖像記憶的輔助，幫助使用者在短時間內記下大量單字，讓你的學習更有效率、更有成效！如果你有大量背單字的需求，那麼這個系統一定能夠滿足你的需求。現在就來體驗「油漆式速記多國語言雲端學習系統」，讓你的學習事半功倍！

4 之 20

8-6-2 撰寫 IG 網路行銷文案

提問

請針對“用「油漆式速記法」，快速提升你的外語能力！”這個標題寫一篇適合 IG 平台的網路行銷文案

- 字數：200 字以內
- 廣告目標：吸引有想快提升外語能力的的使用者
- 文案口吻：活潑、幽默

ChatGPT 回答

請針對"用「油漆式速記法」，快速提升你的外語能力！"這個標題寫一篇適合IG平台的社群行銷文案 字數：200字以內 廣告目標：吸引有想快提升外語能力的的使用者 文案口吻：活潑、幽默

當然可以！以下是我為您準備的IG社群行銷文案：

「用「油漆式速記法」，快速提升你的外語能力！」如果你正在為了各種語言檢定而煩惱，或是想要快速提升自己的外語能力，那麼這個系統絕對是你不可錯過的好幫手！利用「油漆式速記法」原理所建構完成的系統，透過速讀與右腦圖像記憶的輔助，幫助使用者在短時間內記下大量單字，讓你的學習更有效率、更有成效！如果你想要快速提升自己的外語能力，那麼這個系統一定能夠滿足你的需求。現在就來體驗「油漆式速記多國語言雲端學習系統」，讓你的學習事半功倍！

5之20

8-6-3 撰寫 Google 平台的廣告文案

提問

請針對"油漆式速記多國語言雲端學習系統，讓你輕鬆應對各種語言檢定！"這個標題寫一篇適合 Google 平台的廣告文案

- 字數：200 字以內
- 文案口吻：活潑、幽默

ChatGPT 回答

請針對"油漆式速記多國語言雲端學習系統，讓你輕鬆應對各種語言檢定！"這個標題寫一篇適合Google平台的廣告文案 字數：200字以內 文案口吻：活潑、幽默

當然可以！以下是我為您準備的Google廣告文案：

「油漆式速記多國語言雲端學習系統，讓你輕鬆應對各種語言檢定！」如果你正在為了各種語言檢定而煩惱，或是想要快速提升自己的外語能力，那麼這個系統絕對是你不可錯過的好幫手！利用「油漆式速記法」原理所建構完成的系統，透過速讀與右腦圖像記憶的輔助，幫助使用者在短時間內記下大量單字，讓你的學習更有效率、更有成效！如果你想要輕鬆應對各種語言檢定，那麼這個系統一定能夠滿足你的需求。現在就來體驗「油漆式速記多國語言雲端學習系統」，讓你的學習事半功倍！

6之20

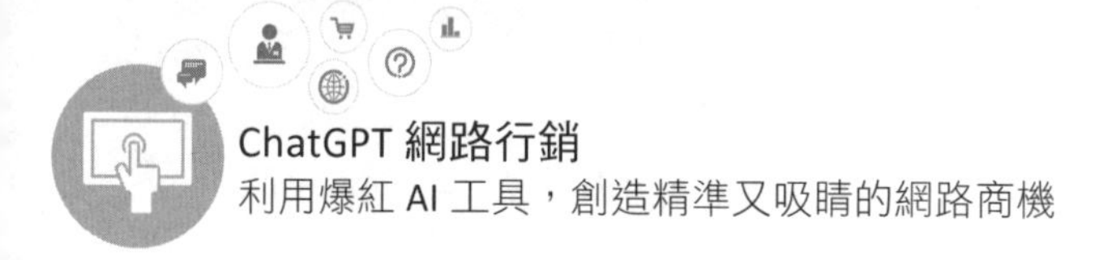

8-6-4 撰寫抖音短影片腳本

抖音（TikTok）是近年來 Z 世代中相當流行的短影音平台，甚至於躍升台灣網友愛用社交平台前五名，相當每三人中就有一人熱衷使用 TikTok，更是連續四年蟬聯全球 App 下載量排行榜冠軍。抖音看準了年輕人「愛秀成癮」的「短」、「快」、「即時」行動影音傳播趨勢，讓許多人透過手機輕鬆拍攝短影音，以錄製 15 秒至 1 分鐘 / 3 分鐘或者更長的影片，再搭配耳熟能詳的旋律，不斷進行內容創意的延展，將個人的創意和想法表現在影片當中，就能讓內容輕鬆吸引全球觀眾的目光。

提問

請針對“油漆式速記多國語言雲端學習系統，讓你在短時間內記下大量單字！”這個標題寫一篇一分鐘短影片腳本

- 必須以條列式方式呈現，且必須有短影片角色設定
- 字數：100 字以內

ChatGPT 回答

請針對"油漆式速記多國語言雲端學習系統，讓你在短時間內記下大量單字！"這個標題寫一篇一分鐘短影片腳本 必須以條列式方式呈現，且必須有短影片角色設定 字數：100 字以內

當然可以！以下是我為您準備的一分鐘短影片腳本：

角色設定：

- 主角：一位正在為了各種語言檢定而煩惱的學生
- 配角：一位正在使用「油漆式速記多國語言雲端學習系統」的學生

場景設定：

- 主角正在圖書館裡焦急地背單字，但是進度卻緩慢
- 配角在旁邊輕鬆自在地背單字，並且進度神速

腳本內容：

1. 主角看到配角背單字進度神速，感到十分好奇。
2. 配角向主角介紹「油漆式速記多國語言雲端學習系統」，並且分享自己使用的心得。
3. 主角開始使用「油漆式速記多國語言雲端學習系統」，並且發現自己的背單字速度大幅提升。
4. 主角成功通過了語言檢定，感到非常開心。

如果你正在為了各種語言檢定而煩惱，或是想要快速提升自己的外語能力，那麼「油漆式速記多國語言雲端學習系統」絕對是你不可錯過的好幫手！現在就來體驗「油漆式速記多國語言雲端學習系統」，讓你的學習事半功倍！

8 之 20

8-6-5 撰寫演講推廣的流程大綱

提問

我想去各學校以演講方式推廣行銷“油漆式速記多國語言雲端學習系統”，請幫我規劃一個 90 分的演講流程的大綱

ChatGPT 回答

我想去各學校以演講方式推廣行銷 " 油漆式速記多國語言雲端學習系統",請幫我規劃一個90分的演講流程的大綱

當然可以！以下是我為您規劃的90分演講流程大綱：

1. 開場白（5分）
- 自我介紹
- 簡單介紹「油漆式速記多國語言雲端學習系統」

2. 介紹「油漆式速記法」（10分）
- 介紹「油漆式速記法」的原理
- 說明「油漆式速記法」如何幫助學生快速背單字

3. 介紹「油漆式速記多國語言雲端學習系統」（10分）
- 介紹「油漆式速記多國語言雲端學習系統」的功能
- 說明「油漆式速記多國語言雲端學習系統」如何幫助學生快速背單字

4. 示範如何使用「油漆式速記多國語言雲端學習系統」（20分）
- 示範如何使用「油漆式速記多國語言雲端學習系統」背單字
- 示範如何使用「油漆式速記多國語言雲端學習系統」應對各種語言檢定

5. 分享使用心得（20分）
- 分享使用「油漆式速記多國語言雲端學習系統」的心得
- 分享使用「油漆式速記多國語言雲端學習系統」後的成果

6. Q&A 環節（15分）
- 回答現場觀眾的問題

如果您需要更詳細的內容，請告訴我，我會盡力提供更詳盡的規劃。

8-7 利用 ChatGPT 發想行銷企劃案

行銷企劃案是企業制定行銷策略和計畫的重要工具，制定一個成功的行銷企劃案需要對市場和消費者進行深入的分析和了解，這對許多企業來

說是一個挑戰。本小節將介紹如何利用 ChatGPT 發想出多種行銷企劃案，並且推薦其他的行銷方式，讓企業在行銷方面更具創新性和競爭力。

8-7-1 請 ChatGPT 寫三個行銷企劃案

除了上述的文案撰寫及演講推廣之外，能否給我規劃三個行銷企劃案

ChatGPT 回答

除了上述的文案撰寫及演講推廣之外，能否給我規劃三個行銷企劃案

當然可以！以下是我為您規劃的三個行銷企劃案：

1. 社群媒體行銷（SNS 行銷）

- 在 Facebook、Instagram、Twitter 等社群媒體平台上建立品牌形象，並且透過精美的圖片、影片、文章等內容，吸引潛在客戶的注意力。
- 透過社群媒體平台上的廣告投放，讓更多人看到「油漆式速記多國語言雲端學習系統」的廣告，提高品牌知名度。
- 舉辦線上活動，例如線上講座、線上比賽等，吸引更多人參與。

2. 網路廣告行銷

- 在 Google、Yahoo 等搜尋引擎上投放廣告，讓更多人看到「油漆式速記多國語言雲端學習系統」的廣告。
- 在 YouTube 上投放廣告，讓更多人看到「油漆式速記多國語言雲端學習系統」的介紹影片。
- 在各大新聞網站上投放廣告，提高品牌知名度。

3. 合作行銷

- 與各大語言學校、補習班、教育機構等合作，推出「油漆式速記多國語言雲端學習系統」的課程，讓更多人知道這個系統。
- 與各大出版社合作，推出「油漆式速記多國語言雲端學習系統」的書籍，提高品牌知名度。
- 與各大企業合作，推出「油漆式速記多國語言雲端學習系統」的員工培訓計畫，提高品牌知名度。

以上是我為您規劃的三個行銷企劃案，希望能對您有所幫助！如果您需要更詳細的內容或是有其他問題，請隨時告訴我。

10 之 20

這些企劃案的預算大概是多少？ | 如何評估這些企劃案的效果？ | 有沒有其他的行銷方式？

8-7-2 請 ChatGPT 推薦其他的行銷方式

直接按下回答框下方的「有沒有其他的行銷方式？」

ChatGPT 回答

有沒有其他的行銷方式?

當然可以！以下是我為您提供的其他行銷方式：

4. 口碑行銷

- 邀請使用者分享使用心得，並且在社群媒體平台上分享，提高品牌知名度。
- 舉辦線下活動，例如語言學習交流會、沙龍等，讓更多人了解「油漆式速記多國語言雲端學習系統」。
- 與各大語言學校、補習班、教育機構等合作，推出試用計畫，讓更多人體驗「油漆式速記多國語言雲端學習系統」。

5. 內容行銷

- 在自己的官方網站上發布有關「油漆式速記多國語言雲端學習系統」的文章、影片等內容，提高品牌知名度。
- 在各大論壇、社群媒體平台上發布有關「油漆式速記多國語言雲端學習系統」的文章、影片等內容，提高品牌知名度。
- 舉辦線上講座、線上課程等，提供有關「油漆式速記多國語言雲端學習系統」的相關知識，吸引更多人了解這個系統。

以上是我為您提供的其他行銷方式，希望能對您有所幫助！如果您需要更詳細的內容或是有其他問題，請隨時告訴我。

11 之 20

8-7-3 請 ChatGPT 總結行銷方式的效果

直接按下回答框下方的「這些行銷方式的效果如何？」

ChatGPT 回答

> 這些行銷方式的效果如何?
>
> 每一種行銷方式的效果都不同，以下是我為您整理的效果：
>
> 1. 社群媒體行銷（SNS 行銷）
> - 可以提高品牌知名度，吸引更多人關注「油漆式速記多國語言雲端學習系統」。
> - 可以透過社群媒體平台上的廣告投放，讓更多人看到「油漆式速記多國語言雲端學習系統」的廣告。
> - 可以舉辦線上活動，例如線上講座、線上比賽等，吸引更多人參與。
>
> 2. 網路廣告行銷
> - 可以讓更多人看到「油漆式速記多國語言雲端學習系統」的廣告。
> - 可以在各大新聞網站上投放廣告，提高品牌知名度。
>
> 3. 合作行銷
> - 可以與各大語言學校、補習班、教育機構等合作，推出「油漆式速記多國語言雲端學習系統」的課程，讓更多人知道這個系統。
> - 可以與各大出版社合作，推出「油漆式速記多國語言雲端學習系統」的書籍，提高品牌知名度。
> - 可以與各大企業合作，推出「油漆式速記多國語言雲端學習系統」的員工培訓計畫，提高品牌知名度。
>
> 4. 口碑行銷
> - 可以邀請使用者分享使用心得，提高品牌知名度。
> - 可以舉辦線下活動，例如語言學習交流會、沙龍等，讓更多人了解「油漆式速記多國語言雲端學習系統」。
> - 可以與各大語言學校、補習班、教育機構等合作，推出試用計畫，讓更多人體驗「油漆式速記多國語言雲端學習系統」。

從上述實例中，可以發現 ChatGPT 確實能幫助行銷人員快速產生各種文案，如果希望文案的品質更加符合自己的期待，就必須在下達指令時要更加明確，也可以設定回答內容的字數或文案風格，亦即只要能夠精準提供給 ChatGPT 產生文案屬性的指令，就可以產出更符合我們期待的文案。

不過還是要特別強調，ChatGPT 只是個給你靈感及企劃方向或減少文案撰寫時間的工具，行銷人員還是要加入自己的意見，以確保文案的品質是否符合產品的特性或想要強調的重點。當行銷人員下達指令，但產出的文案成效不佳時，就要檢討是否提問的資訊不夠精確完整，或是不夠了解要行銷產品的特點等等。相信只要持續維持與 ChatGPT 的互動，不斷地精進與訓練，一定能改善行銷文案產出的品質，讓 ChatGPT 成為文案撰寫及行銷企劃的最佳幫手。

MEMO

9

點石成金的搜尋引擎行銷密技

- 搜尋引擎行銷（SEM）
- 關鍵字廣告－ Google AdWords
- 不可不知的 SEO 實戰入門
- 專題演練 - Google 我的商家

大眾想要從浩瀚的網際網路上，快速且精確的找到需要的資訊，其中「搜尋引擎」便是各位的最好幫手，諸如 Google、Yahoo、蕃薯藤、新浪網等。目前網路上的搜尋引擎種類眾多，而最常用的搜尋引擎當然非 Google 莫屬。由於資訊搜索是上網瀏覽者對網路的最大需求，除了一些知識或資訊的搜尋外，而這些資料尋找的背後，經常也會有其潛在的消費動機或意圖，不但可以有效的利用搜尋引擎來進行網路行銷和推廣，更能針對全球使用者正在搜尋的內容提供即時深入分析，由於傳遞訊息給適合的目標對象才是現代行銷成功的主流價值，例如 Google 目前已經被認為是目前最主要的網路行銷方式之一。

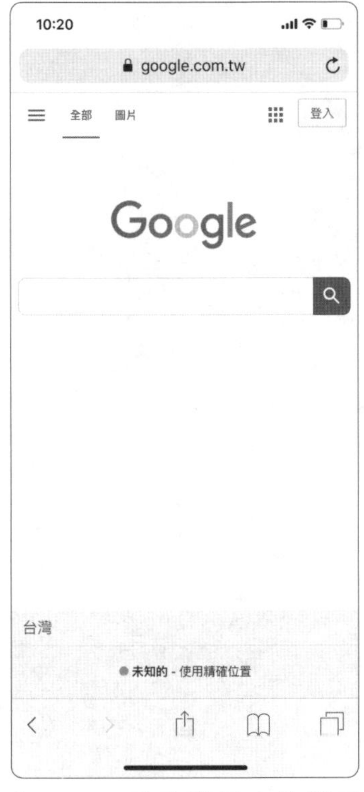

Google 是全球最大的搜尋引擎

9-1 搜尋引擎行銷（SEM）

搜尋引擎行銷（Search Engine Marketing, SEM）指的是與搜尋引擎相關的各種直接或間接行銷行為，由於傳播力量強大，吸引了許許多多網路行銷人員與店家努力經營。廣義來說，也就是利用搜尋引擎進行數位行銷的各種方法，包括增進網站的排名、購買付費的排序來增加產品的曝光機會、網站的點閱率與進行品牌的維護。當網友在網路上使用各大搜尋引擎尋找資料時，也能透過增加搜尋引擎結果頁（Search Engine Result Pages，SERP）能見度的方式，就能以最小的成本投入，獲最大的來自搜尋引擎的訪問量，並可以在搜尋引擎中進行品牌的推廣，全面而有效的利用搜尋引擎來從事數位行銷。

> **TIPS** SERP（Search Engine Results Pag, SERP）是使用關鍵字，經搜尋引擎根據內部網頁當然是越前面越好。

9-1-1 Google 登錄行銷

由於入口網站（Portal）是進入 Web 的首站或中心點，最早也是以網路廣告模式與電子商務沾上邊，也它讓所有類型的資訊能被所有使用者存取，提供各種豐富個別化的服務與導覽連結功能。當各位連上入口網站的首頁，可以藉由分類選項來達到各位要瀏覽的網站，同時也提供許多的服務，諸如：搜尋引擎、免費信箱、拍賣、新聞、討論等，例如 Yahoo、Google、蕃薯藤、新浪網等。除了獨立營運的網站之外，目前依附在入口網站下的購物頻道，也都有不錯的成績。

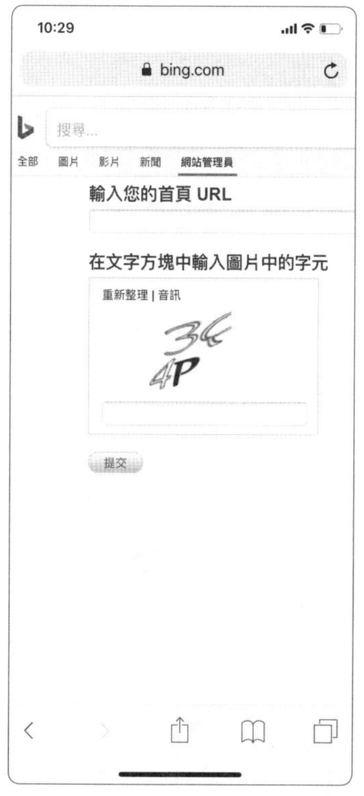

網站登錄對於網路行銷非常有幫助

當各位站製作好後，發現怎麼都搜不到，這時就得自己手動把網站，登錄到個各搜尋引擎中，如果想增加網站曝光率，最簡便的方式可以在知名的入口網站中登錄該網站的基本資料，讓眾多網友可以透過搜尋引擎找到，稱為「網站登錄」(Directory listing submission, DLS)。國內知名的入口及搜尋網站如 PChome、Google、Yahoo! 奇摩等，都提供有網站資訊登錄的服務。由於中國電商市場日益蓬勃，登錄時最好也考慮到廣大的中國市場，例如百度、360 搜索、搜狗搜尋等。百度在中國搜尋引擎市場的地位還是最大，每天有 6 億以上的搜索量。一般來說，網站登錄是免費的，如果想要讓網站排名優先或是加快審核時間，就可以透過付費的網站登錄。下表列出目前較具知名的入口網站供讀者參考：

百度是中國最大搜尋引擎

搜尋引擎	網址
TisNet	http://dir.tisnet.net.tw/
Yam 天空	http://dir.yam.com/
Yahoo! 奇摩	http://www.yahoo.com.tw
Google	http://www.google.com.tw/
GAIS	http://gais.cs.ccu.edu.tw/
Hinet	http://dir.hisearch.hinet.net/
MSN Taiwan	http://search.msn.com.tw/

搜尋引擎	網址
OpenFind	http://www.openfind.com.tw/
Sina 新浪網	http://search.sina.com.tw/
PChome Online	http://www.pchome.com.tw
360 搜索	https://www.so.com/
百度	http://www.baidu.com/
搜狗搜索	https://www.sogou.com/

9-1-2 搜尋引擎運作原理

現代社會大家都會使用網路，也幾乎所有的資料都可以在網路上找到，SEM 所做的就是全面而有效的利用搜尋引擎來進行網路行銷和推廣，隨著搜尋引擎演算法和服務方式（圖片、視頻搜尋出現），搜尋引擎搜尋的內容正不斷增加與創新，各位可能會疑惑搜尋引擎為什麼如此神通廣大？通常搜尋引擎所收集的資訊來源主要有兩種，一種是使用者或網站管理員主動登錄，一種是撰寫網路爬蟲程式主動搜尋網路上的資訊，例如 Google 的 Spider 程式與爬蟲（crawler 程式），會主動經由網站上的超連結爬行到另一個網站，並收集該網站上的資訊，並收錄到資料庫中。

Google 搜尋引擎平時的最主要工作就是在 Web 上爬行並且索引數千萬字的網站文件、網頁、檔案、影片、視訊與各式媒體，請注意！當開始搜尋時主要是搜尋之前建立與收集的索引頁面（Index Page），不是真的搜尋網站中所有內容的資料庫，並且根據頁面關鍵字與網站相關性判斷，最後的列表方式是由搜尋者最有可能想得到的結果來擺放，一般來說會由上而下列出，如果資料筆數過多，則會分數頁擺放。網路上知

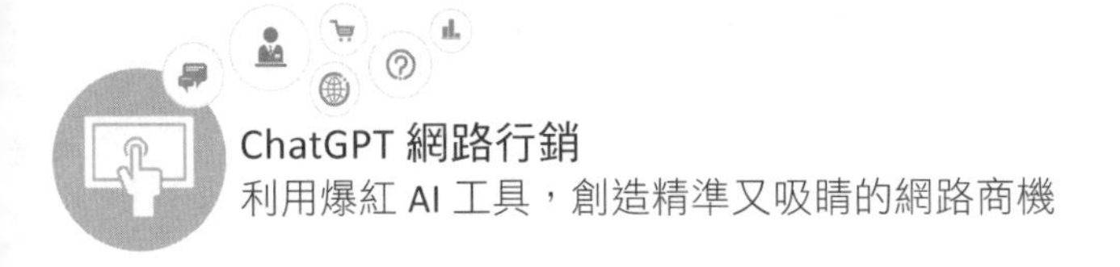

名的三大搜尋引擎 Google、Yahoo、Bing，每一個搜尋引擎都有各自的演算法（algorithm）與不同功能，網友只要利用網路來獲得資訊，大家所得到的資訊就會更加平等，搜尋引擎經常進行演算法更新，都是為了讓使用者在進行關鍵字搜尋時，搜尋結果能夠更符合使用者目的。

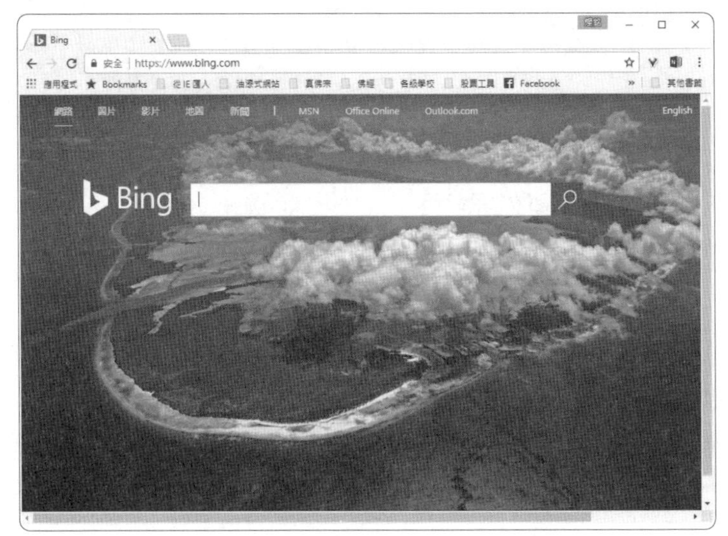

Bing 微軟推出的新一代搜索引擎

例如 Bing 是一款微軟公司推出的用以取代 Live Search 的搜索引擎，市場目標是與 Google 競爭，最大特色在於將搜尋結果依使用者習慣進行系統化分類，而且在搜尋結果的左側，列出與搜尋結果串連的分類。尤其對於多媒體圖片或視訊的查詢，也有其貼心獨到之處，只要使用者將滑鼠移到圖片上，圖片就會向前凸出並放大，還會顯示類似圖片的相關連結功能，而把滑鼠移到影片的畫面時，立刻會跳出影片的預告，如果喜歡再點選，轉到較大畫面播放。

9-1-3　搜尋引擎與網路流量

行銷當然不可能一蹴可幾，任何行銷活動都有其目的與價值存在，如果我們花費大量金錢與時間來從事網路行銷，最重要當然希望提高網站的流量。網路行銷首重流量，誰有流量誰就是贏家，無論行銷模式如何變，關鍵永遠都是流量，來店家網站逛逛的人多了，成交的機會相對就較大。

流量的成長代表網站最基本的人氣指標，隨著越來越多人習慣在 Google 和其他搜尋引擎查找產品和服務，搜尋結果顯示的排名差距關乎搜尋曝光和流量的大小，也會影響用戶對店家的觀感評價。根據 Google 官方公布的數據，Google 在全球每天發生 40 億次以上搜尋行為，其中 35% 的購物行為，幾乎是從 Google 搜尋開始，這也是流量產生的最大來源。因為每一個流量的來源特性不一致，而且網路流量的來源可能非常多種管道，Google 將流量區分為以下五種模式：

自然搜尋流量（Organic Channel）

當流量是將來自搜尋引擎的流量歸類為自然搜尋流量，也就是每個流量都是從關鍵字來。例如來自於 Google、Yahoo、Bing……的自然搜尋，這些使用者可能因為有某些需求，在搜尋引擎中輸入關鍵字，而自然地連上你的網站，通常這類並不是透過廣告而自動上門的使用者，可能對你的網站的某一項產品或服務有較強烈的需求，所以才會自動找上門，這類使用者背後的購買動機通常較強烈，也較容易轉換為訂單，這一種類的流量又稱「隨機搜尋流量」。

付費搜尋流量（Paid Search）

這類管道和自然搜尋有一點不同，它不像自然搜尋是免費的，反而必須付費的，例如 Google、Yahoo 關鍵字廣告（如 Google Ads 等關鍵字廣告），讓網站能夠在特定搜尋中置入於搜尋結果頁面，簡單的説，它是透過搜尋引擎上的付費廣告的點擊進入到你的網站。

推薦連結流量（Referral Traffic）

如果用戶是透過第三方網站上的連結而連上你的網站，這類流量來源則會被認定為參照連結網址所帶來的流量，例如和第三方網站有交換免費的廣告連結，使用者透過這個廣告連結而拜訪你的網站，這類的流量來源就會被分類到推薦連結流量。

直接流量（Direct Traffic）

那些無法找到合適的流量來源的分類，則被稱為直接流量（Direct Traffic），例如直接輸入網址、透過 App 連結來開啟使用者網頁，或是直接透過瀏覽器所設定的超連結來連上我們所分析的網站。

社交媒體流量（Social Traffic）

社交（Social）媒體是指透過社群網站的管道來拜訪你的網站的流量，例如 Facebook、IG、Google+，當然來自社交媒體也區分為免費及付費，藉由這些管量的流量分析，可以作為投放廣告方式及預算的決策參考。

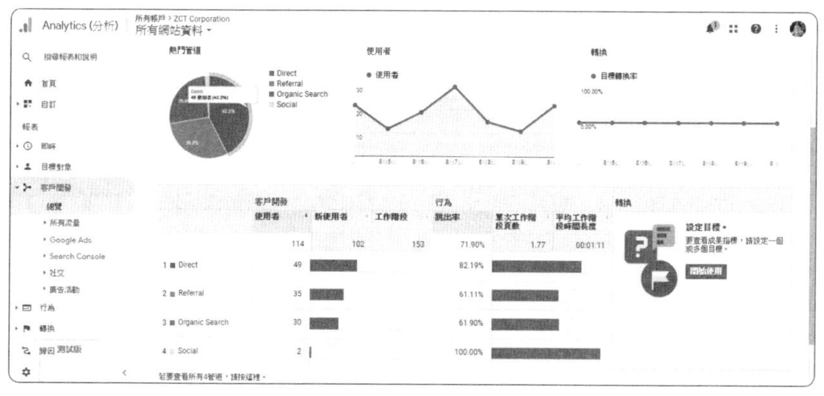

透過 Google Analytics 的「總覽」報表中可以看出各種流量管道的比重

9-1-4 認識搜尋引擎演算法

搜尋引擎為了避免許多網站 SEO 過度優化，搜尋演算機制一直在不斷改進升級，例如 Google 就有非常完整的演算法來偵測作弊行為，千萬不要妄想投機取巧。Google 的目的就是為了全面打擊惡意操弄 SEO 搜尋結果的作弊手法在市場上持續作怪，所以每次搜尋引擎排名規則的改變都會在網站之中引起不小的騷動。

各位想做好 SEO，就必須認識 Google 演算法，並深入了解 Google 搜尋引擎的運作原。對於網路行銷來說，SEO 就是透過利用搜索引擎的搜索規則與演算法來提高網站在 SERP 的排名順序。

隨著搜尋引擎的演算法不斷改變，SEO 操作仍能提供相當大的網站流量，只是 Google 經過不斷的更新，變得越來越聰明也。關於 Google 演算法，所有行銷人都是又愛又恨，加上近期的演算法更新頻率越來越高，不過 Google 演算法的修改還是源自於三個最核心的動物演算法：熊貓、企鵝、蜂鳥，透過了解搜尋引擎演算法、優化網站內容與使用者體驗，自然就越有機會獲得較高的流量。以下是三種演算法的簡介：

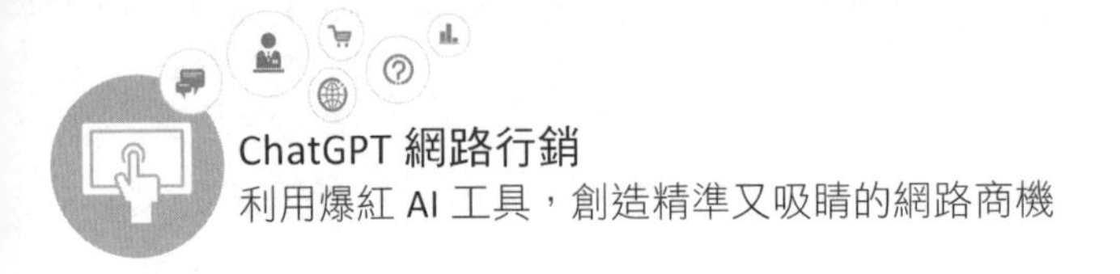

熊貓演算法（Google Panda）

熊貓演算法主要是一種確認優良內容品質的演算法，負責從搜索結果中刪除內容整體品質較差的網站，目的是減少內容農場或劣質網站的存在，例如有複製、抄襲、重複或內容不良的網站，特別是避免用目標關鍵字填充頁面或使用不正常的關鍵字用語，這些將會是熊貓演算法首要打擊的對象，只要是原創品質好又經常更新內容的網站，一定會獲得 Google 的青睞。

企鵝演算法（Google Penguin）

我們知道連結是 Google SEO 的重要因素之一，企鵝演算法主要是為了避免垃圾連結與垃圾郵件的不當操縱，並確認優良連結品質的演算法，Google 希望網站的管理者應以產生優質的外部連結為目的，垃圾郵件或是操縱任何鏈接都不會帶給網站額外的價值，不要只是為了提高網站流量、排名，刻意製造相關性不高或虛假低品質的外部連結。

蜂鳥演算法（Google Hummingbird）與大腦演算法（RankBrain）

蜂鳥演算法 與以前的熊貓演算法和企鵝演算法演算模式不同，主要是加入了自然語言處理（Natural Language Processing, NLP）的方式，讓 Google 使用者的查詢，與搜尋搜尋結果更精準且快速，還能打擊過度關鍵字填充，為大幅改善 Google 資料庫的準確性，針對用戶的搜尋意圖進行更精準的理解，去判讀使用者的意圖，期望是給用戶快速精確的答案，而不再是只是一大堆的相關資料。

大腦演算法（RankBrain）算是蜂鳥演算法的補充加強版，Google 之所以能精準回答用戶的問題，這也就是拜 Rankbrain 所賜，借用 AI 的機器學習（Machine Learning）模式，主要工作分析使用者的搜尋需求與意圖，用來幫助 Google 產生搜尋頁面的結果，讓跳出來的搜尋結果更符合使用者想要的內容，並且幫助 Google 提供用戶更精準與完美的搜尋體驗。

TIPS 所謂自然語言處理（Natural Language Processing, NLP）就是讓電腦擁有理解人類語言的能力，也就是一種藉由大量的文本資料搭配音訊數據，並透過複雜的聲學模型（Acoustic model）及演算法來讓機器去認知、理解、分類並運用人類日常語言的技術。

9-2 關鍵字廣告－Google AdWords

各位做搜尋引擎行銷，最重要的概念就是「關鍵字」，關鍵字（Keyword）就是與各位網站內容相關的重要名詞或片語，也就是在搜尋引擎上所搜尋的一組字，例如企業名稱、網址、商品名稱、專門技術、活動名稱等。由於許多網站流量的重要來源有一部分是來自於搜尋引擎的關鍵字搜尋，現代消費者在購物決策流程中，十個有十一個都會利用搜尋引擎搜尋產品相關資訊，因為每一個關鍵字的背後可能都代表一個購買動機，所以這個方式對於有廣告預算的業者無疑是種不錯的行銷工具。

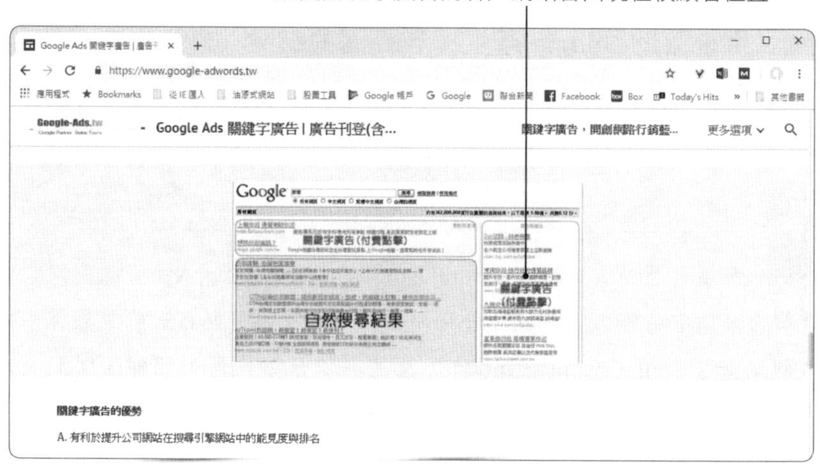

Google Ad 廣告已經成為網路行銷手法中不可或缺的一環

9-2-1 目標關鍵字與長尾關鍵字

Google 的關鍵字廣告（Keyword Advertisements）是許多商家網路行銷的入門選擇之一，特別是對具有強烈購買意圖的顧客，最適合運用這類型關鍵字，透過較多組的關鍵字搜尋連結到廣告主，最大好處是可以接觸到不同的精準族群。關鍵字廣告的功用可以讓店家的行銷資訊在搜尋關鍵字時，會將店家所設定的廣告內容曝光在搜尋結果最顯著的位置，購買關鍵字廣告因為成本較低效益也高，也能在廣告文案中適時埋入搜尋關鍵字，當使用者查詢某關鍵字時，會出現廣告業主所設定出現的廣告內容，在頁面中包含該關鍵字的網頁都將作為搜尋結果被搜尋出來，增加網友主動連上該廣告網站，間接提高商品成交機會。

當然選用關鍵字的原則除了挑選高曝光量的關鍵字之外，所謂目標關鍵字就是網站的主打關鍵字，選對目標關鍵字，當然是非常重要的一件事情，不僅是熱門的關鍵字，還有許多小眾市場的長尾關鍵字供您組合運用，如果是沒有流量的關鍵字，即使排在第一也是沒有意義。關鍵字也要和你的商品和網站高度相關，最好是也要能在你的網站上經常被提及，因為唯有找出代表潛在顧客需求與商品結合的關鍵字，才能間接找出這些潛在顧客。

TIPS 目標關鍵字（Target Keyword）就是網站確定的主打關鍵字，也就是網站上目標使用者搜索量相對最大與最熱門的關鍵字，會為網站帶來大多數的流量，並在搜尋引擎中獲得排名的關鍵字。長尾關鍵字（Long Tail Keyword）是網頁上相對不熱門，不過也可以帶來搜索流量，但接近主要關鍵字的關鍵字詞。例如瘦身是目標關鍵字，而如何「可以有效瘦身」就是長尾關鍵字，長尾關鍵字雖然個別來流量較少，但總流量相加總後，卻是有可能高於目標關鍵字。

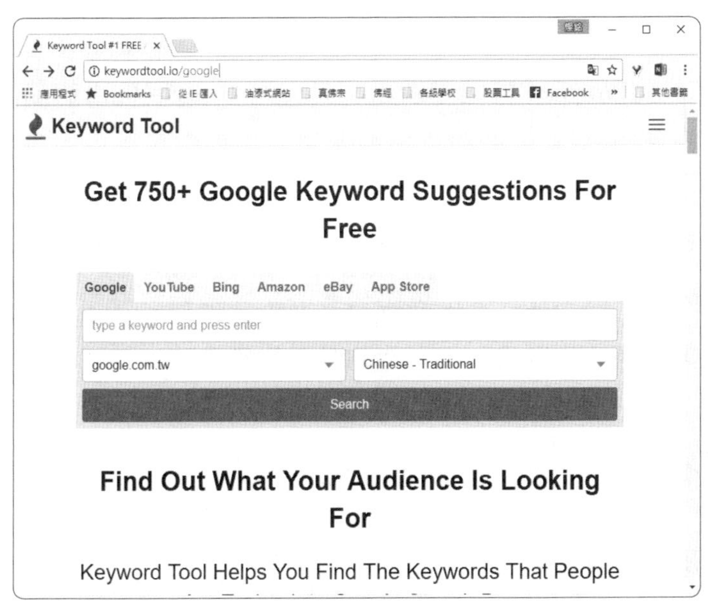

Keyword Tool 會替你找出大眾常用的相關字串

9-2-2 Google AdWords 出價方式簡介

Google AdWords（關鍵字廣告）是一種 Google 推出的關鍵字行銷廣告，包辦所有 Google 的廣告投放服務，例如您可以根據目標決定出價策略，選擇正確的廣告出價類型，對於降低廣告費用與提高廣告效益有相當大的助益，例如是否要著重在獲得點擊、曝光或轉換。Google Adwords 的運作模式就好像世界級拍賣會，瞄準你想要購買的關鍵字，出一個你覺得適合的價格，如果你的價格比別人高，你就有機會取得該關鍵字，並在該關鍵字曝光你的廣告。通常 Google Ads 提供三種廣告出價方式來讓客戶選擇：

著重廣告點擊

一般關鍵字廣告的計費方式是在廣告被點選時才需要付費「點擊數收費」（Pay Per Click, PPC），就是一種按點擊數付費廣方式，是指搜尋引擎的付費競價排名廣告推廣形式，就是按照點擊次數計費，不管廣告曝光量多少，沒人點擊就不用付錢，多數新手都會使用單次點擊出價。和傳統廣告相較之下，如果主要行銷目標是讓使用者進入您的網站，CPC 關鍵字廣告行銷手法不僅較為靈活，能夠第一時間精準的接觸目標潛在客戶群，容易吸引人潮進入網站，帶來網站流量，廣告預算還可隨時調整，適合大小不同的宣傳活動，此外，由於關鍵字廣告出價高低會影響您的廣告排名，每個關鍵字都有不同競標價，價格取決於關鍵字的廣告熱門程度，店家也可以設定買關鍵字的每次點擊最高出價。

著重曝光率

如果你希望商品的曝光度能增加，目標為提高品牌知名度，有一種方式「廣告千次曝光費用」（Pay per Mille, PPM），當使用者輸入搜尋關鍵字時，就可以看到商品會出現在搜尋列表中，藉與特定關鍵字的高度連結，強化商品與網站的定位，間接引起使用者可能購買的動機，這種收費方式是以曝光量計費也，就是廣告曝光一千次所要花費的費用，就算沒有產生任何點擊，只要千次曝光就會計費，這種方式對商家的風險較大，不過最適合加深大眾印象，需要打響商家名稱的廣告客戶，並且可將廣告投放於興趣客戶。

著重轉換率

目前還有另一種近年日趨流行的計價收方式：「實際銷售筆數付費」（Cost per Action, CPA），主要是按照廣告點擊後產生的實際銷售筆數付費，向 Google Ads 告知您願意為每次轉換開發出價支付的金額，轉換通常是指您希望客戶在網站上執行的特定動作（包括成交、參加活動或訂閱電子郵件等等），也就是點擊進入廣告不用收費，目前相當受到許多電子商務網站歡迎。

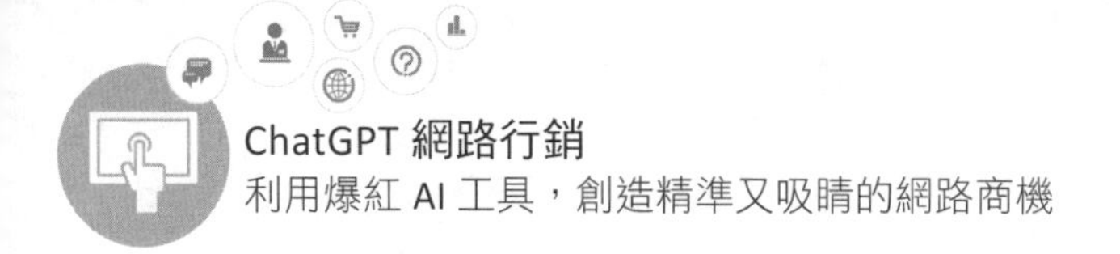

9-3 不可不知的 SEO 實戰入門

網站流量一直是網路行銷中相當重視的指標之一，而其中一種能夠相當有效增加流量的方法就是搜尋引擎最佳化（Search Engine Optimization, SEO），根據統計調查，Google 搜尋結果第一頁的流量佔據了 90% 以上，第二頁則驟降至 5% 以下。搜尋引擎最佳化（SEO）也稱作搜尋引擎優化，是近年來相當熱門的網路行銷方式，就是一種讓網站在搜尋引擎中取得 SERP 排名優先方式，終極目標就是要讓網站的 SERP 排名能夠到達第一。

Search Console 能幫網頁檢查是否符合 Google 搜尋引擎的演算法

由於大多數消費者只會注意搜尋引擎最前面幾個（2~3 頁）搜尋結果，例如當各位在 Google 搜尋引擎中輸入關鍵字後，經過 SEO 的網頁可以在搜尋引擎中獲得較佳的名次，曝光度也就越大。簡單來說，做

SEO 就是運用一系列的方法，讓「搜尋引擎」認同你的網站內容，搜尋引擎對你的網站有好的評價，就會提高網站在 SERP 內的排名。

SEO 優化後的搜尋排名

掌握 SEO 優化，說穿了就是運用一系列方法讓搜尋引擎更了解你的網站內容，企業導入 SEO 不僅僅是為了提高在搜尋引擎的排名，主要是用來調整網站體質與內容，整體優化效果所帶來的流量提高及獲得商機，其重要性要比排名順序高上許多。對消費者而言，SEO 是搜尋引擎的自然搜尋結果，而非一般廣告，使網站排名出現在自然搜尋結果的前面，與關鍵字廣告不同，SEO 可以自己做，不用花錢去買，SEO 操作無法保證可以在短期內提升網站流量，必須持續長期進行，通常點閱率與信任度也比關鍵字廣告來的高，進而讓網站的自然搜尋流量增加與增加銷售的機會。

對於網路行銷來說，SEO 就是透過利用搜索引擎的搜索規則與演算法來提高網站在 SERP 的排名順序，隨著搜尋引擎的演算法不斷改變，SEO 操作也必須因應調整，掌握 SEO 優化，說穿了就是運用一系列方法讓搜尋引擎更了解你的網站內容，這些方法包括常用關鍵字、網站頁面內（on-page）優化、頁面外（off-page）優化、相關連結優化、圖片優化、網站結構等。SEO 的核心價值就意識就是讓使用者上網的體驗最優化，Google 有一套非常完整的演算法來偵測作弊行為，千萬不要妄想投機取巧，接下來我們為各位整理出 SEO 七種有效的關鍵心法。

TIPS 網站頁面內（on-page）優化涉及網站內部所有相關標題、內容、網域、網站結構……等；頁面外（off-page）是指網站之外的相關因素，例如：社群媒體、外部反向連結、相關連結優化等。

9-3-1 經營有價值的網站內容

網路行銷手段與趨勢不管如何變化發展，內容絕對都會是其中最為關鍵的重中之重，隨著 Google 語意分析技術的快速發展，他現在能夠判斷一篇網站的內容是否值得被排名到前面，正所謂「內容者為王」（Content is King），SEO 必須搭配高品質的內容呈現，才有辦法創造真正有效的流量，如果各位想快速得到搜尋引擎的青睞，第一步就必須懂得如何充實網站內容。

我們知道任何再高明的行銷技巧都無法幫助銷售爛產品一樣，如果網站內容很差勁，SEO 能起到的作用是非常有限，只要內容對使用者有價值，自然就會被排序到好的排名。例如許多網站建構後很多內容都一成不變，完全沒有更新資訊，這些都會導致網頁相似度太高。一般來說網頁頁面太長也不好，對於一個主題而言，如果分開成兩三個較短的頁面會比一整個長頁面獲得到更好的評價，而且網站內盡量避免網頁內容重複，因為這樣反而會有扣分的效果，都會讓搜尋引擎覺得網站不夠專業，甚於降低 SEO 的排名順序。

由於搜尋引擎對於原創性內容也會予更高的權重，其他像是網站內容的相關性也是非常重要的，持續增加新內容對網站有益，或者讓消費者多多在網站上留言，發布在社群媒體報導中發燒的主題或時事，當然最重要是持續更新文章內容，讓內容永不過時。事實上，各行各業都有其專業內容，不妨站在使用者的角度寫出可以「搶排名」的內容，讓網頁內容能夠符合企業期待的需求，透過優化網站內容最能符合搜尋引擎排名演算法規則。

TIPS 資料螢光筆（Data Highlighter）是一種 Google 網站管理員工具，讓各為以點選方式進行操作，只需透過滑鼠就可以讓資料螢光筆標記網站上的重要資料欄位（如標題、描述、文章、活動等），當 Google 下次檢索網站時，就能以更為顯目與結構化模式呈現在搜尋結果及其他產品中，對改善 SERP 也會有相當幫助。

9-3-2 網站結構優化

網頁是由許多 HTML 標籤所構成，有些 HTML 標籤對搜尋引擎演算法有較高的影響力，以便讓搜尋引擎能夠明確辨認和了解，可以讓目標網頁在自然排序結果中上升，例如像是 <meta>、<title>、<h1>、<nav> 等標籤。< meta> 標籤則是用來註解網頁重要資訊給搜尋引擎，不會影響網頁的呈現效果，一個網頁內可以有很多個不同的 <meta>。標題

標籤 <title> 是用來描述網頁的標題名稱，它會顯示在瀏覽器的標題列上，這裡是放置關鍵字最佳的位置，因為搜尋引擎會使用 <title> 標籤中的文字做為頁面標題。

例如透過在 <meta> 標籤和 <title> 標籤中佈局適合的關鍵字，可以迅速提高點擊量和瀏覽量，至於 <description> 標籤用來寫入對網站的敘述，包含公司名稱、主要產品和關鍵字等，撰寫一段可以好的簡短描述，搜尋引擎會有很大的吸引力，也就是網站越容易被搜尋引擎拜訪和理解，搜尋排名優勢就越多。此外，善用標頭標籤 H1-H6（<h1>、<h2>…）除了將字體放大，也可以強調文字的重要性與關聯性，如果將重要的關鍵字埋入標籤中，也能有效提升搜尋的排行名次，<nav> 標籤則能讓搜尋引擎把這個標籤內的連結視為重要連結。

9-3-3 連結與分享很重要

越多人連結你的網站，代表可信度越高，連結（link）是整個網路架構的基礎，網站中加入相關連結（inbound links），讓訪客可以進一步連到相關網頁，達到延伸閱讀的效果，還能留住使用者繼續瀏覽網站，減少網站跳出率，當然也是 SEO 的加分題。搜尋引擎會評估連結的品質和數量，對於在超連結前或後的文字也是要點之一，特別是「錨點文字」（Anchor text）顯示可點擊的超連結文字或圖片，訪客只要點選超連結就可以跳到錨點所在位置，除了有助於內部的導覽，更強調了頁面的某部份，在 SEO 排名上也有相當的助益。

TIPS 跳出率是指單頁造訪率，也就是訪客進入網站後在特定時間內（通常是 30 分鐘）只瀏覽了一個網頁就離開網站的次數百分比，這個比例數字越低越好，愈低表示你的內容抓住網友的興趣，跳出率太高多半是網頁設計不良所造成。

「反向連結」（Backlink）就是從其他網站連到你的網站的連結，如果你的網站擁有優質的反向連結（例如：新聞媒體、學校、大企業、政府網站），代表你的網站越多人推薦，當反向連結的網站越多、就越被搜尋引擎所重視。就像有篇文章常被其他文章引用，可以想見這篇文章本身就評價不凡，這也是網站排名因素的重要一環。

隨著社群網路的快速普及，相信許多人都有使用社群的習慣，社群媒體本身看似跟搜尋引擎無關，但其實 SEO 背後相當大的推手，搜尋引擎當然也會看重來自於群網站上的分享內容，並且偏好社群活耀度高的網站，因為搜尋引擎的演算法會拉高社群謀體分享權重，各位應該多利用社群分享鈕來與社群媒體做連結，例如增加在 Facebook 上的分享、按讚、留言等，經營社群媒體有助於提高網站的可見度，當然也間接影響搜尋結果排名。

9-3-4 麵包屑導覽列的重要

麵包屑導覽列（Breadcrumb Trail），也稱為導覽路徑，是一種基本的橫向文字連結組合，透過層級連結來帶領訪客更進一步瀏覽網站的方式，對於提高用戶體驗來說，是相當有幫助。例如經常在網頁上方位置看到：

「首頁 > 商品資訊 > 流行女飾 > 小資女必備 > 洋裝」

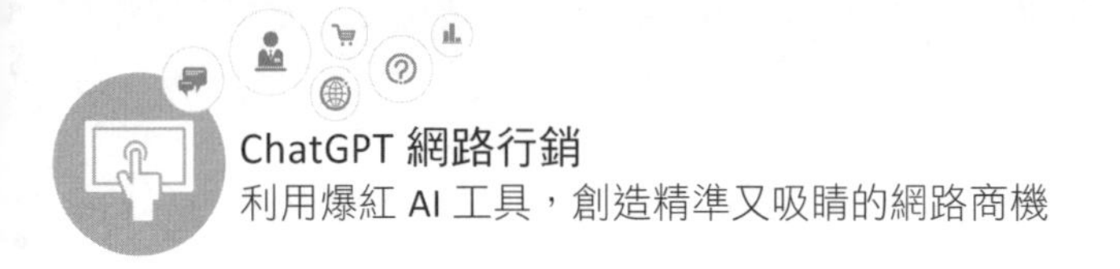

上面就是麵包屑導覽列，訪客可以經由「麵包屑」快速地回到該篇文章的上一層分類或首頁，也能夠讓搜尋引擎更清楚頁面層級關係，如果在其中多埋入關鍵字，SEO 的效果會更好。至於網站地圖（Sitemap）則是用來提供網站架構與導引的頁面，不僅有利於搜尋引擎收錄和更新你的網站，也是 SEO 排名因素的重要一環。

9-3-5　SEO 就在網址的細節裡

網址（URLs）是連結網路花花世界一個必不可少的元素，也是指向自身網頁的一個標籤，URL 的處理在 SEO 中也是同樣重要的指標。因為搜尋引擎的排序結果也會納入網址內容，將各位選取的關鍵字插入網址（URLs）絕對能讓網站的排名更上一層樓，如果選擇淺顯易懂的網址，會比沒意義的網址更讓搜尋引擎容易識別，搜尋引擎較偏好擁有敘述性的網址。有些網址過於冗長或奇怪的符號一堆，也會降低其他用戶分享的意願，過長的網址搜尋時也將會遭到截斷的可能。請留意！不管是換網域還是換網址，任何一點網址有關的更動，都會影響到搜尋引擎對網站原先的排名。

9-3-6　圖片更要優化

圖片在網站中地位是非常重要，高品質的影片或圖片能更容易讓訪客了解商品內容，也是網站內容的一個附加價值，不但能吸引更多流量來源，也能提高使用者瀏覽體驗，在實際應用當中，網友對圖片的搜尋並不比網頁少，所以做好網站的圖片優化是相當重要的工作。由於搜尋引擎非常重視關聯性，圖片檔案名稱建議使用具有相關意義的名稱，例如與關鍵字或是品牌相關的檔名，這也是圖片優化的技巧之一。

網站速度現在也是排名因素之一，時間就是金錢，如果網頁開啟的速度非常慢，跳出率也相對的會提高，這一點套用於 SEO 上也是適用，圖片太大往往影響網站速度最大的原因，盡量讓圖片在不失真情況下，盡量壓縮至最小檔案。純文字網頁相當無趣，但是塞進很多圖片卻沒有文字也是 SEO 大忌。網路蜘蛛（Spider）並不會讀取圖片，它們會讀取圖片標籤中的敘述文字，Alt 對於圖片的優化是非常重要，因此 Alt 屬性必需準確的撰寫圖片相關內容，更可以讓搜尋引擎在抓取圖片時了解圖片主題，當然創建圖片與影片的 sitemap 也是個不錯的方法。當然最後在網頁文章當中，利用關鍵字連結到圖片，也是對 SEO 有加分的作用。

9-3-7 別忘了行動裝置友善度

全球行動裝置的數量將在短期內超過全球現有人口，在行動裝置興盛的情況下，為您的網站建立行動裝置版本也愈來愈重要，GOOGLE 也特別在 2015 年 4 月 21 日宣布修改搜尋引擎演算法，針對網頁是否有針對行動裝置優化做為一項重要的指標，2016 年 11 月時宣布了行動裝置優先索引，明白表示未來搜尋結果在行動裝置與桌機會有不同的結果，以確保行動搜尋的用戶獲得精準的搜尋結果。所以網站提高手機上網用戶的友善介面，將會是未來網站 SEO 優化作業的一大重點。因此特別針對行動裝置的響應式設計（Responsive Web Design, RWD）網頁設計就顯得特別重要，能在網站主流競爭下取得較好的關鍵字排名位置的關鍵因素，因為當行動用戶進入你的網站時，必須能讓用戶順利瀏覽、增加停留時間，也方便的使用任何跨平台裝置瀏覽網頁。

9-3-8 當地網站搜尋優先

然而為了避免許多網站 SEO 過度優化，搜尋演算機制一直在不斷改進升級，例如 Google 幾乎不定時都會針對會影響搜尋結果做演算法的調整，更導入了 RankBrain AI 演算法，不斷挑戰網路行銷業者在搜尋引擎行銷方面的極限，可能原本排名很好的網站在一夜之間落後。Google 的目的就是為了全面打擊惡意操弄 SEO 搜尋結果的作弊手法在市場上持續作怪，所以每次搜尋引擎排名規則的改變都會在網站之中引起不小的騷動。

企業導入 SEO 不僅僅是為了提高在搜尋引擎的排名，主要是用來調整網站體質與內容，整體優化效果所帶來的流量提高及獲得商機，其重要性要比排名順序高上許多。此外，搜尋引擎還有所謂的當地網站搜尋優先（Local Search）的概念，搜尋引擎會以搜尋者所在的位置列入優先考量，藉以呈現最適合的需求。簡單的說，各位如果在台灣地區進行搜尋，搜尋引擎通常以台灣的網站為優先，如果您的網站希望出現是在 google.com 英文搜尋結果的第一頁，那麼各位主機的 IP 位置，建議最好設立在美國。

9-4 專題演練 - Google 我的商家

「Google 我的商家」是一種在地化的服務，如果各位經營了一間品牌或小吃店，想要讓消費者或顧客在 Google 地圖找到自己經營或行銷的小吃店，就可以申請「我的商家」服務，當驗證通過後，您就可以在 Google 地圖上編輯您的店家的完整資訊，也可以上傳商家照片來使您的商家地標看起來更具吸引力，有助於搜尋引擎上找到您的商家。以下示範如何申請「我的商家」服務：

STEP 1 首先連上「Google 我的商家」網站：https://www.google.com/intl/zh-TW/business/，點選「馬上試試」。

STEP 2 接著輸入您店家的「商家名稱」，接著按「下一步」鈕。

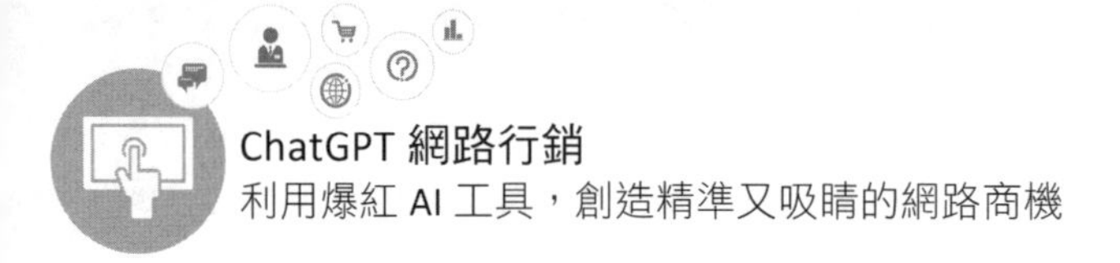

STEP 3 接著輸入您商家的住址資訊，接著按「下一步」鈕。

STEP 4 點選「這些都不是我的商家」，接著按「下一步」鈕。

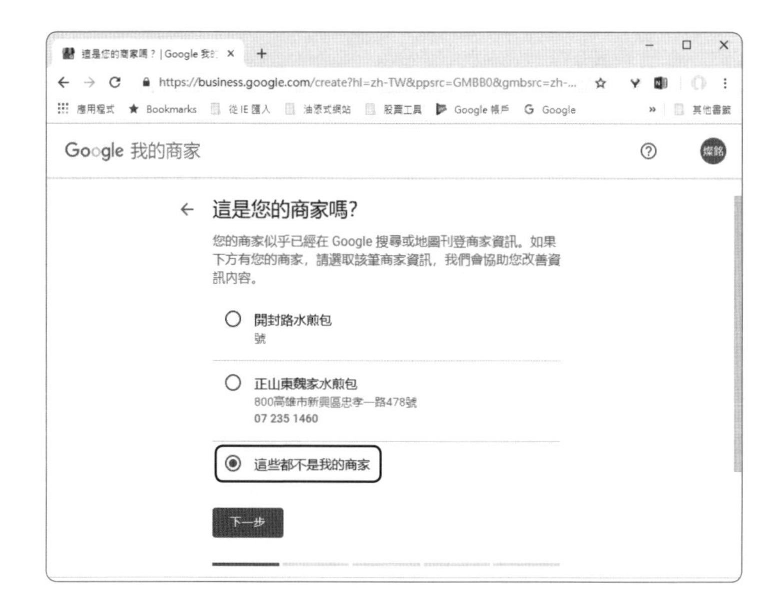

STEP 5 選擇最符合您商家的類別，例如：「小吃店」，接著按「下一步」鈕。

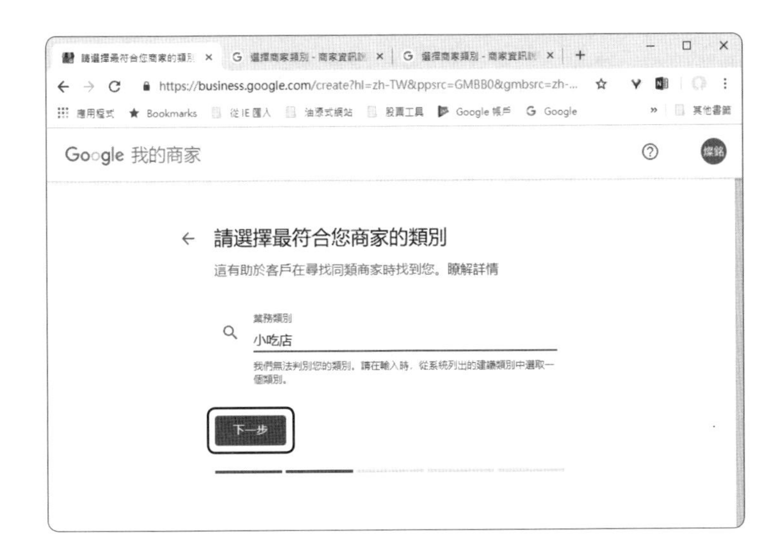

STEP 6 選擇您想要向客戶顯示的聯絡方式，接著按「下一步」鈕。

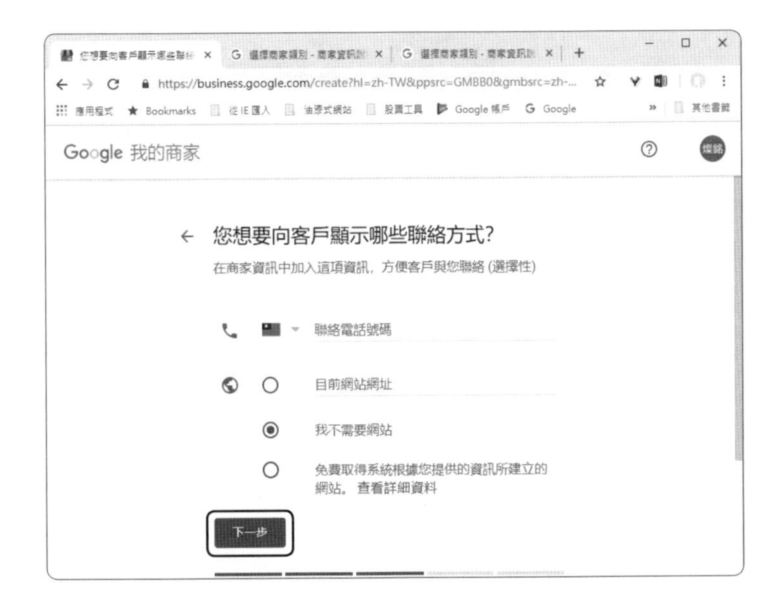

STEP 7 最後進入驗證商家，接著按「完成」鈕。

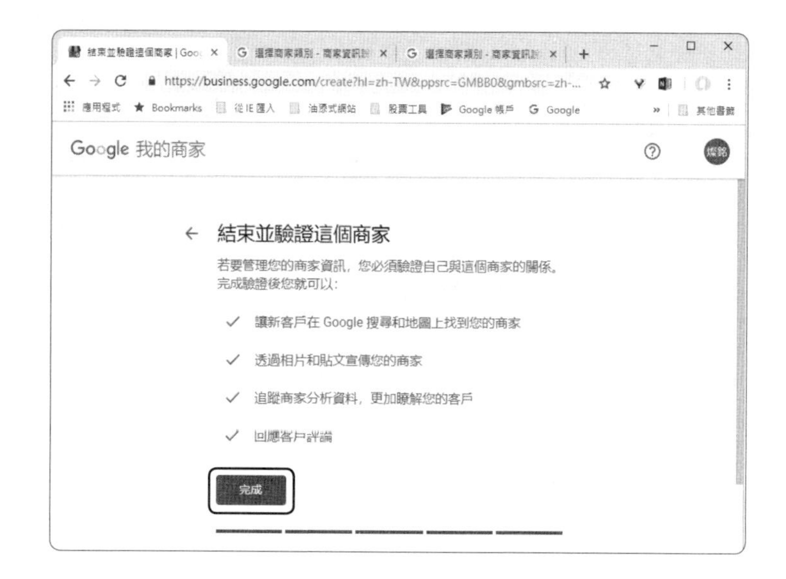

STEP 8 接著請選擇驗證的方式，請確認您的地址是否輸入正確，如果沒問題請點選「郵寄驗證」。

STEP 9 接著按「繼續」鈕。

STEP 10 會開啟如下圖的尚待驗證的畫面，多數明信片會在 16 日內寄達。

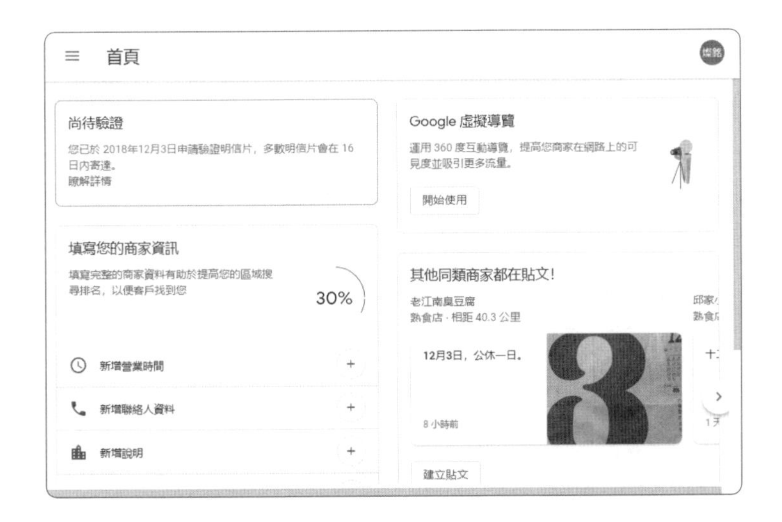

當您如果收到驗證郵件，再請登入 Google 我的商家進行驗證碼的驗證即可，當服務開通後，在 Google 地圖就可以搜尋到您的店家。

問題討論

1. 什麼是搜尋引擎最佳化（Search Engine Optimization, SEO）？

2. 請簡介麵包屑導覽列（Breadcrumb Trail）？

3. SERP（Search Engine Results Pag, SERP）是什麼？

4. 請說明目標關鍵字（Target Keyword）與長尾關鍵字（Long Tail Keyword）。

5. 點閱率（Click Through Rate, CTR）的意義是什麼？

6. 資料螢光筆（Data Highlighter）是什麼？

7. 什麼是「反向連結」（Backlink）？

8. Google 將流量區分為哪五種模式？

9. 請簡介蜂鳥演算法。

10. 何謂大腦演算法（RankBrain）？

10

網路行銷的未來創新爆紅模式

- 全通路的終極攻略
- 引爆買氣的亮點行銷
- 專題演練 - 數據分析神器－Google Analytics

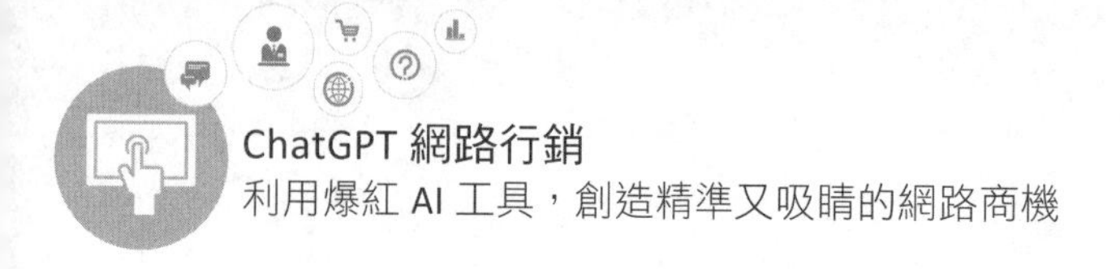

現代人類生活行為已經與網路密不可分，離開桌機就會拿出手機的現象已經成為現代人的標準動作。人群在哪裡，錢潮就在哪裡，隨著網際網路盛行與行動上網普及，雲端服務科技與線上購物機制進化的推波助瀾，對現代企業而言存在著無限的可能，全球電子商務的產值年年突破預期，阿里巴巴董事局主席馬雲更大膽直言 2022 年時電子商務將取代實體零售主導地位，佔據整體零售市場 50% 以上的銷售額。

網路行銷為電子商務的成長帶來超倍速的動能

在數位化的今天，網路行銷全面改變了傳統的廣告與傳播模式，讓電子商務的發展更是注入強心針，不僅能幫助無數在網路成交的電商網站不斷創造訂單收入，而且完全不受天候、時間、地點的限制。

10-1 全通路的終極攻略

當行動購物趨勢成熟，搶攻 ON 世代商機就成了零售業的首要目標，網路家庭董事長詹宏志曾經在一場演講中發表他的看法：「越來越多消費者使用行動裝置購物，這件事極可能帶來根本性的轉變，甚至讓傳統電子商務產業一切重來」，更強調：「未來更是虛實相滲透的商務世界」。隨著線下（off line）跟線上（on line）的界線逐漸消失，當消費者購物的大部分重心已經轉移到線上時，通路其實就不單僅於實體店、網路商城、行動購物、App、社群等，現在通路的融合是各界關注的重點。在今天「社群」與「行動裝置」的迅速發展下，零售業態已進入 4.0 時代，宣告零售業正式從多通路（multi-channel）轉變成全通路（Omni-Channel）的虛實整合型態。

TIPS 所謂「ON 世代」，是每日上網 3 小時（Always On-Line）以上，通常是指使用智慧手機或平板等行動裝置上網的年輕族群，這個族群對於行動科技有重度的依賴。

多通路零售（multi-channel）是指企業採用兩條或以上完整的零售通路進行銷售活動，每條通路都能完成銷售的所有功能，例如同時採用直接銷售、電話購物或在 PChome 商店街上開店，也擁有自己的品牌官方網站，就是每條通路都能完成買賣的功能。

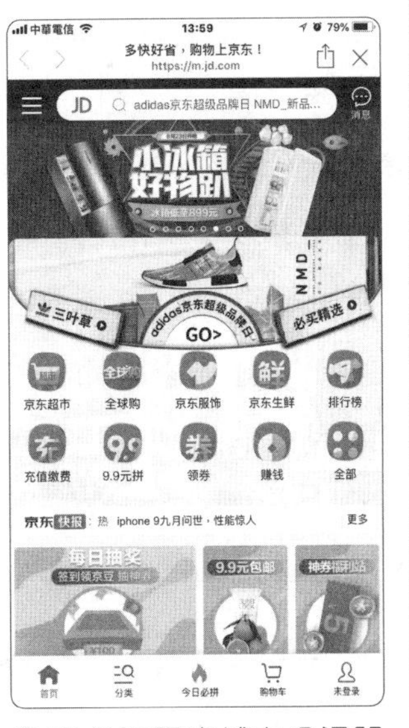

許多網路商城在多通路階段興起

全通路與過去多通路型態的最大不同是專注於成為全管道、全天候、全頻道的消費年代，使得消費者無論透過桌機、智慧型手機或平板電腦，都能隨時輕鬆上網購物，網路購物的項目已從過去單純買衣服、買鞋子，朝向行動裝置等多元銷售、支付和服務通路，通過各種平臺加強和客戶的溝通，競相為顧客打造精緻個人化服務。面臨虛實整合時代的全通路商機，最重要的基礎是提供創新的商業模式來迎接以消費者，與推動全通路體驗（Omni-Channel Experience）的發展，接下來我們要為各位介紹目前全通路時代的熱門零售模式。

10-1-1 O2O 行銷

O2O 模式就是整合「線上（Online）」與「線下（Offline）」兩種不同平台所進行的一種行銷模式，因為消費者也能「Always Online」，讓線上與線下能快速接軌，透過改善線上消費流程，直接帶動線下消費，特別適合「異業結盟」與「口碑銷售」，因為 O2O 的好處在於訂單於線上產生，每筆交易可追蹤，也更容易溝通及維護與用戶的關係，打造全通路的 360 度完美體驗。我們就以提供消費者 24 小時餐廳訂位服務的訂位網站「EZTABLE 易訂網」為例，易訂網的服務宗旨是希望消費者從訂位開始就是一個很棒的體驗，除了餐廳訂位的主要業務，後來也導入了主動銷售餐券的服務，不僅滿足熟客的需求，成為免費宣傳，也實質帶進訂單，並拓展了全新的營收來源。

EZTABLE 買家於線上付費購買，然後至實體商店取貨

10-1-2 反向 O2O 行銷

隨著 O2O 迅速發展後，現在也有越來越多企業採用反向的 O2O 行銷模式（Offline to Online），從實體通路連回線上，就是將上一節傳統的 O2O 模式做法反過來，消費者可透過在線下實際體驗後，透過 QR code 或是行動終端連結等方式，引導消費者到線上消費，並且在線上平台完成購買並支付。

反向 O2O 模式就是回歸了實體零售的本質，儘可能保持或提高消費者在傳統模式時的體驗，讓消費者透過實體的管道接觸商品，再利用行動裝置線上消費，包括餐廳、咖啡館、酒吧、美容院、大賣場或者生活服務產業等，例如南韓特易購（Tesco）的虛擬商店首次與三星合作，在首爾市地鐵內裝置了多面虛擬商店數位牆，當通勤族等車瀏覽架上商品時，透過 QR code 或是行動終端連結等方式，就可以快快樂樂一邊等車、一邊購物，然後等宅配直接送貨到府即可。

特易購的虛擬商店可以讓顧客一邊等車、一邊購物

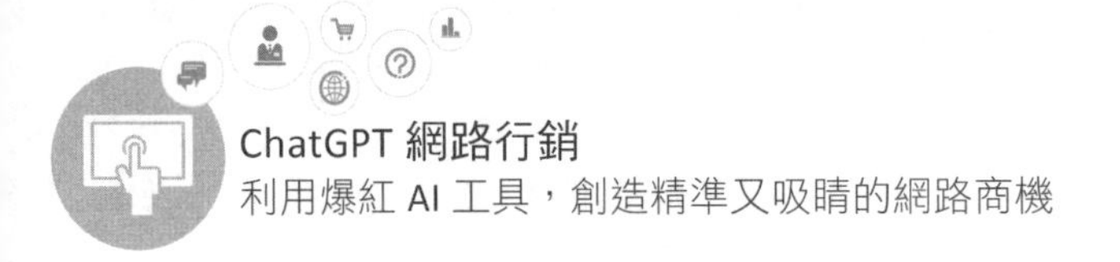

10-1-3 ONO 行銷

在初期要成功把 O2O 模式做好是相當困難，最好是起步時先能做到線上與線下融合，也就是 ONO 模式。所謂 ONO（Online and Offline）模式，就是將線上網路商店與線下實體店面能夠高度結合的共同經營模式，從而實現線上線下資源互通，雙邊的顧客也能彼此引導與消費的局面。

由於大多數消費者對實體購物還是情有獨鍾，網路雖然方便，實體商店還是有電商完全沒有辦法提供的加值服務，除了擁有真人的服務與溫度，包括「即買即用」,「所見既所得」也是實體商店的一大優勢。例如阿里巴巴創辦人馬雲更積極入股實體零售業大潤發，進一步打通線上線下的通路，實現品牌的全通路佈局，不但能改善傳統門市的經營效率，更能發展出顛覆實體零售的創新模式。

阿里巴巴與大潤發聯手全通路零售

TIPS OIO（Online interacts with Offline）模式就是線上線下互動經營模式，近年電商業者陸續建立實體據點與體驗中心，即除了電商提供網購服務之外，並協助實體零售業者在既定的通路基礎上，可以給予消費者與商品面對面接觸，並且為消費者提供交貨或者送貨服務，彌補了電商平台經營服務的不足。

10-1-4 O2M/OMO 行銷

愈來愈多行動購物族群幾乎都是全通路消費者，電商面臨的消費者是一群全天候、全通路無所不在的消費客群，傳統 O2O 手段已無法滿足全通路快速的發展速度，以往電商可能只要關注 PC 端用戶，但是現在更要關注行動端用戶。行動購物的熱潮更朝虛實整合 OMO（Online / Offline to Mobile）體驗發展，包括流暢地連接瀏覽商品到消費流程，線上線下無縫整合的行銷體驗。

GOMAJI 經由 O2O 轉型成為吃喝玩樂券的 O2M 平台

O2M 是線下（Offline）與線上（Online）和行動端（Mobile）進行互動，或稱為 OMO（Offline Mobile Online），也就是 Online（線上）To Mobile（行動端）和 Offline（線下）To Mobile（行動端）並在行動端完成交易，與 O2O 不同，O2M 更強調的是行動端，打造線上 - 行動 - 線下三位一體的全通路模式，形成實體店家、網路商城、與行動終端深入整合行銷，並在線下完成體驗與消費的新型交易模式。

從本質上講，O2M 是 O2O 的升級，例如台灣最大的網路書店「博客來」所推出的 App「博客來快找」，可以讓使用者在逛書店時，透過輸入關鍵字搜尋以及快速掃描書上的條碼，然後導引你在博客來網路上購買相同的書，完成交易後，會即時告知取貨時間與門市地點，並享受到更多折扣。

博客來快找還會幫忙搶實體書店客戶的訂單

10-2 引爆買氣的亮點行銷

網路行銷已經成為所有產業必須面對的最大通路效應，特別是經由行動裝置的普及與雲端運算的協助下，這股「新眼球經濟」所締造的市場經濟效應，不僅改變大眾的生活型態，也將促使網路行銷這個行業正跨大腳步往前邁進。由於現代消費者的喜好變動太快，選擇的通路也變得很多，行銷變成是一個必須提前預測變化的挑戰，企業的發展取決於能不能掌握行銷趨勢，不斷為消費者創造更便利的行銷體驗，接下來我們將討論網路行銷的未來發展與各種亮眼新趨勢。

TIPS 場域行銷就是透過定位技術，把人限制在某個場域裡，無論在捷運、餐廳、夜市、商圈、演唱會等場域，配合透過佈建於店家的 Beacon 來收集場域的環境資訊與準確的行銷訊息交換，夠精準有效導引遊客及消費者前往店家，並提供逛商圈顧客更美好消費體驗。

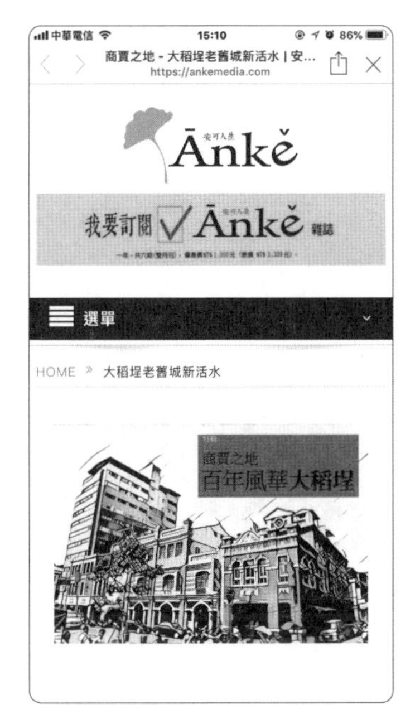

大稻埕是台北市第一個提供智慧場域行銷的老商圈

10-2-1 擴增實境（AR）行銷

寶可夢（Pokemon Go）大概是近期網路行銷領域最熱門的話題，每到平日夜晚，各大公園或街頭巷尾總能看到一群要抓怪物的玩家們，各種神奇寶貝活生生在現實世界中與玩家互動。精靈寶可夢遊戲是由任天堂公司所發行的結合智慧手機、GPS 功能及擴增實境（Augmented Reality, AR）的尋寶遊戲，其實本身仍然是一款手機遊戲。只不過比一般的手機遊戲多了兩個屬性：定址服務（LBS）和擴增實境（Augmented Reality, AR），也是一種從遊戲趣味出發，透過手機鏡頭來查看周遭的神奇寶貝再動手捕抓，迅速帶起全球神奇寶貝迷抓寶的熱潮。

全球大地不分老少對抓寶都為之瘋狂

AR 是一種將虛擬影像與現實空間互動的技術，能夠把虛擬內容疊加在實體世界上，並讓兩者即時互動，也就是透過攝影機影像的位置及角度計算，在螢幕上讓真實環境中加入虛擬畫面，強調的不是要取代現實空間，而是在現實空間中添加一個虛擬物件，並且能夠即時產生互動。各位應該看過電影鋼鐵人在與敵人戰鬥時，頭盔裡會自動跑出敵人路徑與預估火力，就是一種 AR 技術的應用。

鋼鐵人電影中使用了許多 AR 的技術

從寶可夢成功的行銷經驗，這種運用擴增實境結合了遊戲與實體世界，進而增加消費與品牌之間的粘著性，最後全面提高行銷效益的方法，這項技術大量啟動了 AR 在數位行銷上的應用風潮。目前 AR 運用在各產業間有著十分多元的型態，也有為數不少的廠商推出擴增實境試衣功能，可以透過手機或其他行動設備，無所不在的抓取更多動態訊息，例如各位只要透過手勢操控，每個人都可以在試衣鏡前都能體會魔法般的試衣效果，盡情試穿所有中意的服裝。

10-2-2 虛擬實境（VR）行銷

隨著新興科技虛擬實境（Virtual Reality Modeling Language, VRML）的軟硬體技術逐漸走向成熟，將為廣告和品牌行銷業者創造未來無限可能，從娛樂、社交平台、電子商務到網路行銷 ，最近全球又再次掀起了虛擬實境（Virtual Reality, VR）相關產品的搶購熱潮，許多智慧型手機大廠 HTC、Sony、Samsung 等都積極準備推出新的虛擬實境裝置，創造出新的消費感受與可能的商業應用。

> **TIPS** 虛擬實境技術（Virtual Reality Modeling Language, VRML）是一種程式語法，主要是利用電腦模擬產生一個三度空間的虛擬世界，提供使用者關於視覺、聽覺、觸覺等感官的模擬，利用此種語法可以在網頁上建造出一個 3D 的立體模型與立體空間。VRML 最大特色在於其互動性與即時反應，可讓設計者或參觀者在電腦中就可以獲得相同的感受，如同身處在真實世界一般，並且可以與場景產生互動，360 度全方位地觀看設計成品。

我們知道網路商店與實體商店最大差別就是無法提供產品觸摸與逛街的真實體驗，未來虛擬實境更具備了顛覆電子商務市場的潛力，就是要以虛擬實境技術融入電子商場來完成線上交易功能，讓消費者有真實身歷其境的感覺，大大提升虛擬通路的購物體驗。

阿里巴巴旗下著名的購物網站淘寶網，將發揮其平台優勢，全面啟動「Buy ＋」計畫引領未來購物體驗，向世人展示了利用虛擬實境技術改進消費體驗的構想，戴上連接感應器的 VR 眼鏡，直接感受在虛擬空間購物，不但能讓使用者進行互動以傳遞更多行動行銷資訊，還能增加消費者參與的互動和好感度，同時提升品牌的印象，為市場帶來無限商機，也優化了買家的購物體驗，進而提高用戶購買慾和商品出貨率，由此可見建立個性化的 VR 商店將成為未來消費者購物的新潮流。

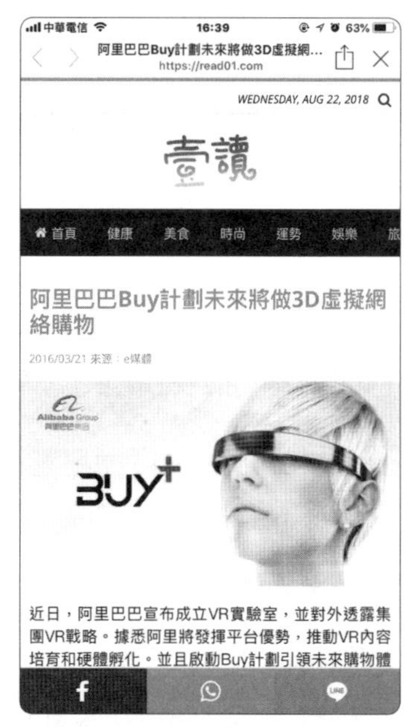

「Buy ＋」計畫引領未來虛擬實境購物體驗

TIPS 混合實境（Mixed Reality）是一種介於AR與VR之間的綜合模式，打破真實與虛擬的界線，同時擷取VR與AR的優點，透過頭戴式顯示器將現實與虛擬世界的各種物件進行更多的結合與互動，產生全新的視覺化環境，並且能夠提供比AR更為具體的真實感，未來很有可能會是視覺應用相關技術的主流。

10-2-3 元宇宙行銷

隨著互聯網、AI、AR、VR、3D與5G技術的高度發展與到位，科幻小說家筆下的元宇宙（Metaverse）構想距離實現也愈來愈近。元宇宙（Metaverse）的概念最早出自史蒂文森（Neal Stephenson）於1992年所著的科幻小說《潰雪》（Snow Crash），在這個世界裡，用戶可以成為任何樣子，主要是形容在「集體虛擬共享空間」裡，每個人都都在一個平等基礎上建立自己的虛擬化身（avatar）及應用，通過這個化身在元宇宙裡面從事各種活動，例如可以工作、朋友相聚、看演唱會、看電影等，就和在真實世界中的生活一樣，只是在虛擬平行的宇宙中發生。談到元宇宙，多數人會直接聯想到電玩遊戲，因為目前元宇宙概念多從遊戲社群延伸，玩家不只玩遊戲本身，虛擬社交行為也很重要，不少角色扮演的社群遊戲已具元宇宙的雛形，可以讓虛擬世界與實體世界間那條界線更加模糊了。

元宇宙可以看成是下一個世代的網際網路

圖片來源；https://www.theglobaleconomics.com/south-korea-is-now-a-key-player-in-vr-with-the-metaverse-launch/

元宇宙可以看成是一個與真實世界互相連結、多人共享的虛擬世界，今天人們可以使用高端的穿戴式裝置進入元宇宙，而不是螢幕或鍵盤，並讓佩戴者看到自己走進各式各樣的 3D 虛擬世界，元宇宙能應用在任何實際的現實場景與在網路空間中越來越多元豐富發生的人事物。現在人們所理解的網際網路，未來也會進化成為元宇宙，臉書執行長祖克柏就曾表示「元宇宙就是下一世代的網際網路（Internet），並希望要將臉書從社群平台轉型為 Metaverse 公司。」因為元宇宙是比現在的臉書更能互動與優化你的真實世界，並且串聯不同虛擬世界的創新網際網路模式。

3:35

《一級玩家》：史匹柏的懷舊...

電影

《一級玩家》：史匹柏的懷舊遊戲

A. O. SCOTT
2018年4月3日

泰伊·謝里登在史蒂芬·史匹柏改編自暢銷小說的《一級玩家》中。 JAAP BUITENDIJK/WARNER BROS.

如果預測《一級玩家》(Ready Player One)會是史蒂芬·史匹柏(Steven Spielberg)比較有爭議的作品之一，不會有很多人反對。這部電影改編自歐內斯特·克萊恩(Ernest

「一級玩家」電影劇情寫實地描繪了元宇宙的虛擬世界

圖片來源：https://cn.nytimes.com/culture/20180403/ready-player-one-review-steven-spielberg/zh-hant/

虛擬與現實世界間的界線日益模糊，已經是不可逆的趨勢，在元宇宙中可以跨越所有距離限制，完成現實中任何不可能達成的事，並且讓品牌與廣告提供足夠好的使用者界面（User Interface, UI）及如同混合實境（Mixed Reality）般真假難辨的沉浸式體驗感，因此也為電子商務與網路行銷帶來嶄新的契機。從網路時代跨入元宇宙時代的過程中，愈來愈多企業或品牌都正以元宇宙（Metaverse）技術，來提供新服務、宣傳產品及吸引顧客，品牌與廣告主如果有興趣開啟元宇宙行銷，或者也想打造屬於自己的專屬行銷空間，未來可以思考讓品牌形象，高度融合品牌調性的完美體驗，透過賦予人們在虛擬數位世界中的無限表達能力，創造出能吸引消費者的元宇宙世界。

Vans 服飾與 ROBLOX 合力推出滑板主題的元宇宙世界 -Vans World 來行銷品牌

圖片來源：https://www.vans.com.hk/news/post/roblox-metaverse-vans-world.html

TIPS 混合實境（Mixed Reality）是一種介於 AR 與 VR 之間的綜合模式，打破真實與虛擬的界線，同時擷取 VR 與 AR 的優點，透過頭戴式顯示器將現實與虛擬世界的各種物件進行更多的結合與互動，產生全新的視覺化環境，並且能夠提供比 AR 更為具體的真實感，未來很有可能會是視覺應用相關技術的主流。

10-2-4 智慧家電行銷

隨著物聯網與人工智慧科技的發展，網路也開始從手機、平板的裝置滲透至我們生活的各個角落，民眾生活中常用的家電也和過去大不相同，「智慧家電」（Information Appliance）已然成為家家戶戶必備的設備之一。科技不只來自人性，更須適時回應人性，「智慧家電」是從電腦、通訊、消費性電子產品 3C 領域匯集而來，愈來愈多廠商推出各種標榜「智慧家庭」的裝置，未來將從符合人性智慧化操控，能夠讓智慧家電自主學習，並且結合雲端應用的發展，希望能讓使用者自此過著更便利的生活。各位在家透過智慧電視就可以上網隨選隨看影視節目，或是登入社交網路即時分享觀看的電視節目和心得，甚至於透過手機就可以遠端搖控家中的智慧家電。

掃地機器人是目前最夯的智慧家電

智慧家庭（Smart Home）堪稱是利用網際網路、物聯網、雲端運算、智慧終端裝置等新一代技術，智慧型手機成了促成物聯網發展的入門監控及遙控裝置，還可以將複雜的多個動作簡化為一個單純的按按鈕、揮手動作，所有家電都會整合在智慧型家庭網路內，可以利用智慧手機 App，提供更為個人化的操控，甚至更進一步做到能源管理。例如家用洗衣機也可以直接連上網路，從手機 App 中進行設定，不但能控制洗衣流程，甚至用 LINE 和家電系統連線，馬上就知道現在冰箱庫存，就連人在國外，手機就能隔空遙控家電，輕鬆又省事，家中音響連上網，結合音樂串流平台，即時了解使用者聆聽習慣，推薦適合的音樂及網路行銷廣告。

便利一直是消費者最關心的議題，談到智慧家庭與消費之間的連動應用，可以透過每家每戶的智慧家庭平台各種裝置聯網的數據，掌握用戶即時狀態及習性，從使用情境出發，讓使用者有感，進一步用 AI 科技打造專屬自己的行銷利基市場，提供精準廣告或導購訊息來行銷產品。網路所串起的各項服務也能替當下情境提供回饋；其中記錄各種時間、使用頻率、用量及使用者習慣的特點也發展出了另一種行銷手法。例如聲寶公司首款智能冰箱，就具備食材管理、App 下載等多樣智慧功能。只要使用者輸入每樣食材的保鮮日期，當食材快過期時，會自動發出提醒警示，未來若能透過網路連線，也可透過電子商務與網路行銷，讓使用者能直接下單採買食材。

10-3 專題演練 - 數據分析神器－Google Analytics

我們知道善用網站數據分析，絕對是網路行銷成功的關鍵因素，每種數位行銷工具都會產生屬於這個平台的數據，行銷人員必須要學習讀懂數據中隱藏的線索，習慣數據變化的頻率與原因，正如同鴻海郭董事長常說：「魔鬼就在細節裡！」。Google 所提供的 Google Analytics（GA）就是一套免費且功能強大的跨平台網路行銷流量分析工具，也稱得上是全方位監控網站與 App 完整功能的必備網站分析工具。

GA 不僅能讓企業可以估算銷售量和轉換率，還能提供最新的數據分析資料，包括網站流量、訪客來源、行銷活動成效、頁面拜訪次數、訪客回訪等，幫助客戶有效追蹤網站數據和訪客行為，也能反應行銷投入資源所產生的成效，有助於清楚掌握網站特點及行銷活動未來改進參考，是一種真正讓數據分析成為行銷策略的獲利好幫手。接下來我們將要先告訴各位如何申請 Google Analytics 帳號與相關基本功能。

10-3-1 申請 Google Analytics

各位想要取得 Google Analytics 來幫忙分析網站流量與各種數據，只要三個簡易的步驟即可：

① 申請 Google Analytics
② 將追蹤程式碼依指定方式貼入網頁
③ 解讀 Google Analytics 追蹤網頁所收集相關統計資訊

接下來就開始為各位簡單示範如何申請 Google Analytics 帳號：

STEP 1 請先自行申請一個 Gmail 帳號後，接著請在 Google 搜尋引擎頁面，並於右上角按下「登入」。

以 Gmail 帳戶進行登入後，輸入 https://analytics.google.com 網址，連上 Google Analytics 官方網頁。在官網中說明了只要 3 個步驟就能開始分析網站流量，請點選網頁右方的「申請」鈕：

STEP 2 設定所要追蹤的項目：網站或行動應用程式，其中的帳戶名稱、網站名稱及網址都是必填項目。請在下圖中先填入帳戶名稱：

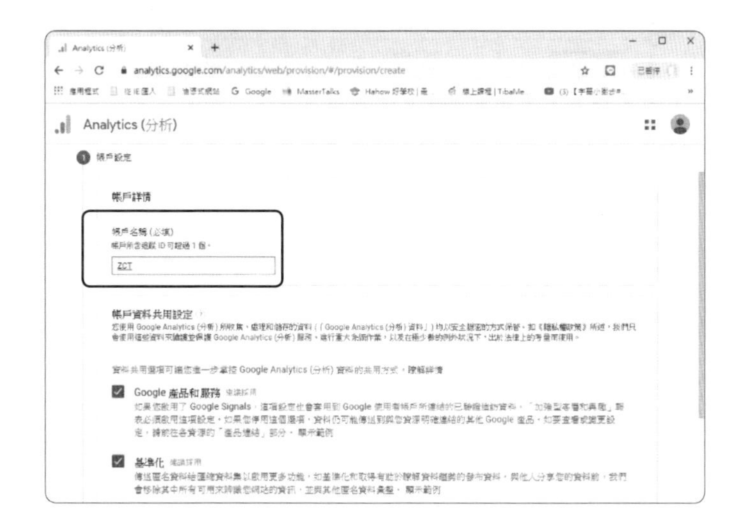

接著將網頁往下移動，再按「下一步」鈕：

此處點選「網頁」評估您的網站，再按「下一步」鈕：

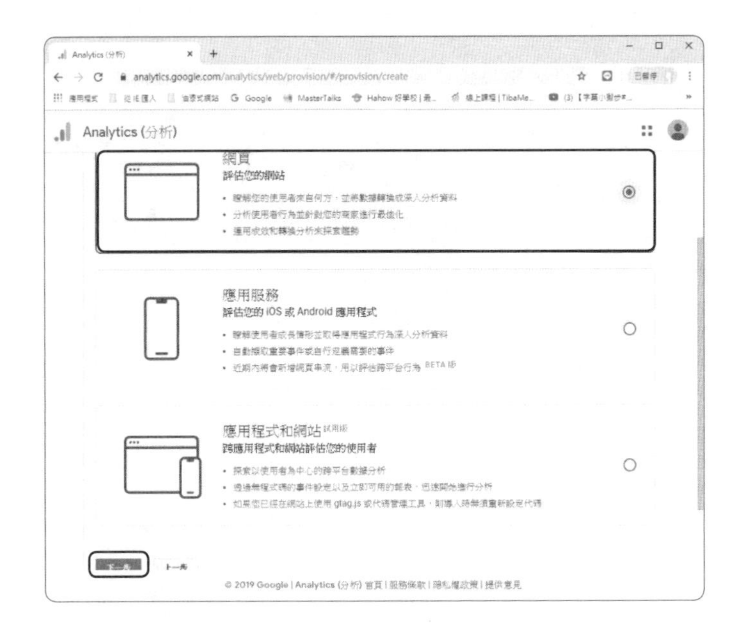

STEP 3 再於下圖的「資源設定」處填入網站名稱及網站網址。

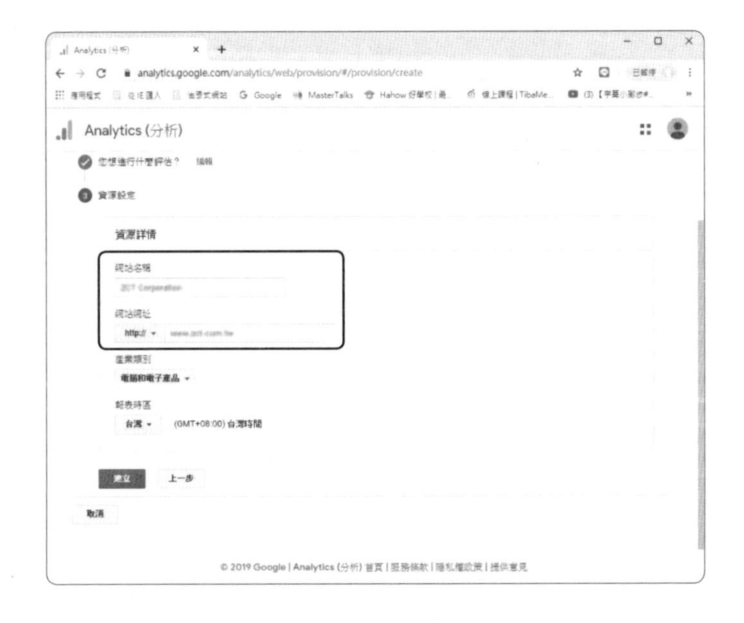

STEP 4 按下「建立」鈕後，並勾選 Google Analytics（分析）服務條款，並按「我接受」鈕。

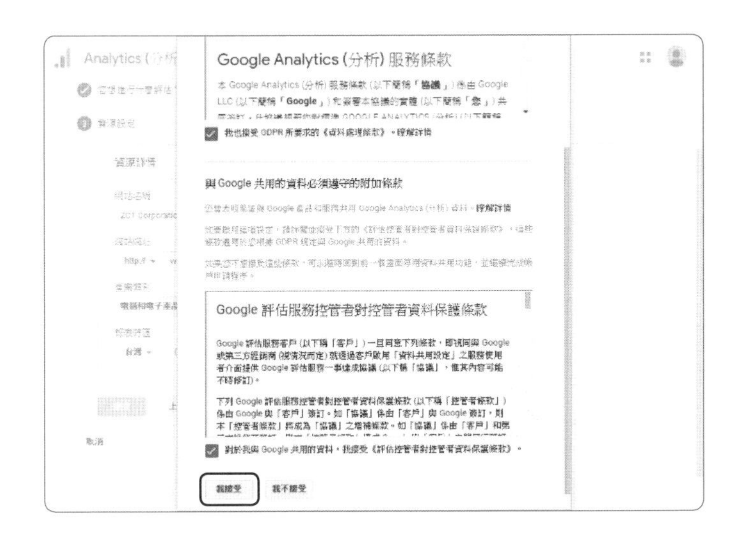

STEP 5 接著就可以產生追蹤 ID，請將下圖中的 Google Analytics（分析）追蹤程式碼複製下來。

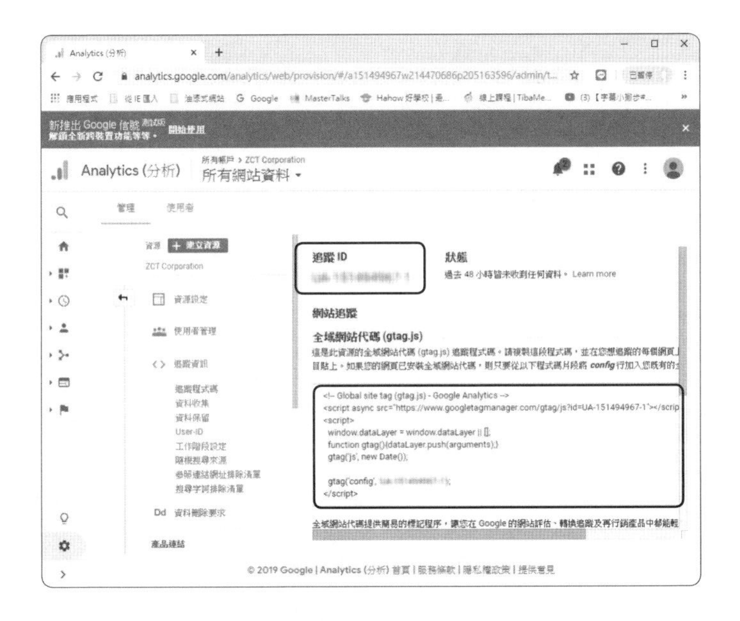

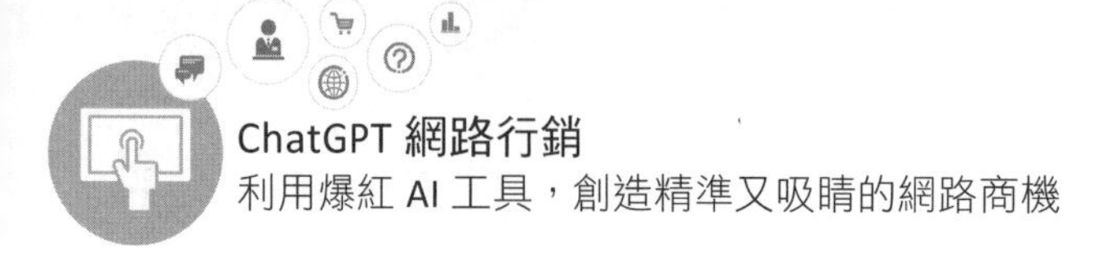

STEP 6 請把這段程式碼放到要進行追蹤網站的頁面中，作法是將剛才複製的程式碼貼在要追蹤網站的原始程式碼的 </head> 前，如下圖所示，如此一來就完成追蹤該網頁的設定工作。

```
<!-- Global site tag (gtag.js) - Google Analytics -->
<script async src="https://www.googletagmanager.com/gtag/js?id=UA-151494967-1"></script>
<script>
  window.dataLayer = window.dataLayer || [];
  function gtag(){dataLayer.push(arguments);}
  gtag('js', new Date());

  gtag('config', '[illegible]');
</script>
</head>
```

STEP 7 過些時間的收集後，各位就可以在 Google Analytics（分析）查看網站流量、訪客來源…等訪客在網站上的活動統計資訊。

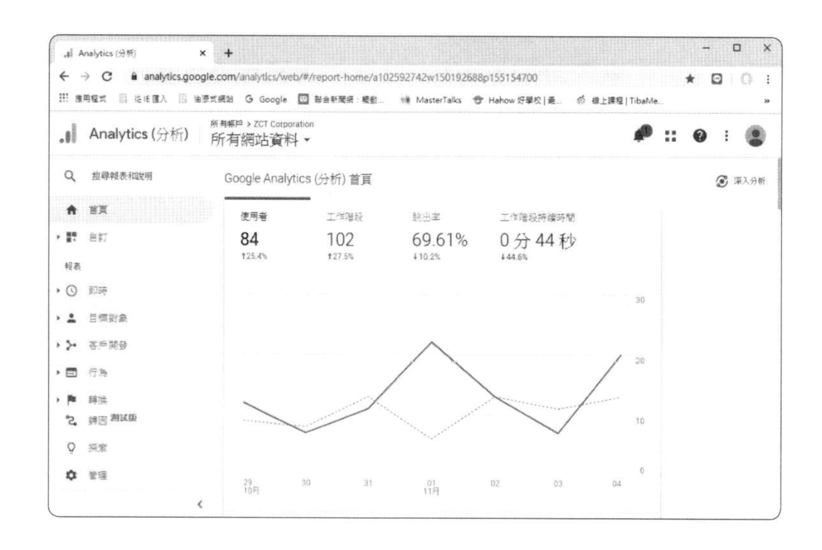

10-3-2 認識 GA 功能區

當準備解讀 GA 相關資料之前，請先設定好所要設定的「目標」報表，這可以讓各位在最短時間內了解自己所需要的後台數據。例如可以在 GA 左側看到「搜尋報表及說明」，這個地方可以輸入所要搜尋的關鍵字，網頁就會列出與該關鍵字相關的報表，輸入「流量」，可以輕易查詢出與「流量」有關的報表種類：

當各位點選上圖中「流量來源」，就可以馬上看到流量來源的報表功能說明，如下圖所示：

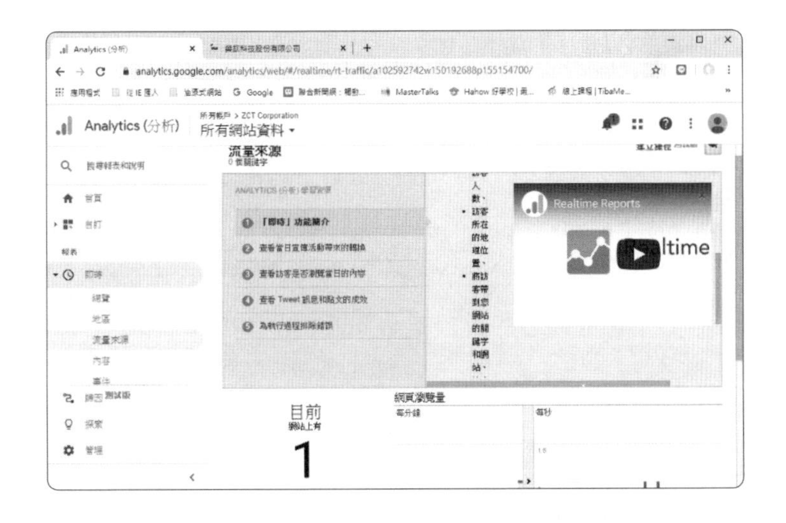

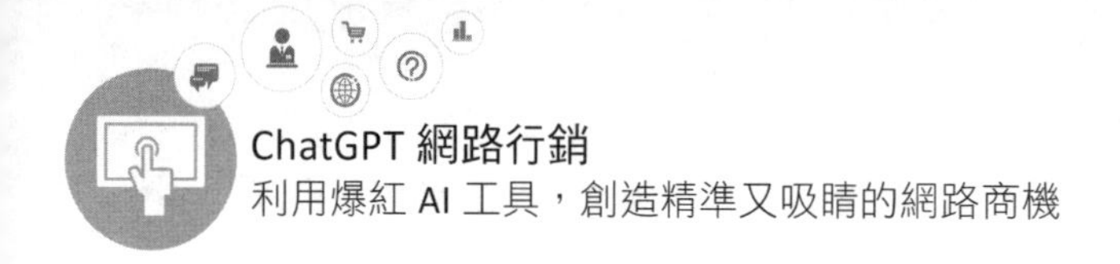

在 GA 首頁的左側功能區有一個「自訂」可以讓各位輕鬆製作打造出一張客製化與最符合你需求的數據報表：

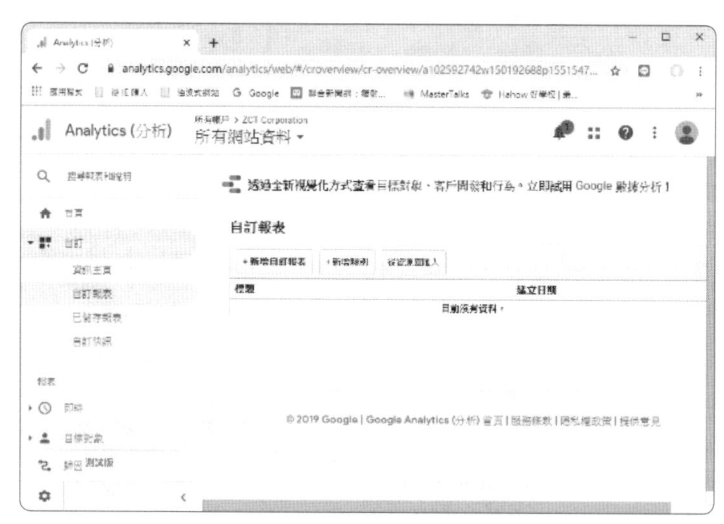

問題討論

1. 請簡述虛擬實境技術（Virtual Reality Modeling Language, VRML）與其特色。
2. 請簡介擴增實境（Augmented Reality, AR）。
3. 請簡介離線商務模式（Online To Offline, O2O）與優點。
4. 何謂「智慧家電」（Information Appliance）？
5. 請簡述反向 O2O 模式。
6. 何謂 ONO（Online and Offline）模式？
7. 試說明 OMO（offline-mobile-online）。
8. 零售 4.0 與全通路（Omni-Channel）是什麼概念，請簡單說明。
9. 請簡介 Google Analytics（GA）。

MEMO

11

AI 多媒體科技輕鬆打造吸睛網路行銷

- 最強 AI 繪圖生圖神器簡介
- DALL．E 3 AI 繪圖平台的技巧與實踐
- 使用 Midjourney 輕鬆繪圖
- 功能強大的 Playground AI 繪圖網站
- 微軟 Bing 的生圖工具：Copilot
- ChatGPT 和剪映軟體製作影片
- D-ID 讓照片人物動起來

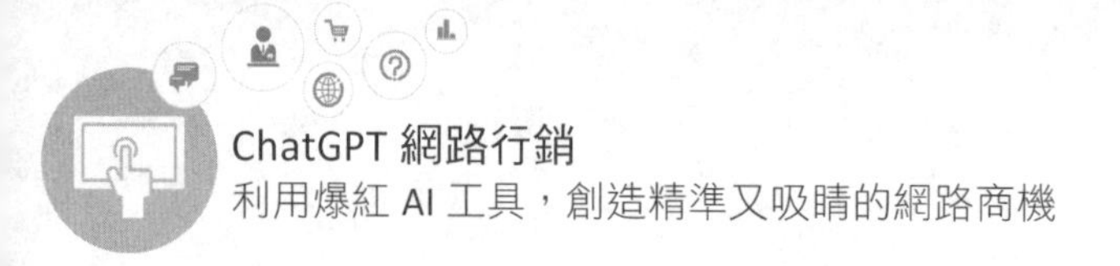

早期社群行銷往往是以文字為基礎，分析商品在目標市場，消費者於網路社群討論與產品相關的話題、人物和市場效果。隨著人工智慧技術的進步，越來越多的 AI 多媒體成像平台應運而生，今天店家或品牌應善用目前最新的「AI 多媒體技術」來即時創造市場話題，打造吸睛、吸引消費者互動及觀看的圖像內容及影音素材，幫助我們提升社群的效果和消費體驗。

◎ 行銷名人吳淡如也在學習最新的 AI 繪圖技術

圖片來源：https://www.gemarketing.com.tw/relatnews/betty-ai/

11-1 最強 AI 繪圖生圖神器簡介

本節將介紹一些著名的 AI 繪圖生成工具和平台，這些工具和平台將生成式 AI 繪圖技術應用於實際的軟體和工具中，讓普通用戶也能輕鬆地創作出美麗的圖像和繪畫作品。這些 AI 繪圖生成工具和平台的多樣性，使用戶可以根據個人喜好和需求選擇最適合的工具，以下是一些知名的 AI 繪圖生成工具和平台的例子：

- Midjourney：這是一個 AI 繪圖平台，它讓使用者無需具備高超的繪畫技巧或電腦技術，僅需輸入幾個關鍵字，便能快速生成精緻的圖像。這款繪圖程式不僅高效，而且能夠提供出色的畫面效果。

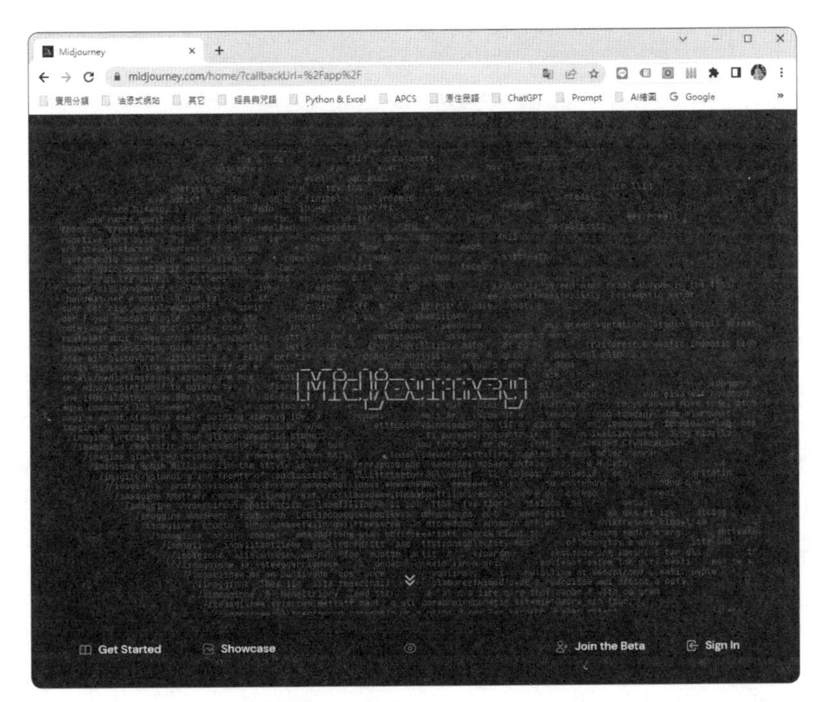

圖片來源：https://www.midjourney.com

- Stable Diffusion：這是於 2022 年推出的深度學習模型，專門用於從文字描述生成詳細圖像。除了這個主要應用，它還可應用於其他任務，例如內插繪圖、外插繪圖，以及以提示詞為指導生成圖像。

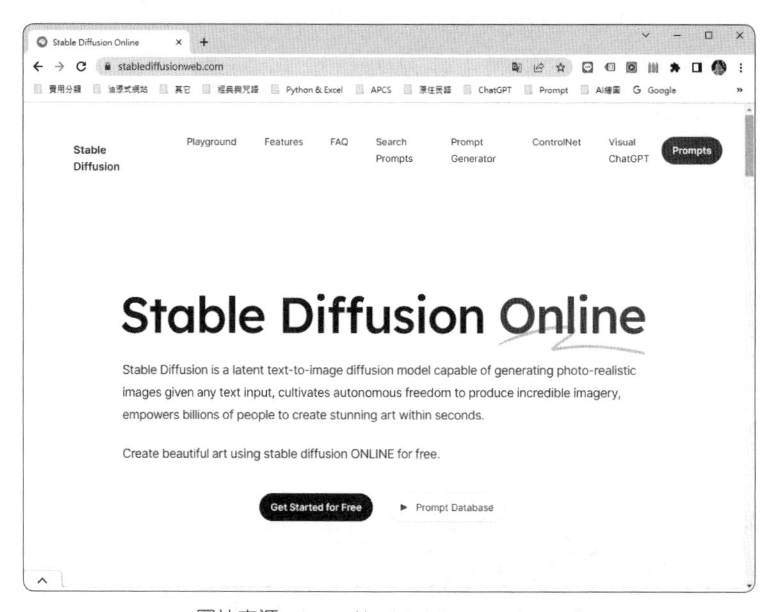

圖片來源：https://stablediffusionweb.com/

- DALL · E 3：非營利的人工智慧研究組織 OpenAI 在 2021 年初推出了名為 DALL · E 的 AI 製圖模型。DALL · E 的名字是藝術家 Salvador Dali 和機器人 WALL-E 的合成詞，使用者只需在 DALL · E 這個 AI 製圖模型中輸入文字描述，就能生成對應的圖片。而 OpenAI 後來也推出了升級版的 DALL · E 3，這個新版本生成的圖像不僅更加逼真，還能夠進行圖片編輯的功能。

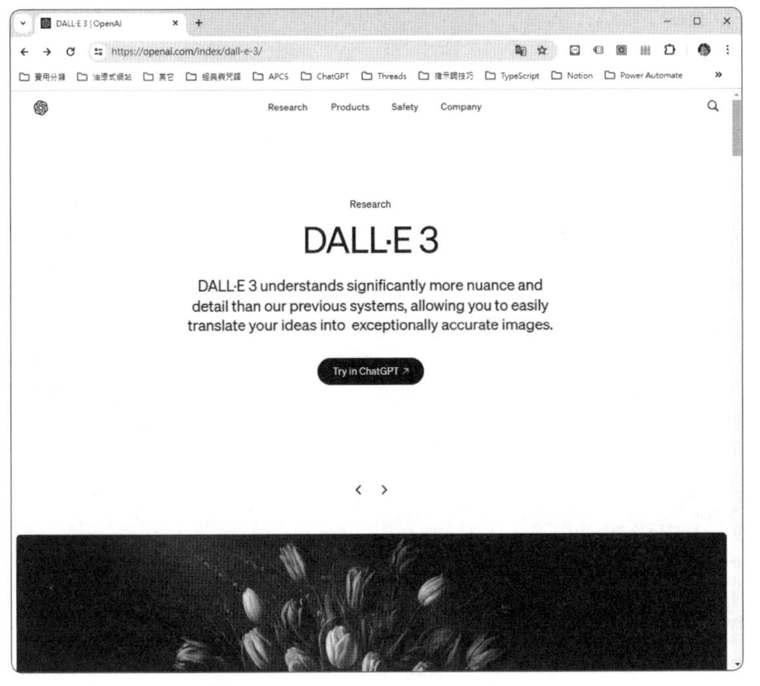

圖片來源：https://openai.com/index/dall-e-3/

- Copilot in Bing：微軟 Bing 針對台灣用戶推出了一款免費的 AI 繪圖工具，名為「Copilot」。這個工具是根據 OpenAI 的 DALL · E 3 圖片生成技術開發而成。使用者只需使用他們的微軟帳號登入該網頁，即可免費使用，並且對於一般用戶來説非常容易上手。使用這個工具非常簡單，圖片生成的速度也相當迅速（大約幾十秒內完成）。只需要在提示語欄位輸入圖片描述，即可自動生成相應的圖片內容。不過需要注意的是，一旦圖片生成成功，使用者可以自由下載這些圖片。

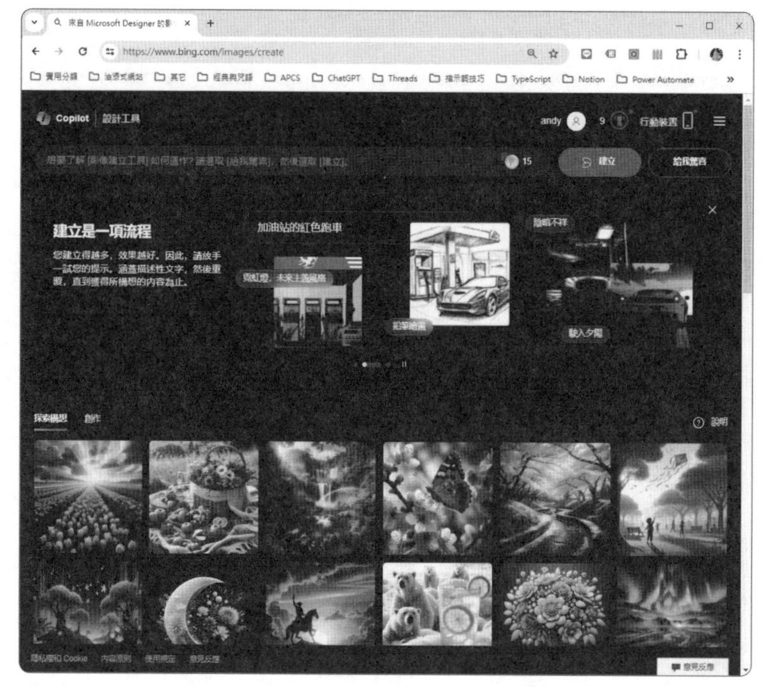

圖片來源：https://www.bing.com/images/create

- Playground AI：這是一個簡易且免費使用的 AI 繪圖工具。使用者不需要下載或安裝任何軟體，只需使用 Google 帳號登入即可。每天提供 1000 張免費圖片的使用額度，相較於其他 AI 繪圖工具的限制，此工具讓你有足夠的測試空間。使用上也相對簡單，提示詞接近自然語言，不需調整複雜參數。首頁提供多個範例供參考，當各位點擊「Remix」可以複製設定重新繪製一張圖片。請注意使用量達到 80% 時會通知，避免超過 1000 張限制，否則隔天將限制使用間隔時間。

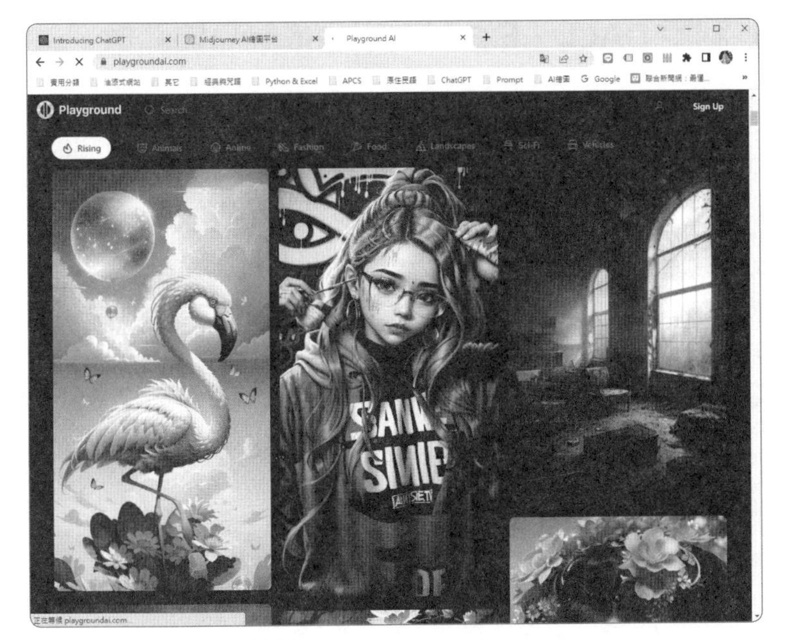

圖片來源：https://playgroundai.com/

以上這些知名的 AI 繪圖生成工具和平台提供了多樣化的功能和特色，讓用戶能夠嘗試各種有趣和創意的 AI 繪圖生成。然而，需要注意的是，有些工具可能需要付費或提供高級功能時需付費。在使用這些工具時，請務必遵守相關的使用條款和版權規定，尊重原創作品和知識產權。

11-2 DALL · E 3 AI 繪圖平台的技巧與實踐

DALL · E 3 利用深度學習和生成對抗網路（GAN）技術來生成圖像，並且可以從自然語言描述中理解和生成相應的圖像。例如，當給定一個描述「請畫出有很多氣球的生日禮物」時，DALL · E 3 可以生成對應的圖像。

11-2-1 利用 DALL．E 3 以文字生成高品質圖像

要體會這項文字轉圖片的 AI 利器，可以連上 https://openai.com/index/dall-e-3/ 網站，接著請按下圖中的「Try in ChatGPT」鈕：

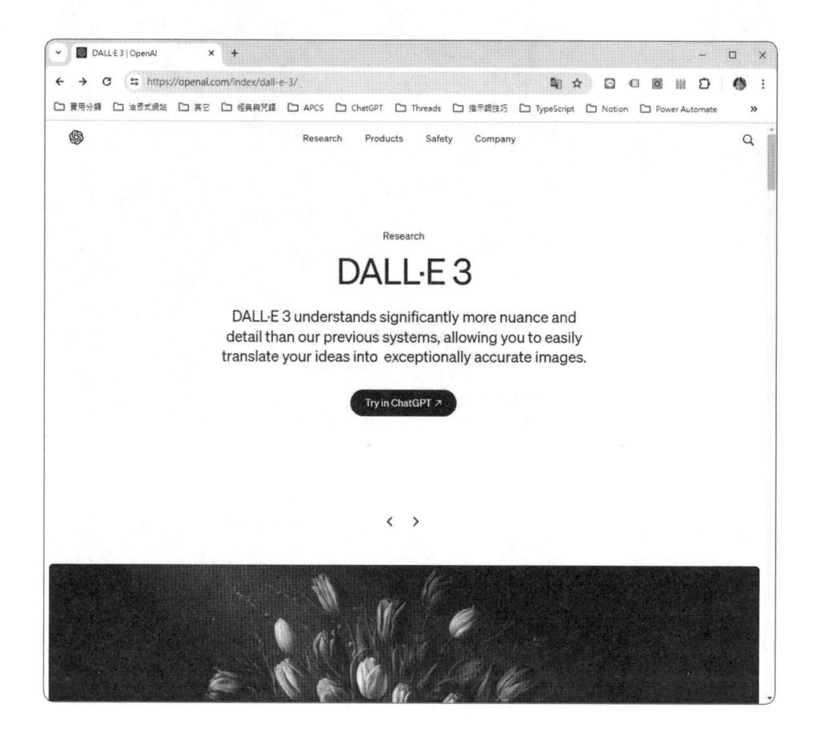

目前，DALL．E 3 的圖像生成功能僅對 ChatGPT Plus 和 ChatGPT Enterprise 用戶開放，免費版用戶暫時無法使用這項功能。不過，免費用戶可以透過 Bing 的 Copilot 來體驗 DALL．E 3 的圖像生成技術，先行嘗試其強大的功能。

接著請使用 Copilot 輸入要產生圖像的詳細描述，例如下圖輸入「請畫出有很多氣球的生日禮物」，再按下「提交」鈕，之後就可以快速生成品質相當高的圖像。如下圖所示：

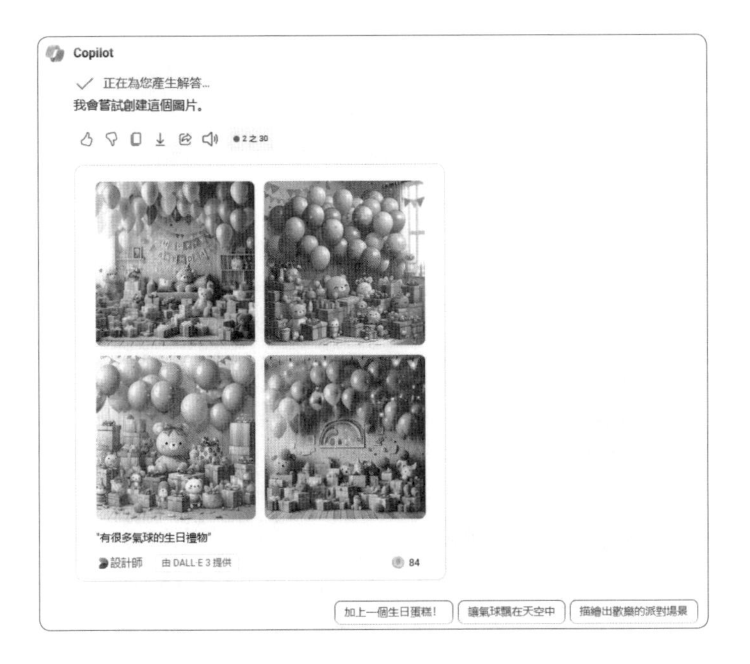

接著嘗試按上圖的「描繪出歡樂的派對場景」鈕，就會產生類似下圖的圖片效果。

11-3 使用 Midjourney 輕鬆繪圖

Midjourney 是一款輸入簡單描述文字，就能讓 AI 自動幫你創建出獨特而新奇的圖片程式，只要 60 秒的時間，就能快速生成四幅作品。

由 Midjourney 產生的長髮女孩

想要利用 Midjourney 來嘗試作圖，你可以先免費試用，不管是插畫、寫實、3D 立體、動漫、卡通、標誌、或是特殊的藝術風格，它都可以輕鬆設計出來。不過免費版是有限制生成的張數，之後就必須訂閱付費才能夠使用，而付費所產生的圖片可做為商業用途。

11-3-1 申辦 Discord 的帳號

要使用 Midjourney 之前必須先申辦一個 Discord 的帳號，才能在 Discord 社群上下達指令。各位可以先前往 Midjourney AI 繪圖網站，網址為：https://www.midjourney.com/home/。

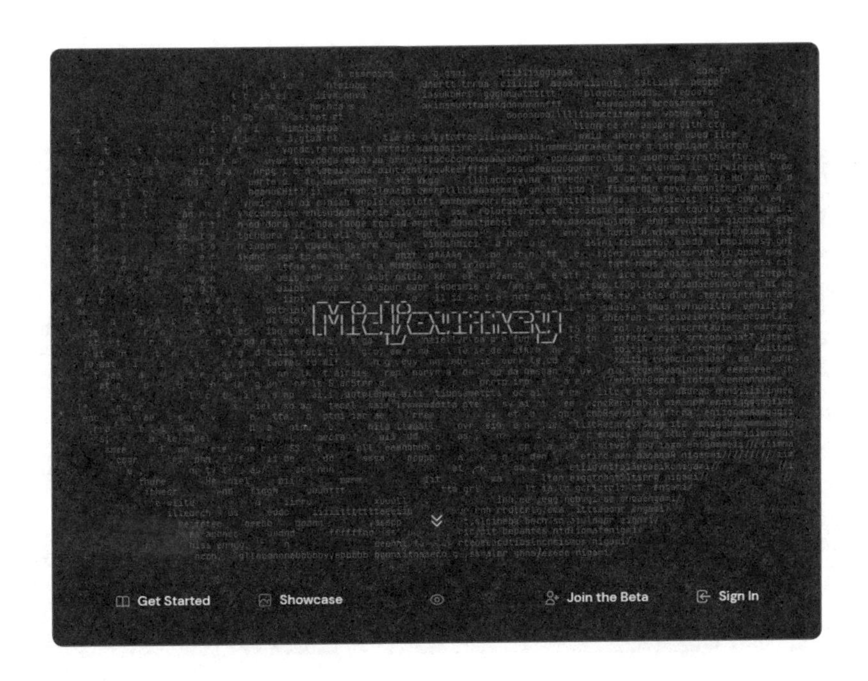

請先按下底端的「Join the Beta」鈕，它會自動轉到 Discord 的連結，請自行申請一個新的帳號，過程中需要輸入個人生日、密碼、電子郵件等相關資訊。由於 Midjourney 原本開放給所有人免費使用，但申請的人數眾多，官方已宣布不再提供免費服務，費用為每月 10 美元才能繼續使用。

11-3-2 登入 Midjourney 聊天室頻道

Discord 帳號申請成功後，每次電腦開機時就會自動啟動 Discord。當你受邀加入 Midjourney 後，你會在 Discord 左側看到 鈕，按下該鈕就會切換到 Midjourney。

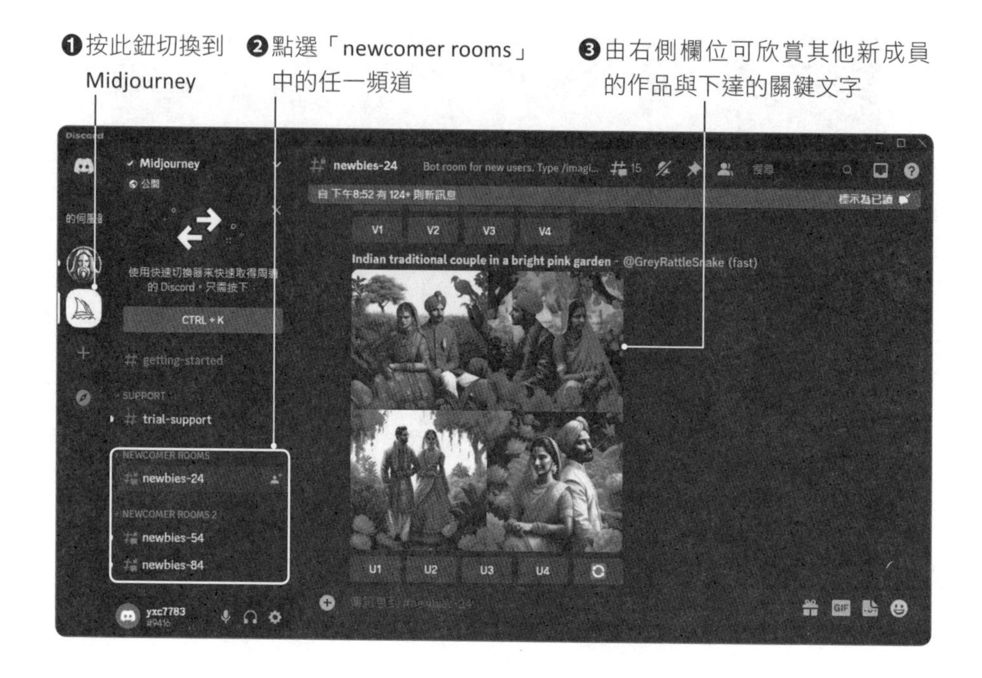

對於新成員，Midjourney 提供了「newcomer rooms」，點選其中任一個含有「newbies-#」的頻道，就可以讓新進成員進入新人室中瀏覽其他成員的作品，也可以觀摩他人如何下達指令。

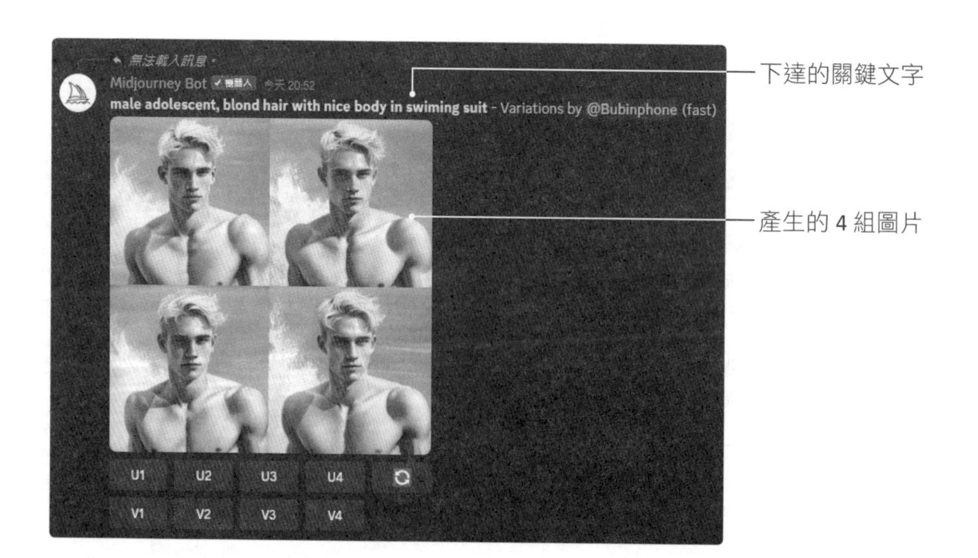

11-3-3 下達指令詞彙來作畫

當各位看到各式各樣精采絕倫的畫作，是不是也想實際嘗試看看！下達指令的方式很簡單，只要在底端含有「+」的欄位中輸入「/imagine」，然後輸入英文的詞彙即可。你也可以透過以下方式來下達指令：

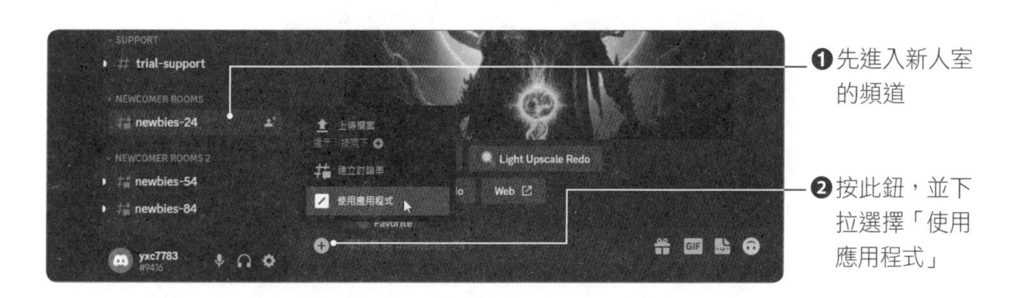

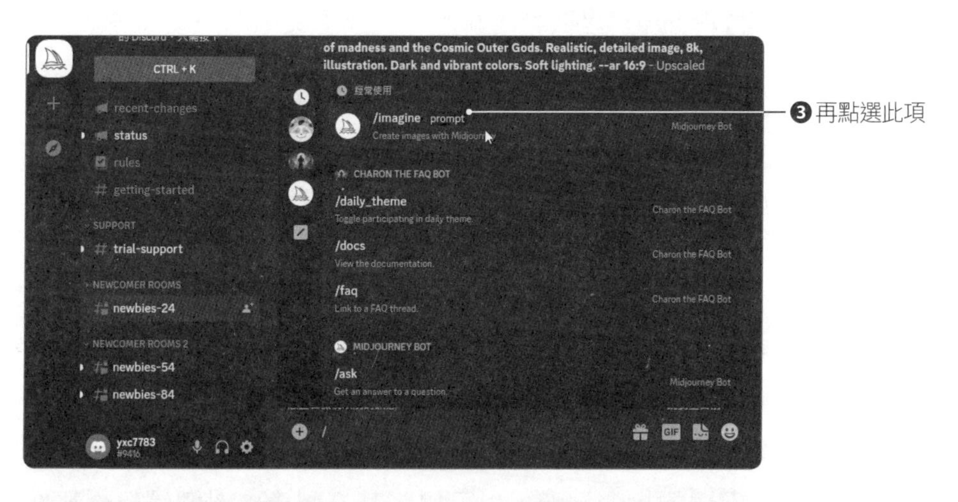

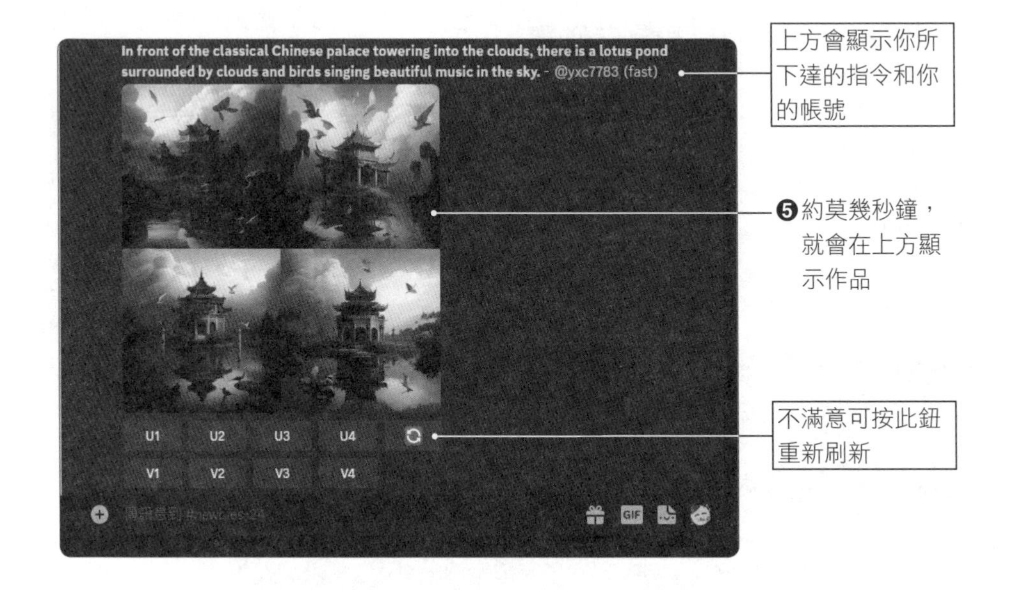

11-3-4 英文指令找翻譯軟體幫忙

對於如何在 Midjourney 下達指令詞彙有所了解後，再來說說它的使用技巧吧！首先是輸入的 prompt，輸入的指令詞彙可以是長文的描述，也可以透過逗點來連接詞彙。

在觀看他人的作品時，對於喜歡的畫風，你可以參閱他的描述文字，然後應用到你的指令詞彙之中。如果你覺得自己英文不好也沒有關係，可以透過 Google 翻譯或 DeepL 翻譯器之類的翻譯軟體，把你要描述的中文詞句翻譯成英文，再貼入 Midjourney 的指令區即可。同樣地，看不懂他人下達的指令詞彙，也可以將其複製後，以翻譯軟體幫你翻譯成中文。

特別注意的是，由於目前試玩 Midjourney 的成員眾多，洗版的速度非常快，你若沒有看到自己的畫作，往前後找找就可以看到。

11-3-5 重新刷新畫作

在你下達指令詞彙後，萬一呈現出來的四個畫作與你期望的落差很大，一種方式是修改你所下達的英文詞彙，另外也可以在畫作下方按下 重新刷新鈕，Midjourney 就會重新產生新的 4 個畫作出來。

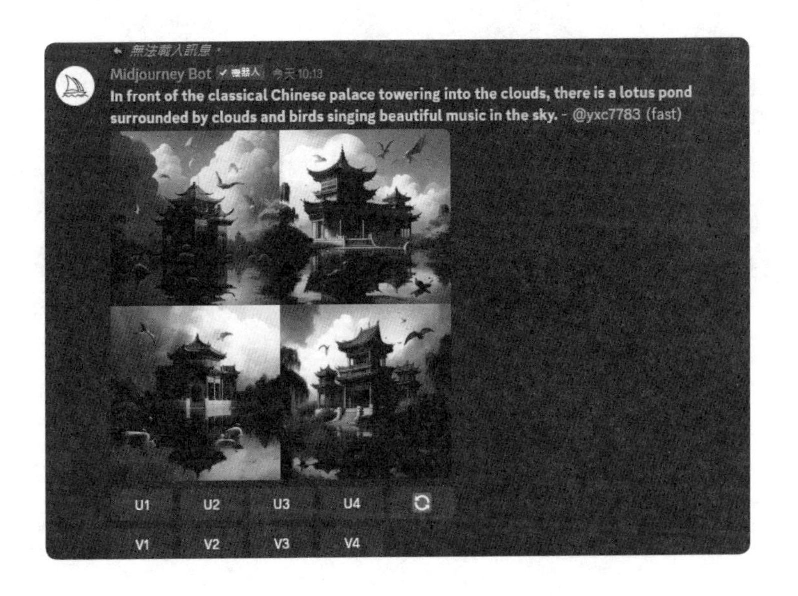

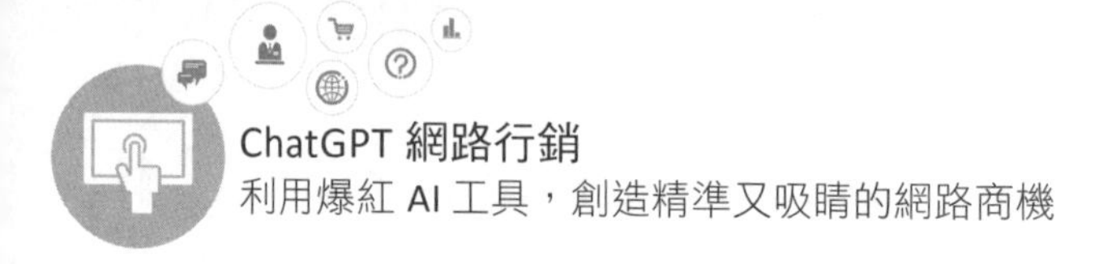

如果你想以某一張畫作來進行延伸的變化，可以點選 V1 到 V4 的按鈕，其中 V1 代表左上、V2 是右上、V3 左下、V4 右下。

11-3-6 取得高畫質影像

當產生的畫作有符合你的需求，你可以考慮將它保留下來。在畫作的下方可以看到 U1 到 U4 等 4 個按鈕。其中的數字是對應四張畫作，分別是 U1 左上、U2 右上、U3 左下、U4 右下。如果你喜歡右上方的圖，可按下 U2 鈕，它就會產生較高畫質的圖給你，如下圖所示。於畫作上按右鍵，執行「開啟連結」指令，會在瀏覽器上顯示大圖，再按右鍵執行「另存圖片」指令，就能將圖片儲存到你指定的位置。

11-4 功能強大的 Playground AI 繪圖網站

本節再介紹一個便捷且強大的 AI 繪圖網站— Playground AI。這個網站免費且不需要進行任何安裝程式，並且經常更新，以確保提供最新的功能和效果。Playground AI 讓使用者能夠完全自由地客製化生成圖像，同時還能夠以圖片作為輸入生成其他圖像。使用者只需先選擇所偏好的圖像風格，然後輸入英文提示文字，最後點擊「Generate」按鈕即可立即生成圖片。

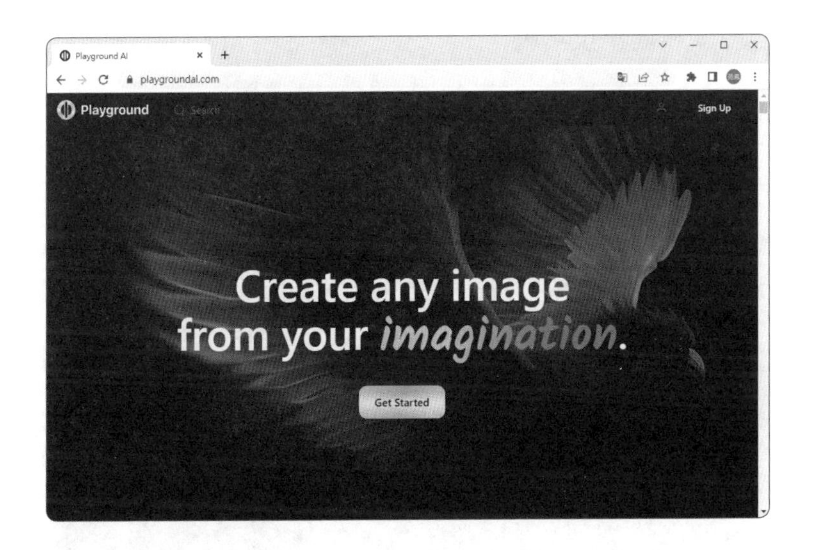

11-4-1 學習圖片原創者的提示詞

首先，讓我們來探索其他人的技巧和創作。當你在 Playground AI 的首頁向下滑動時，會看到許多其他使用者生成的圖片，每一張圖片都展現了獨特且多樣化的風格。你可以自由地瀏覽這些圖片，並找到喜歡的風格。只需用滑鼠點擊任意一張圖片，就能看到該圖片的原創者、使用的提示詞，以及任何可能影響畫面出現的其他提示詞等相關資訊。

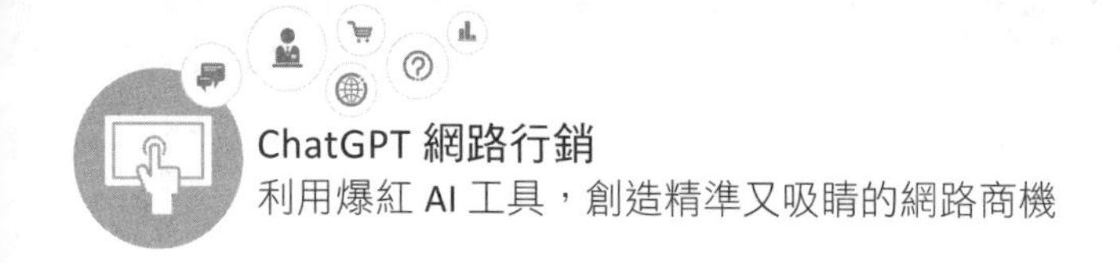

這樣的資訊對於學習和獲得靈感非常有幫助。你可以了解到其他人是如何使用提示詞和圖像風格來生成他們的作品。這不僅讓你更好地了解 AI 繪圖的應用方式，也可以啟發在創作過程中的想法和技巧。無論是學習他們的方法，還是從他們的作品中獲得靈感，都可以讓創作更加豐富和多元化。

Playground AI 提供了一個豐富的創作社群，讓你可以與其他使用者互相交流、分享和學習。這種互動和共享的環境可以激發創造力，並促使不斷進步和成長。所以，不要猶豫，立即探索這些圖片，看看可以從中獲得的靈感和創作技巧吧！

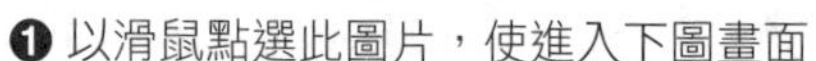

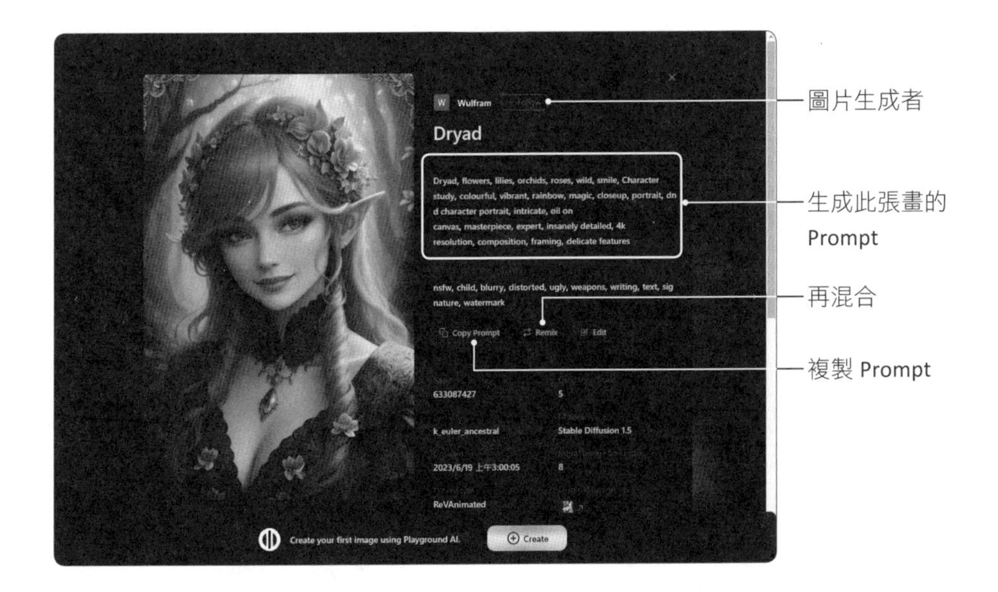

即使你的英文程度有限，無法理解內容也不要緊，你可以將文字複製到「Google 翻譯」或者使用 ChatGPT 來協助你進行翻譯，以便得到中文的解釋。此外，你還可以點擊「Copy prompt」按鈕來複製提示詞，或者點擊「Remix」按鈕以混合提示詞來生成圖片。這些功能都可以幫助你更好地使用這個平台，獲得你所需的圖像創作體驗。

除了參考他人的提示詞來生成相似的圖像外，你還可以善用 ChatGPT 根據你自己的需求生成提示詞喔！利用 ChatGPT，你可以提供相關的說明或指示，讓 AI 繪圖模型根據你的要求創作出符合你想法的圖像。這樣你就能夠更加個性化地使用這個工具，獲得符合自己想像的獨特圖片。不要害怕嘗試不同的提示詞，挑戰自己的創意，讓 ChatGPT 幫助你實現獨一無二的圖像創作！

11-4-2 初探 Playground 操作環境

在瀏覽各種生成的圖片後，我相信你已經迫不及待地想要自己嘗試了。只需在首頁的右上角點擊「Sign Up」按鈕，然後使用你的 Google 帳號登入即可開始，完全享受到 Playground AI 提供的所有功能和特色。

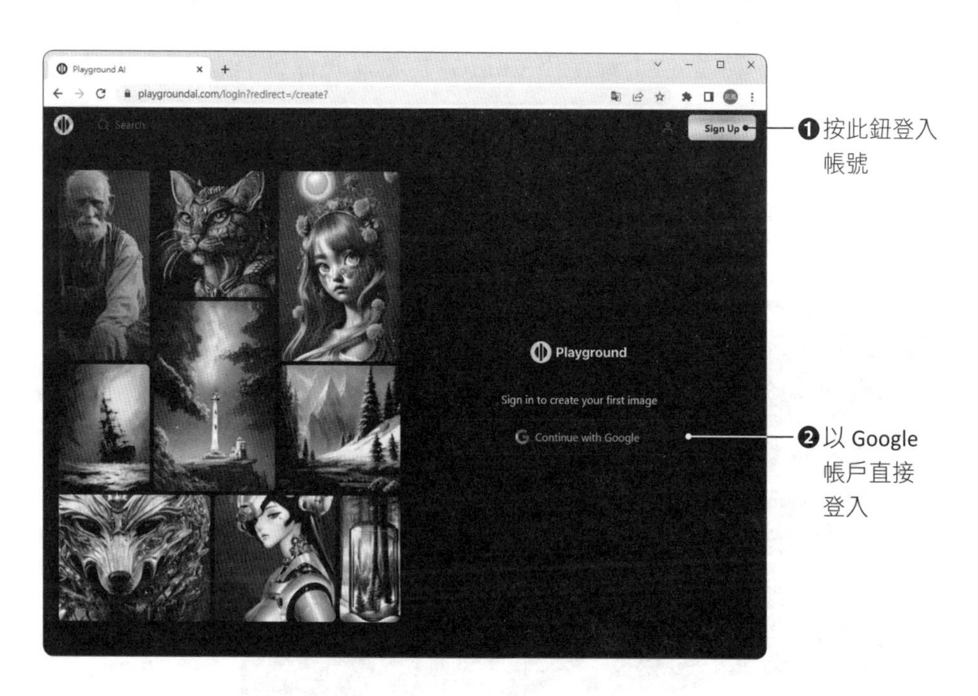

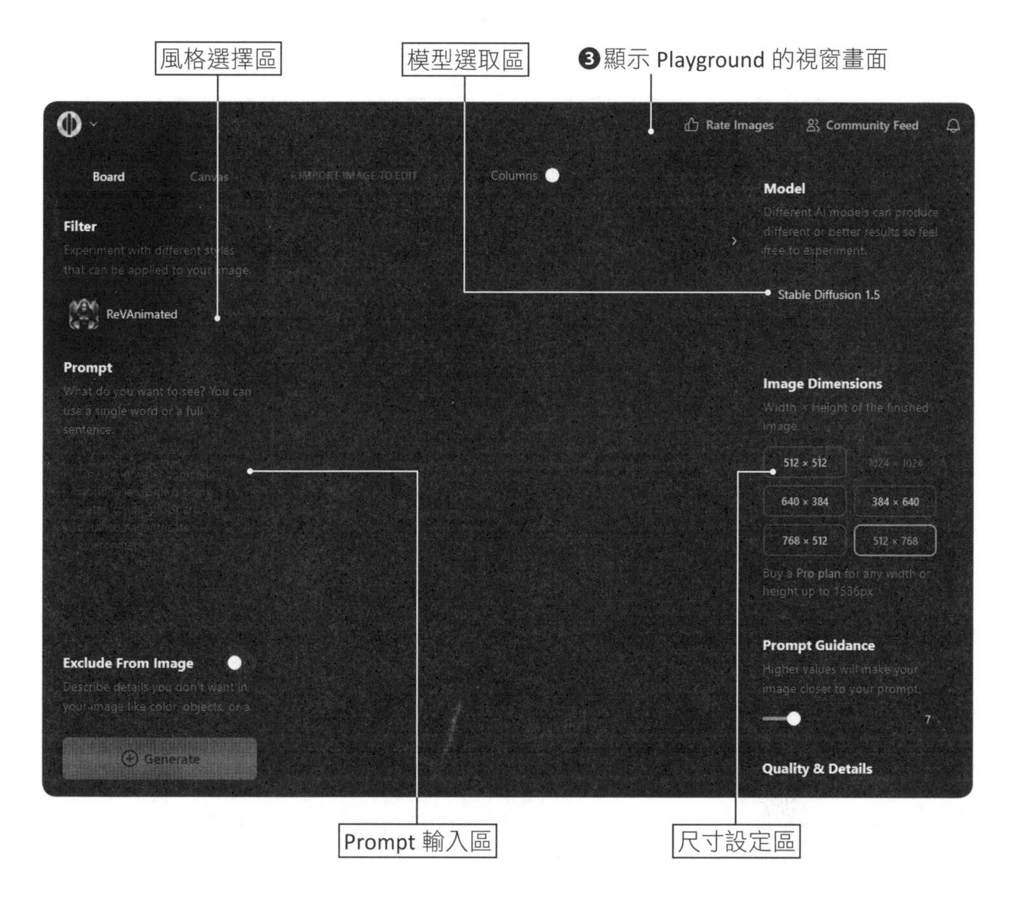

11-4-3 利用 ChatGPT 取得最佳的提示詞

在這裡，我們將利用 ChatGPT 提出問題來獲得最佳的提示詞，然後將這些提示詞複製到 Playground AI 中生成圖片。這樣做可以確保 Playground AI 生成的圖片更符合我們的期望。我們可以讓 ChatGPT 扮演 Playground AI 的提示詞生成器，以獲得更具創意和個性化的繪圖提示。這種結合 ChatGPT 和 Playground AI 的方式將為我們帶來更加豐富和獨特的圖像創作體驗。現在就讓我們開始利用 ChatGPT 來生成最佳的繪圖提示，並在 Playground AI 中展開創作吧！

prompt 提示

> TX 接下來請你扮演Playground AI繪圖提示生成器
>
> 當然，我很樂意扮演Playground AI繪圖提示生成器的角色。請告訴我您希望生成的圖片內容或提供一些關鍵字，我將努力為您生成一個適合的繪圖提示。請描述您期望的畫面風格、主題或任何您想在圖片中看到的元素。我將嘗試生成一個繪圖提示，讓您可以在Playground AI中繼續創作。請提供您的需求，我將盡力幫助您。

當我們告訴 ChatGPT 我們想要的畫面效果時，接下來就輸入要提示的文字內容。

prompt 提示

> TX 我想要一個歡樂的籃球總冠軍賽奪冠的慶祝畫面。
>
> 給您的繪圖提示是：「一個歡樂的籃球總冠軍賽奪冠的慶祝畫面」。您可以將這個提示複製並貼到Playground AI的Prompt區塊中，然後按下「Generate」來生成相應的圖片。希望這個繪圖提示能幫助您創作出一個令人歡欣鼓舞的畫面！

如果 ChatGPT 給出的內容符合你的要求，你可以請它將其翻譯成英文。這樣，你就能獲得更優秀的提示詞，並將該段英文文字複製並貼到 Playground AI 中。這將有助於你在 Playground AI 中獲得更理想的生成圖像。

prompt 提示

請將上面的繪圖提示翻譯成英文

The translation of the drawing prompt is: "A joyful celebration scene of winning the basketball championship." You can copy and paste this prompt into the Prompt section of Playground AI, and then click on "Generate" to create the corresponding image. I hope this drawing prompt helps you create an inspiring and joyful artwork!

11-4-4 實戰 Playground AI 生成圖片

一旦你登入 Playground 帳號，你可以使用左側的篩選器來選擇你喜歡的圖片濾鏡。按下圖示下拉式按鈕後，你將看到各種縮圖，這些縮圖可以大致展示出圖片呈現的風格。在這裡，你可以嘗試更多不同的選項，並發現許多令人驚豔的畫面。不斷探索和試驗，你將發現各種迷人的風格和效果等待著你。

現在，將 ChatGPT 生成的文字內容「複製」並「貼到」左側的提示詞（Prompt）區塊中。右側的「Model」提供四種模型選擇，預設值是「Stable Diffusion 1.5」，這是一個穩定的模型。DALL · E 3 模型需要付費才能使用，因此建議你繼續使用預設值。至於尺寸，免費用戶有五個選擇，其中 1024 x 1024 的尺寸需要付費才能使用。

完成基本設定後，最後只需按下畫面左下角的「Generate」按鈕，即可開始生成圖片。

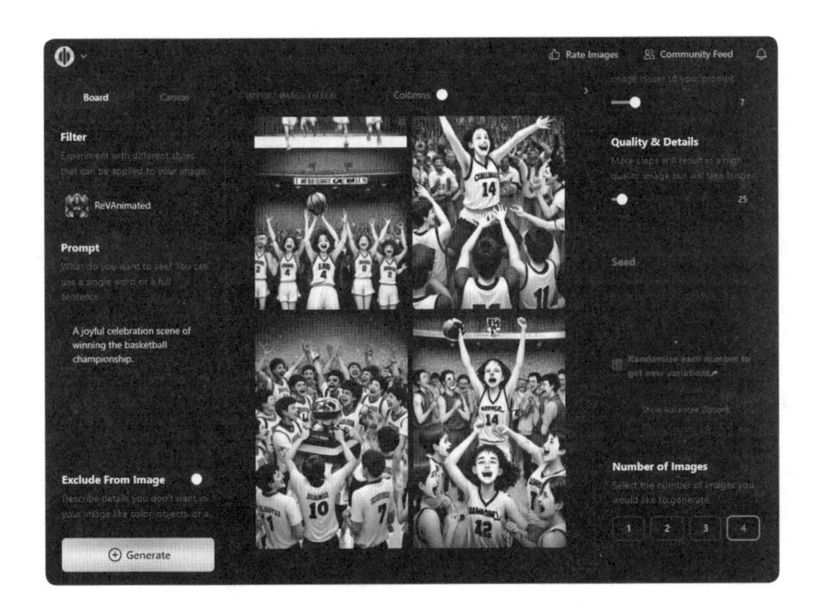

11-4-5 放大檢視生成的圖片

生成的四張圖片太小看不清楚嗎？沒關係，可以在功能表中選擇全螢幕來觀看。

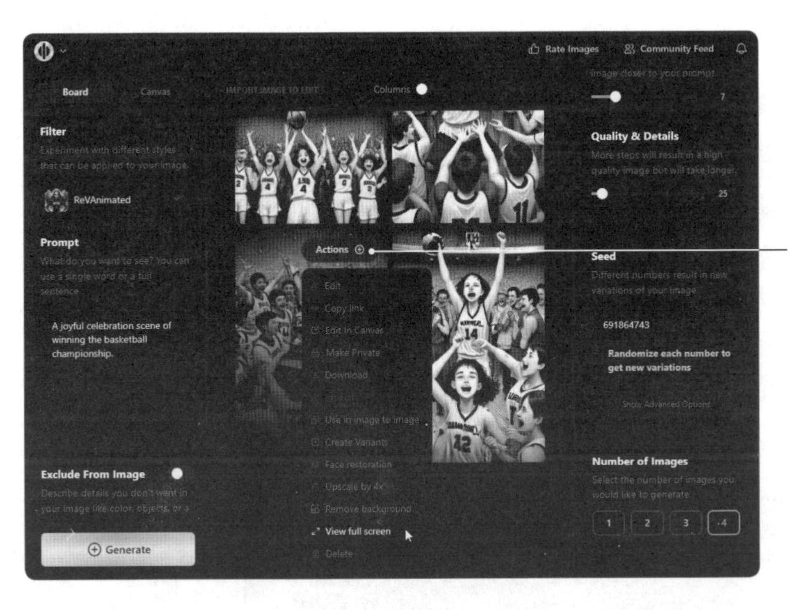

❶按下「Actions」鈕，在下拉功能表單中選擇「View full screen」指令

11-4-6 利用 Create Variations 指令生成變化圖

當 Playground 生成四張圖片後，如果有找到滿意的畫面，就可以在下拉功能表單中選擇「Create Variations」指令，讓它以此為範本再生成其他圖片。

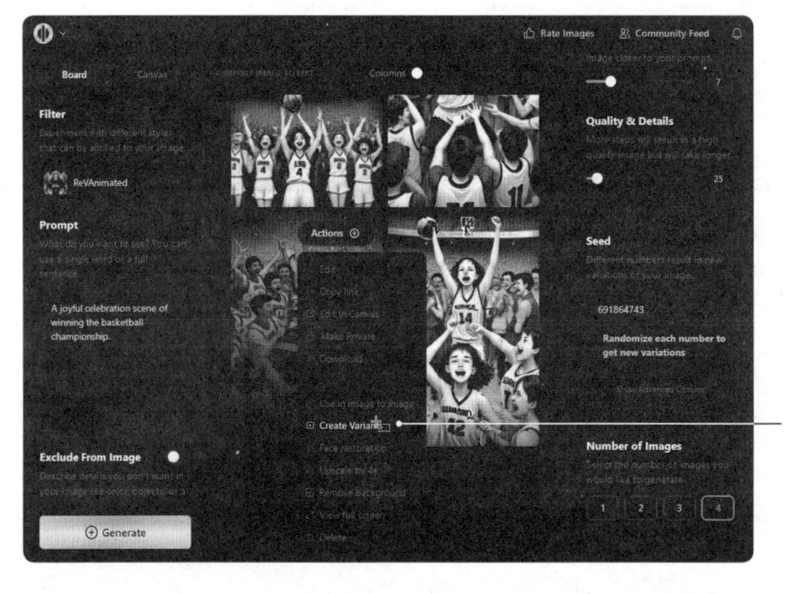

❶選擇「Create Variations」指令生成變化圖

❷生成四張類似的變化圖

11-4-7 生成圖片的下載

當你對 Playground 生成的圖片滿意時，可以將畫面下載到你的電腦上，它會自動儲存在你的「下載」資料夾中。

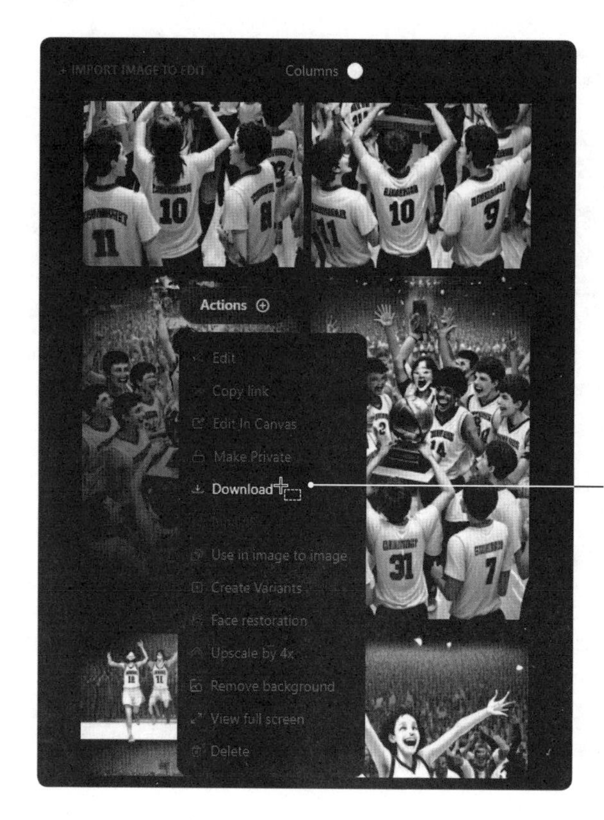

選擇「Download」指令下載檔案

11-5 微軟 Bing 的生圖工具：Copilot

微軟 Bing 引入了 Copilot 功能，可讓使用者輕鬆將文字轉化為圖片。這款 Copilot AI 影像生成工具已經正式推出，且對所有使用者免費開放。使用者可以輸入中文或英文的提示詞，Copilot 會迅速生成相應的圖片。

Copilot 會先描述設計理念再生成圖片，但目前生成的圖像僅限於正方形，無法顯示全景。這個影像生成工具使用的引擎與 ChatGPT 相同，均基於 DALL．E 技術。當使用者透過提示詞生成圖像後，可以將滑鼠游標移至任一圖像上，右鍵點擊以開啟功能表，執行另存圖片、複製圖片等操作。

11-5-1 從文字快速生成圖片

現在，讓我們來示範如何使用 AI 從文字建立影像。首先請先連上以下的網址（https://www.bing.com/images/create），參考以下的操作步驟：

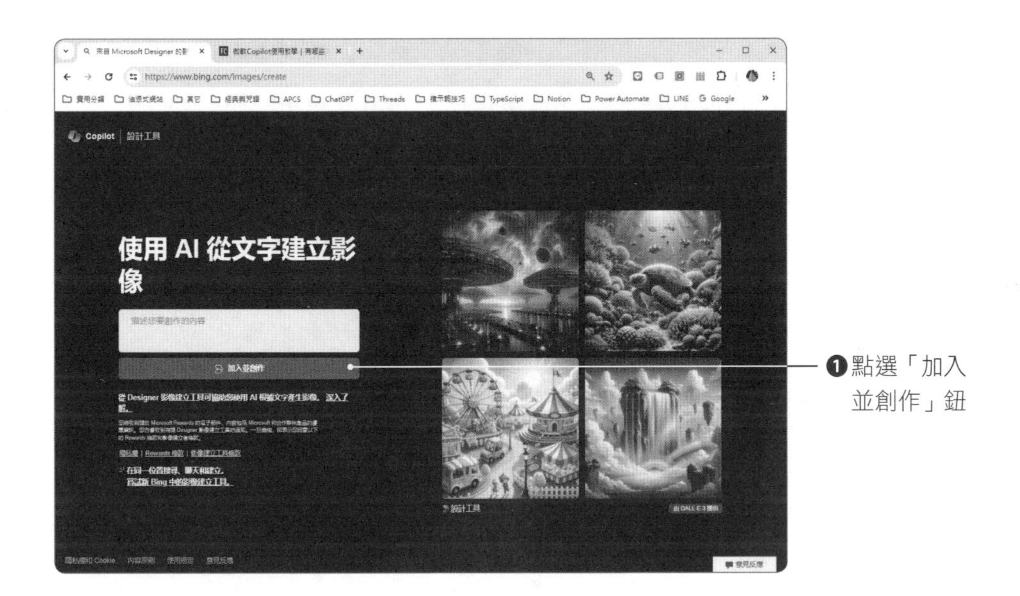

你可以有兩種登入方式：

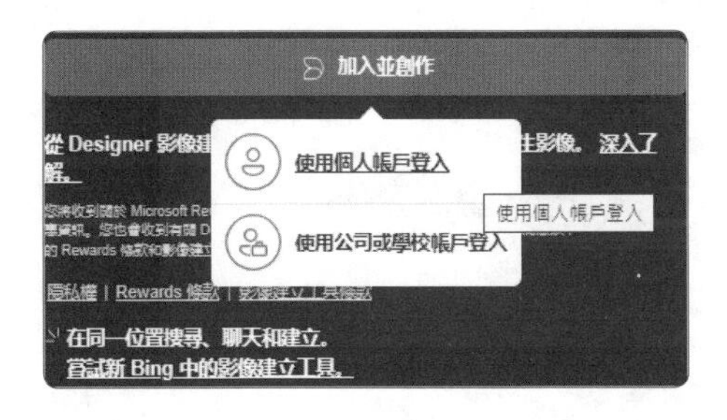

這裡選擇「使用個人帳戶登入」，其相關操作步驟，示範如下：

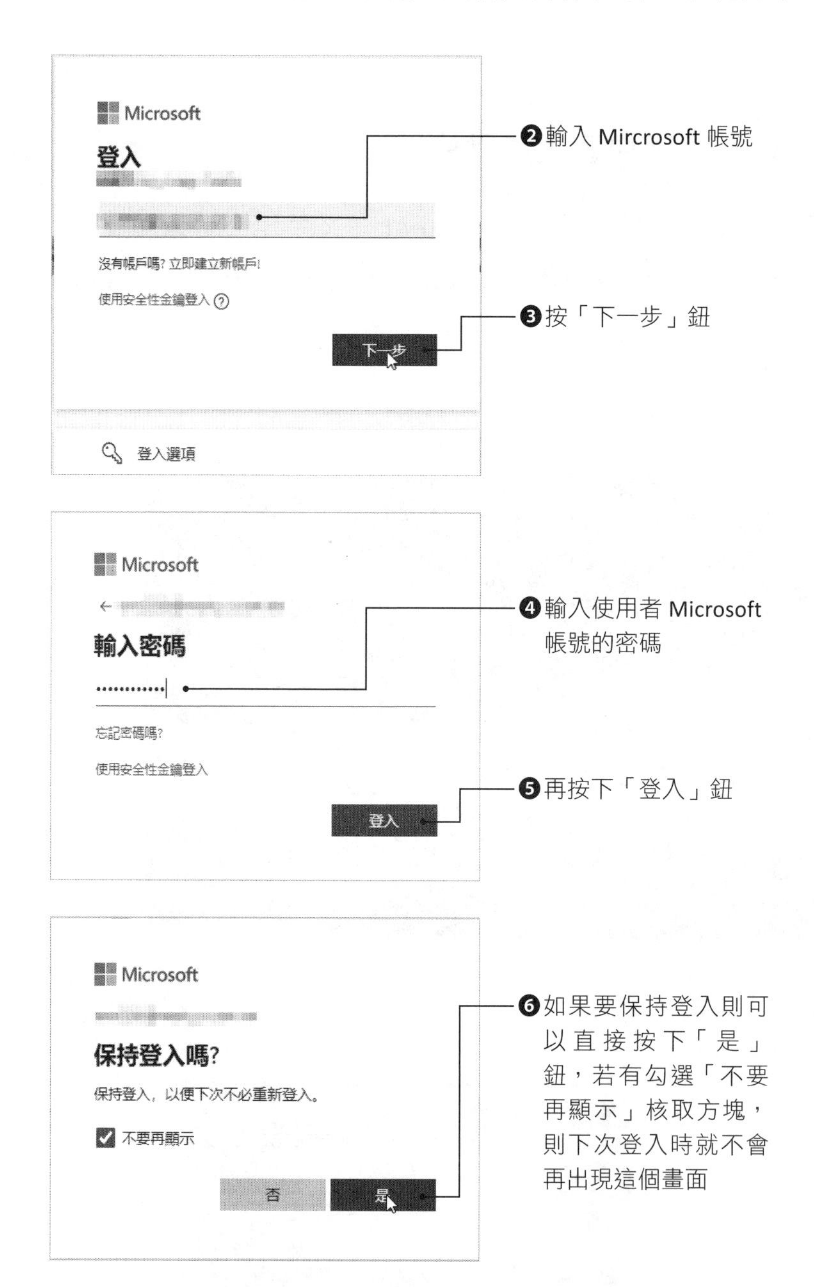

登入後即可使用 Copilot AI 工具來快速生成圖片，下圖為介面的簡易功能說明：

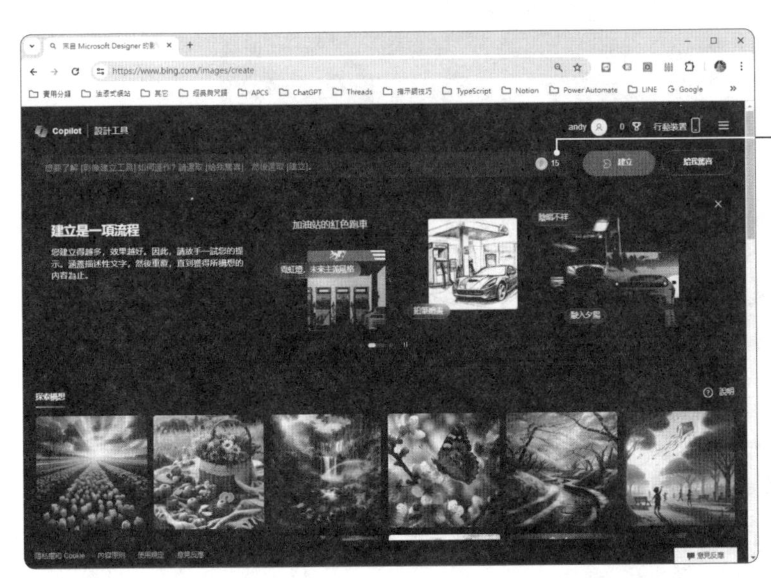

這裡會有 Credits 的數字，雖然免費，但每次生成一張圖片則會使用掉一點

接著示範從輸入提示文字，到產生圖片的實作過程：

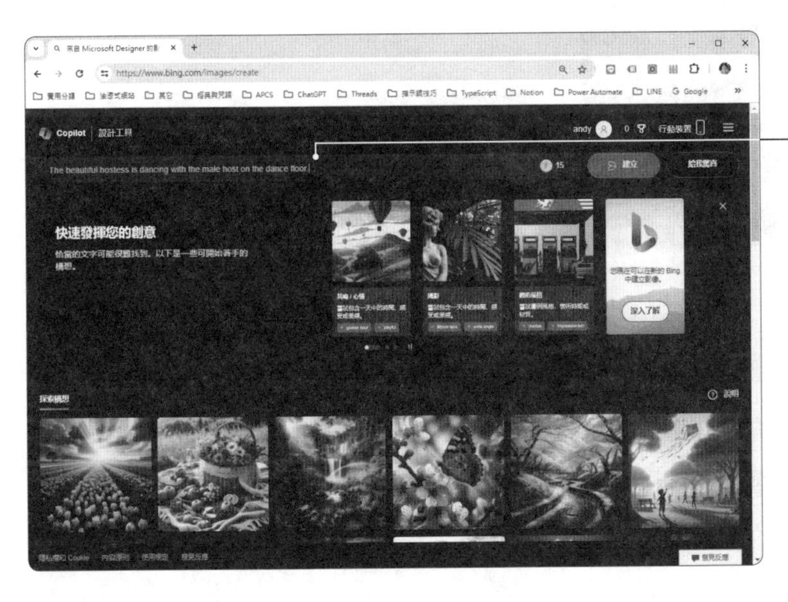

❶ 輸入提示文字「The beautiful hostess is dancing with the male host on the dance floor.」（也可以輸入中文提示詞）

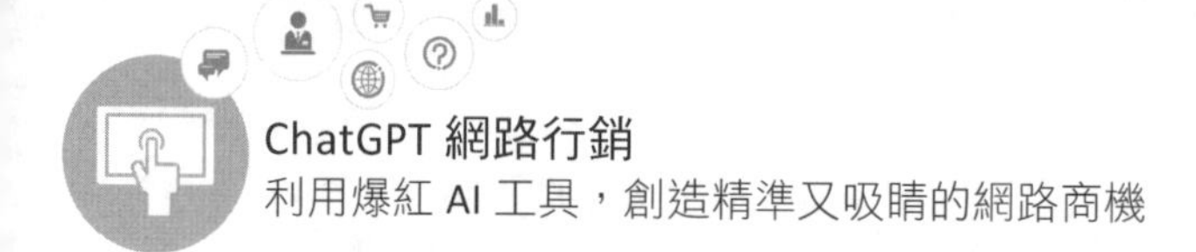

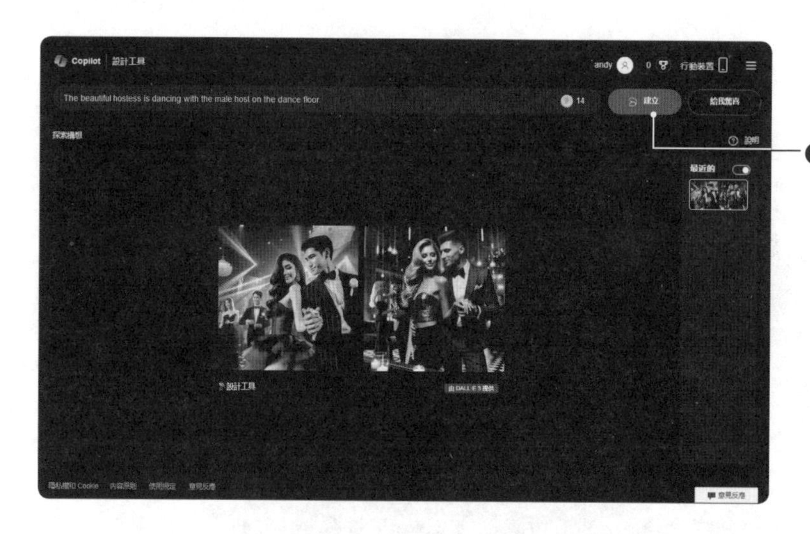

❷按「建立」鈕可以開始產生圖，一些秒數之後就可以根據提示詞一次生成 4 張圖片，請點按其中一張圖片

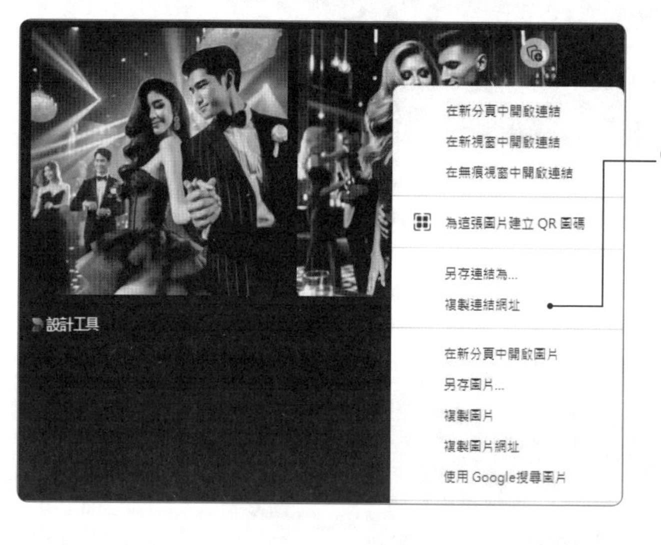

❸接著就可以針對該圖片按右鍵呼叫快顯功能表，選擇對圖片的操作指令

11-5-2「給我驚喜」可自動產生提示詞

你也可以再次輸入不同的提示詞，以生成更多圖片輕鬆使用 Copilot 將文字轉換成圖片，或是按下圖的「給我驚喜」可以讓系統自動產生提示文字。

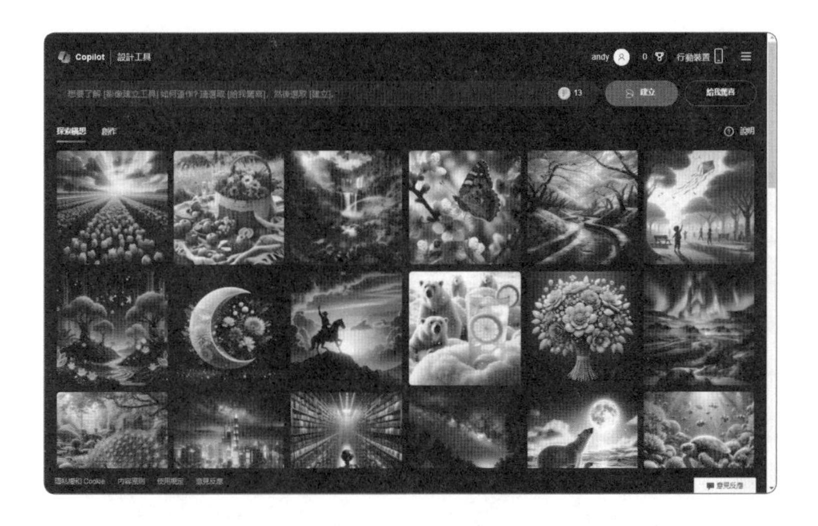

例如此處的「Superman sitting at a cubical, 1930's comic」，如下圖所示：

接著只要再按下「建立」鈕就可以根據這個提示文字生成新的四張圖片，如下圖所示：

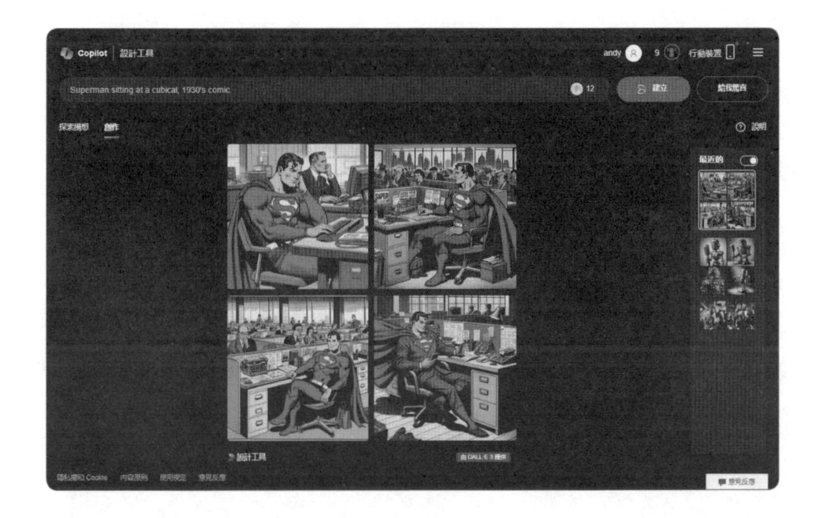

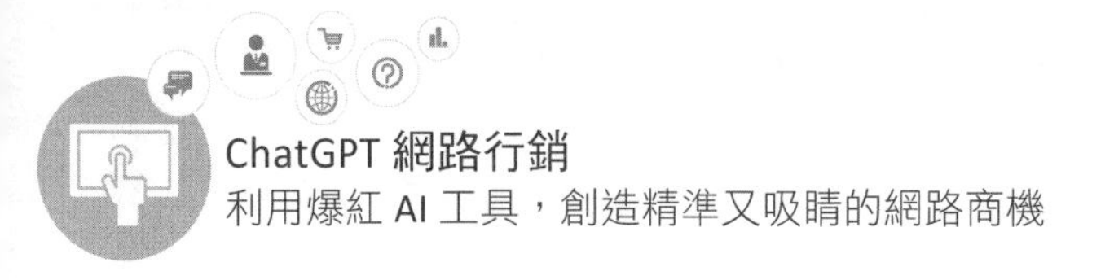

點選喜歡的圖片就可以放大查看該圖片，並允許使用者進行「分享」、「儲存」或「下載」等操作行為。如下圖所示：

11-6 ChatGPT 和剪映軟體製作影片

當 ChatGPT 日益受到大家的關注後，透過它的幫忙可以快速為 YouTuber 製作影片內容，也能透過它來進行產品的宣傳。特別是 ChatGPT 和剪映軟體二者合體，那麼不管是文字腳本、圖片、字幕、旁白錄音、配樂等，只要幾分鐘的時間就可以搞定，而且生成的影片品質可比擬專業水準。這一小節就來為各位做說明，如何利用 ChatGPT 和剪映軟體來製作影片。

11-6-1 使用 ChatGPT 構思腳本

首先各位可以在 ChatGPT 上，將想要詢問的主題直接詢問機器人，這裡以端午節為例，請 ChatGPT 簡要告知端午節的由來，並請它以美食專家的身分來介紹三款台灣人最喜歡的粽子。如下圖：

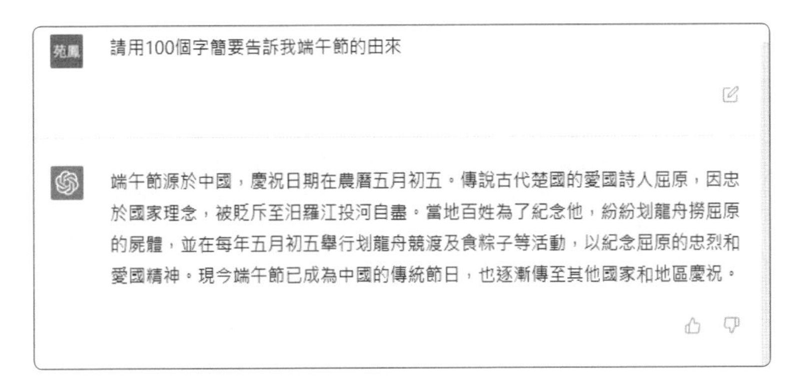

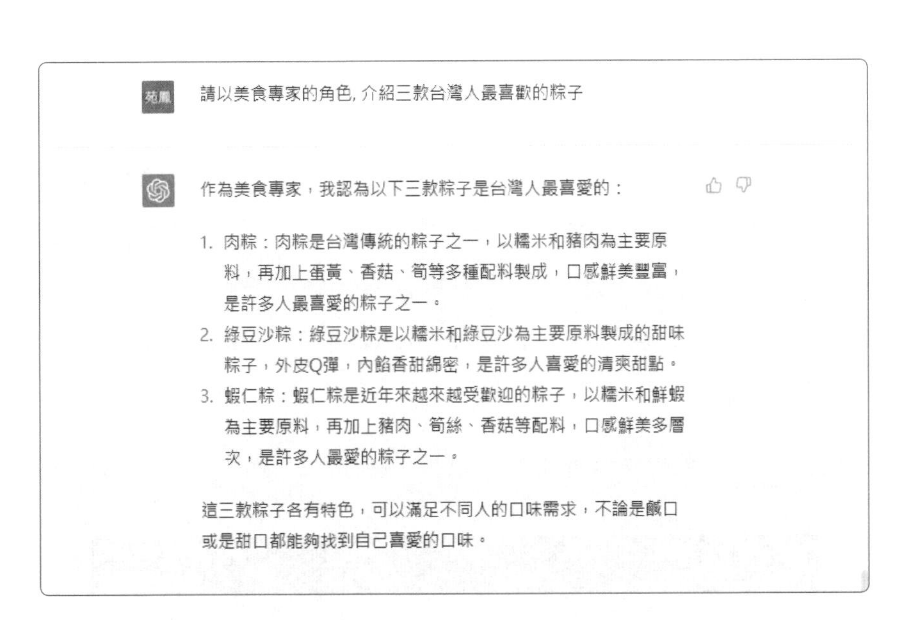

11-6-2 使用記事本編輯文案

對於 ChatGPT 所提供的內容，你可以照單全收，如果想要進一步編修，可以利用 Ctrl+C 鍵「複製」機器人的解答，再到記事本中按 Ctrl+V 鍵「貼上」文案，即可在記事本中編修內容。

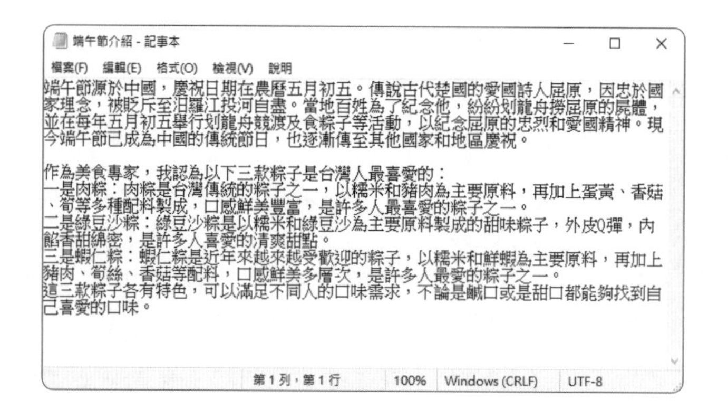
端午節介紹 - 記事本

端午節源於中國，慶祝日期在農曆五月初五。傳說古代楚國的愛國詩人屈原，因忠於國家理念，被貶斥至汨羅江投河自盡。當地百姓為了紀念他，紛紛划龍舟撈屈原的屍體，並在每年五月初五舉行划龍舟競渡及食粽子等活動，以紀念屈原的忠烈和愛國精神。現今端午節已成為中國的傳統節日，也逐漸傳至其他國家和地區慶祝。

作為美食專家，我認為以下三款粽子是台灣人最喜愛的：
一是肉粽：肉粽是台灣傳統的粽子之一，以糯米和豬肉為主要原料，再加上蛋黃、香菇、筍等多種配料製成，口感鮮美豐富，是許多人最喜愛的粽子之一。
二是綠豆沙粽：綠豆沙粽是以糯米和綠豆沙為主要原料製成的甜味粽子，外皮Q彈，內餡香甜綿密，是許多人喜愛的清爽甜點。
三是蝦仁粽：蝦仁粽是近年來越來越受歡迎的粽子，以糯米和鮮蝦為主要原料，再加上豬肉、筍絲、香菇等配料，口感鮮美多層次，是許多人最愛的粽子之一。
這三款粽子各有特色，可以滿足不同人的口味需求，不論是鹹口或是甜口都能夠找到自己喜愛的口味。

11-6-3 使用剪映軟體製作視訊

剪映軟體是一套簡單易用的影片剪輯軟體，可以輸出高畫質且無浮水印的影片，能在 Mac、Windows、手機上使用，不但支援多軌剪輯、還提供多種的素材和濾鏡可以改變畫面效果。剪映軟體可以免費使用，功能又不輸於付費軟體，且支援中文，因此很多自媒體創作者都以它來製作影片。欲使用剪映軟體，可在 Google 搜尋「剪映」，或到官網下載。專業版下載網址：https://www.capcut.cn/?_trms=67db06e7ac082773.1680246341625。

完成下載和安裝程式後，桌面上會顯示 圖示鈕，按滑鼠兩下即可啟動程式。啟動後會看到如下的首頁畫面，請按下「圖文成片」鈕，即可快速製作影片。

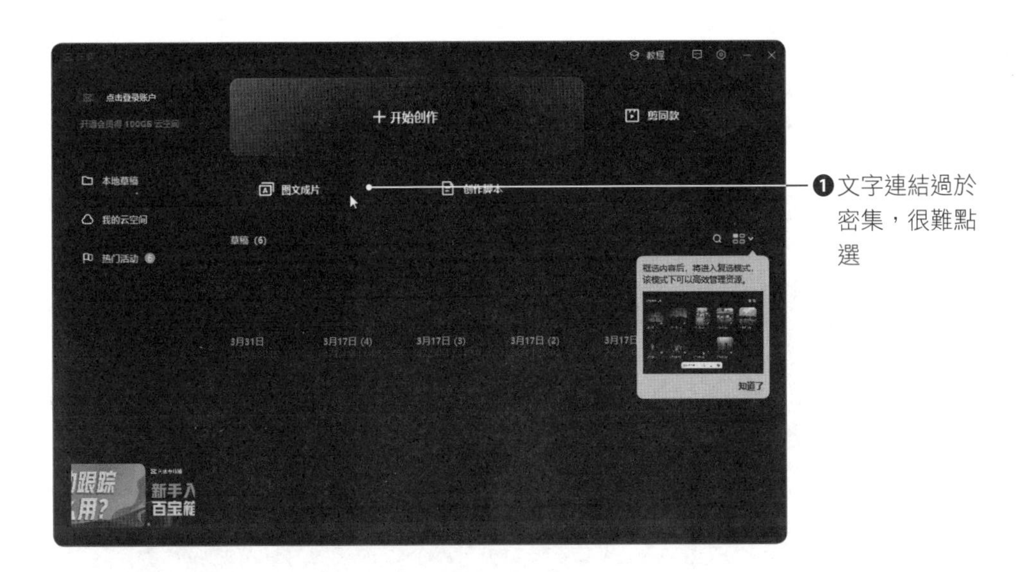

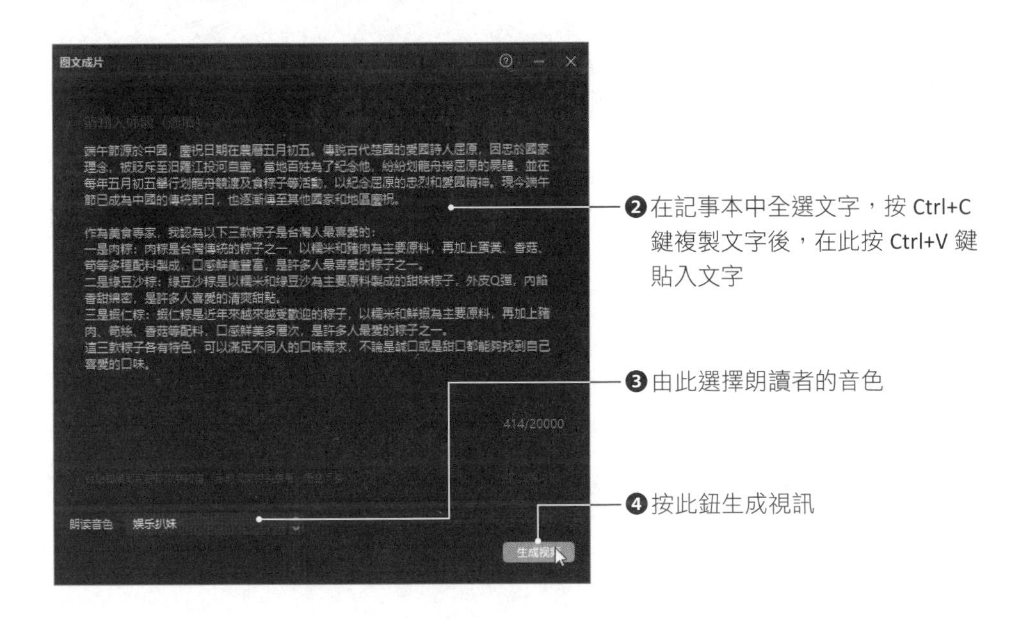

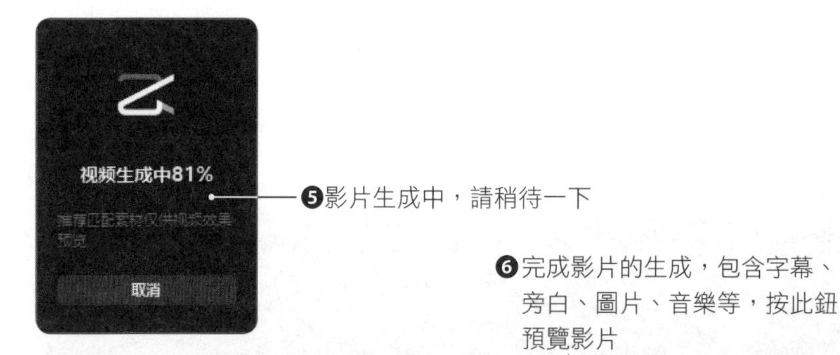

夠厲害吧！一分半的影片只要一分鐘的時間就產生出來了。這樣就不用耗費力氣去找尋適合的圖片或影片素材，旁白和背景音樂也幫你找好，真夠神速！如果有不適合的素材圖片亦可按右鍵來替換素材。

11-6-4 導出視訊影片

影片製作完成，最後就是輸出影片，按下右上角的「導出」鈕，除了輸出影片外，也可以一併導出音檔和字幕喔！

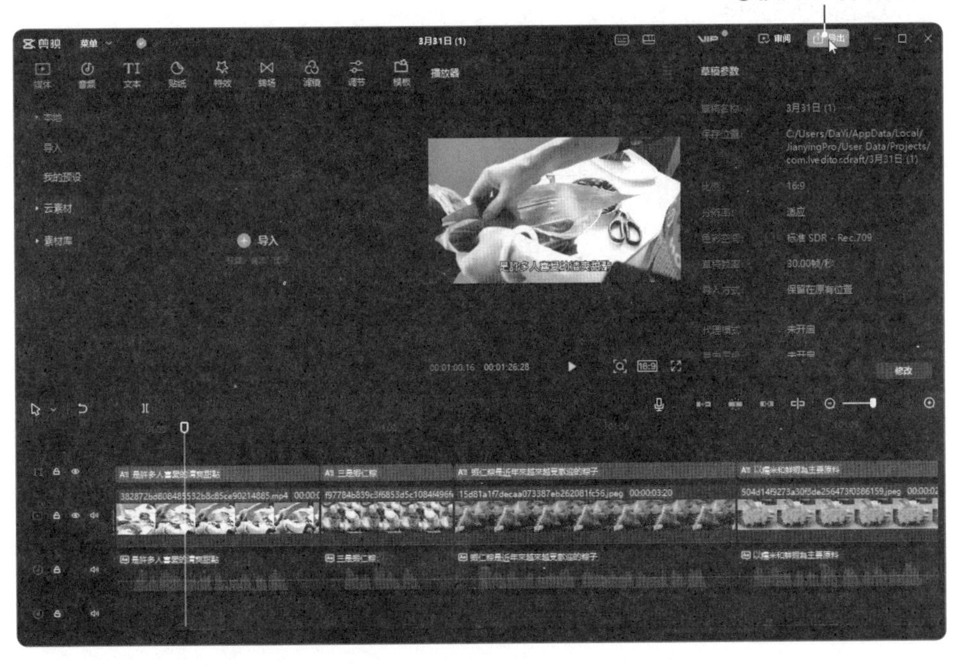
❶按此鈕導出影片

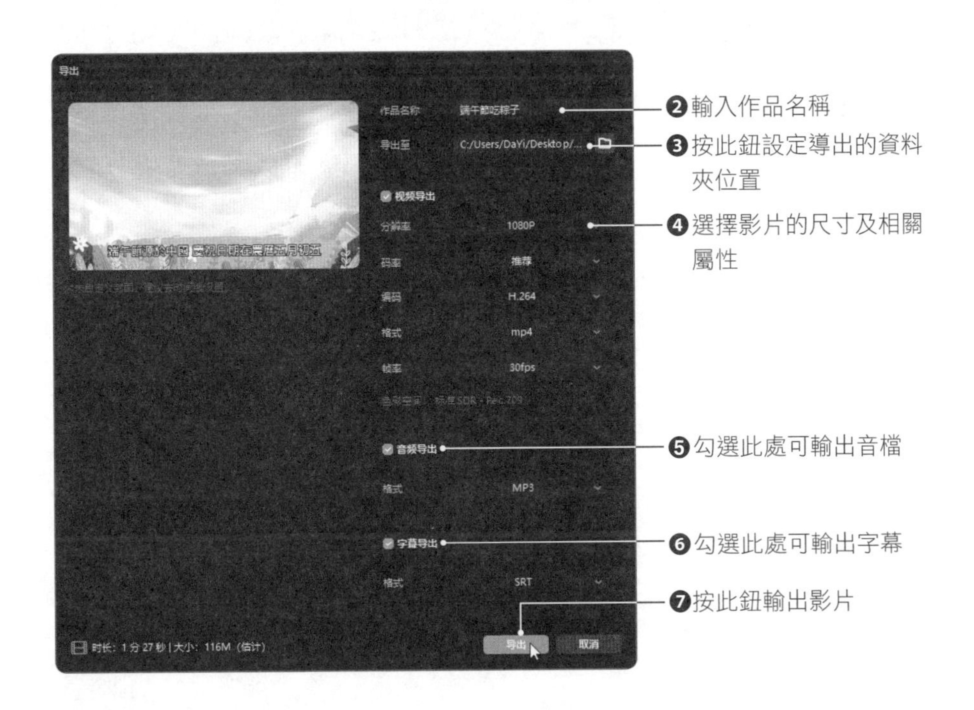
❷輸入作品名稱
❸按此鈕設定導出的資料夾位置
❹選擇影片的尺寸及相關屬性
❺勾選此處可輸出音檔
❻勾選此處可輸出字幕
❼按此鈕輸出影片

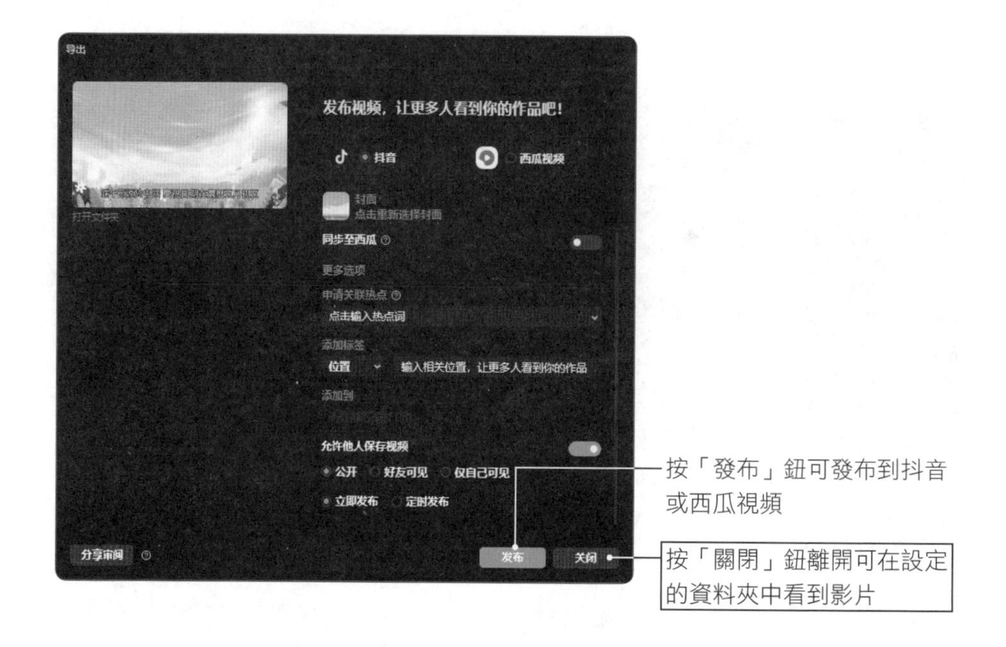

11-7 D-ID 讓照片人物動起來

前面我們介紹了利用 ChatGPT 讓機器人幫我們構思有關端午節的介紹。如果你希望有演講者來解說影片的內容，那麼可以考慮使用 D-ID，讓它自動生成 AI 演講者。

11-7-1 準備人物照片

在人物照片方面，你可以選用真人的照片，也可以使用前面介紹的 Midjourney 來生成人物，如下圖所示。如果你有預先將人物照片做去背景處理，屆時匯入到剪映視訊軟體之中，還可以與影片素材整合在一起。

使用 Midjourney 生成的人物

已做去背景處理的人物

要將人物做去背景處理很簡單，一般的繪圖軟體就可以做到，你也可以使用線上的 removebg 進行快速去背處理，網址：https://www.remove.bg/zh。

請將相片拖曳到網站上，幾秒鐘的時間就可以看到去背景的成果，按「下載」鈕可下載到你的電腦中，待會我們就以去背景的人物匯入到 D-ID 網站。

11-7-2 登入 D-ID 網站

有了人物和解說的內容，接下來開啟瀏覽器，搜尋 D-ID，使顯現如下的畫面。網址：https://www.d-id.com/。

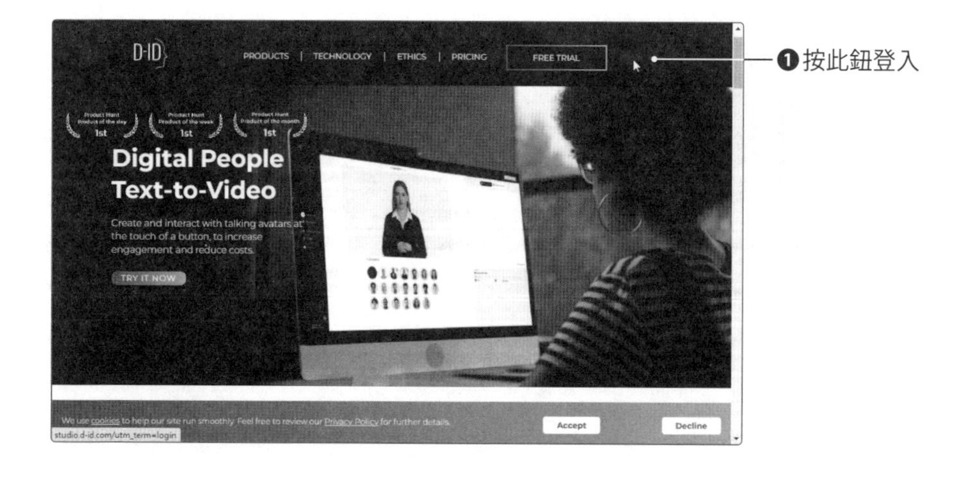

❷按下「Guest」訪客鈕，再選擇「Login/Signup」

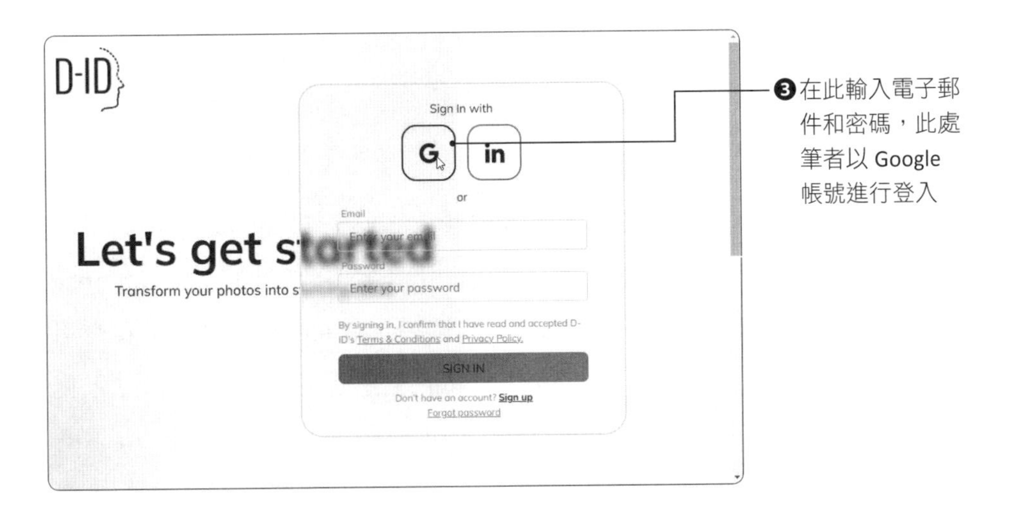

❸在此輸入電子郵件和密碼，此處筆者以 Google 帳號進行登入

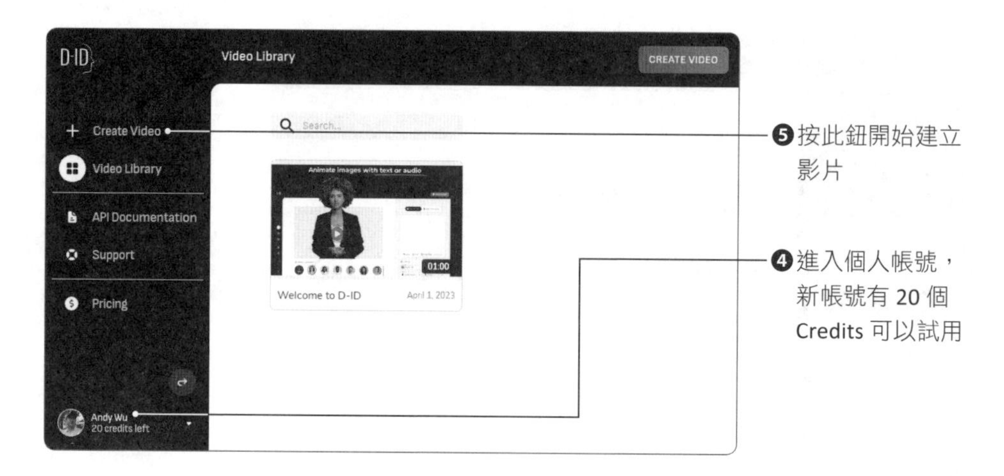

進入 D-ID 個人的帳戶後，新用戶有 20 個 Credits 可運用。要建立影片請從左上方按下「Create Video」鈕。

11-7-3 D-ID 讓真人說話

請將 ChatGPT 所生成的文字內容複製後，貼入右側的 Script 欄位，接著在 Language 欄位選擇語言，要使用繁體中文就選擇「Chinese（Taiwanese Mandarin, Traditional）」的選項，Voice 則有男生和女聲可以選擇。人物的部分，你可以直接套用網站上所提供的人物大頭貼，也可以按下中間的黑色圓鈕「Add」來加入自己的照片，或是利用 AI 繪圖所完成的人物圖像，按下 🔊 鈕試聽一下人物角色與聲音是否搭配，最後按下右上方的「Generate video」鈕即可生成視訊。

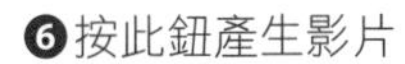
❻按此鈕產生影片

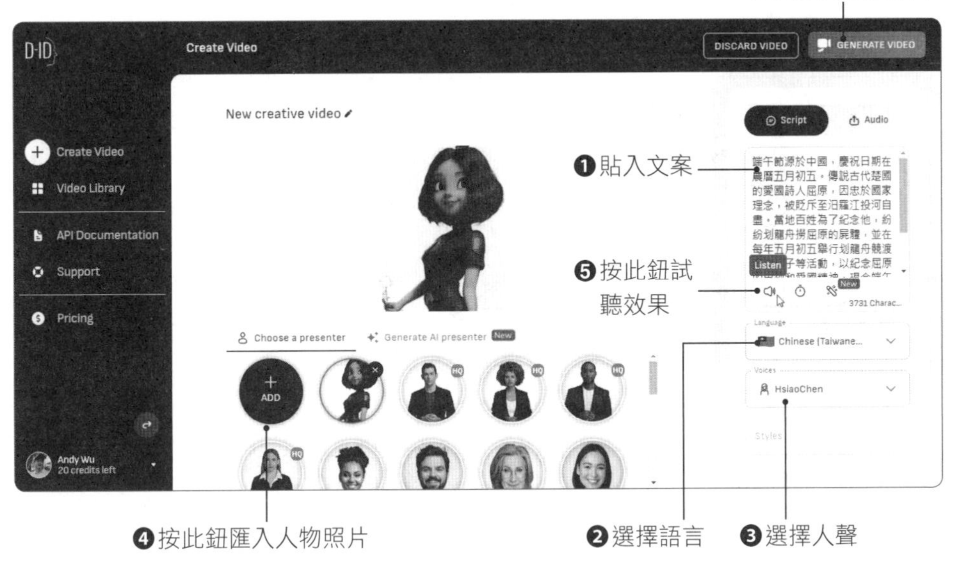
Create Video
DISCARD VIDEO
GENERATE VIDEO
New creative video
Script
Audio
Create Video
Video Library
API Documentation
Support
Pricing
❶貼入文案
❺按此鈕試聽效果
Listen
Choose a presenter
Generate AI presenter
ADD
Chinese (Taiwane...
HsiaoChen
Andy Wu
20 credits left
❹按此鈕匯入人物照片
❷選擇語言
❸選擇人聲

Generate this video?
3 credits
Video length
00:32
Video name
New creative video
Credits
3 (20 left)
CANCEL
GENERATE
顯示 32 秒的影片會用掉你 3 個 Credits
❼按此鈕產生影片

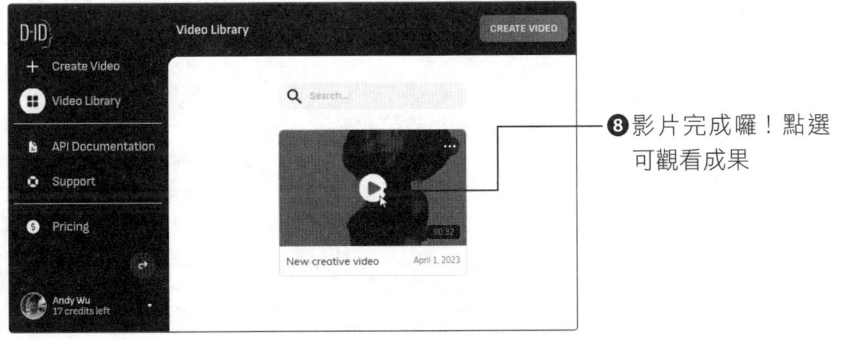
Video Library
CREATE VIDEO
Create Video
Video Library
API Documentation
Support
Pricing
Andy Wu
17 credits left
New creative video
April 1, 2023
❽影片完成囉！點選可觀看成果

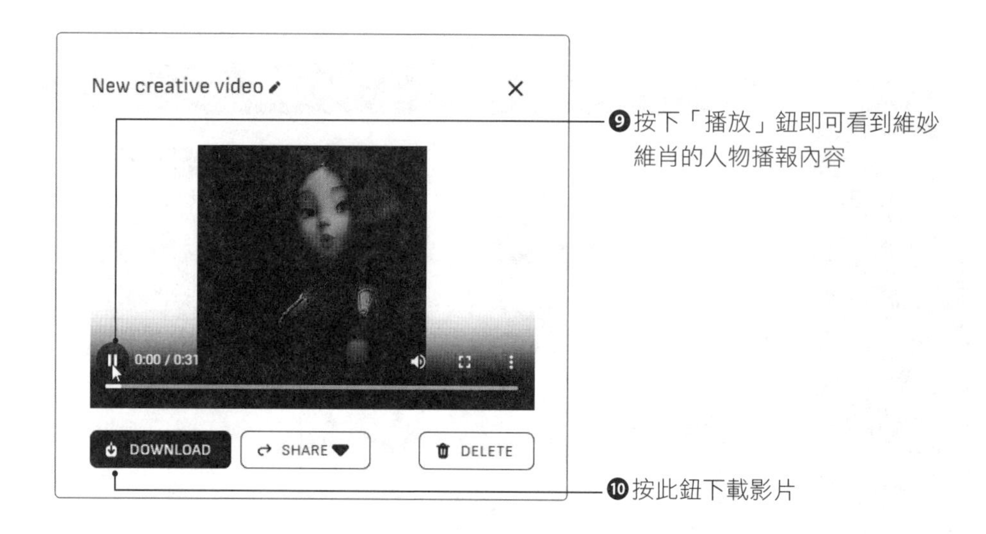

11-7-4 播報人物與剪映整合

當我們完成播報人物的匯出後，你可以將動態人物匯入到剪映軟體中做整合，並利用「智能摳像」的功能完成去背處理。去背整合的技巧如下：

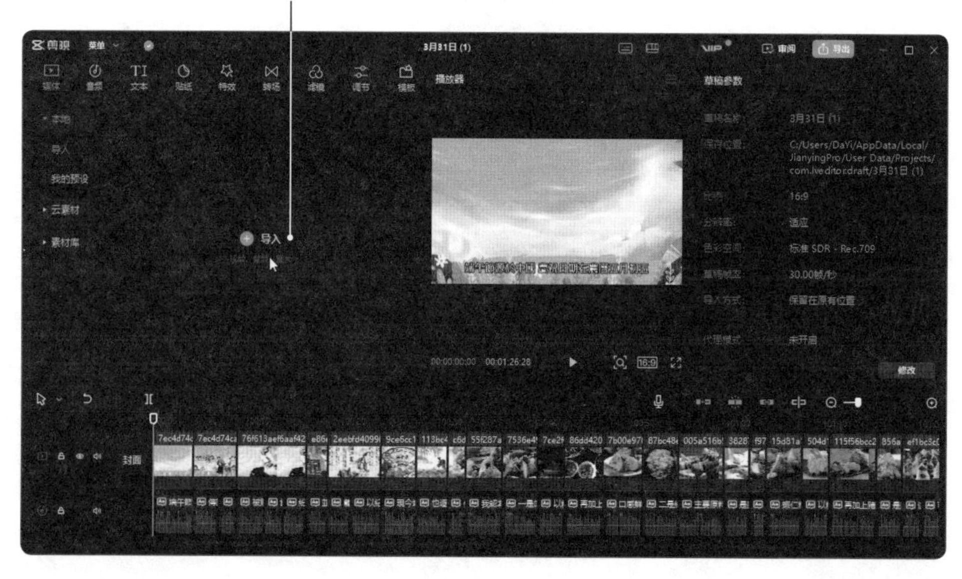

❸拖曳四角的控制點調整畫面比例，並移到想要放置的位置

❷將人物拖曳到時間軸中擺放

❹從右側面板切換到「畫面／摳像」

❻瞧！人物去除黑色背景，完美與背景融合在一起

❺點選「智能摳像」的選項

這麼簡單就完成影片的製作，各位也來嘗試看看喔！

問題討論

1. 請舉出至少三個知名的 AI 繪圖生成工具和平台。
2. 如何才能利用 DALL · E 3 以文字生成高品質圖像？
3. 在 Midjourney 中，若呈現出來的四個畫作與你期望的落差很大時，有哪些作法可以改善？
4. 請簡述 Playground AI 繪圖網站的主要功能。
5. 試舉例如何利用 ChatGPT 扮演 Playground AI 的提示詞生成器。
6. 請簡述「微軟 Bing 的生圖工具：Copilot」的功能特點。